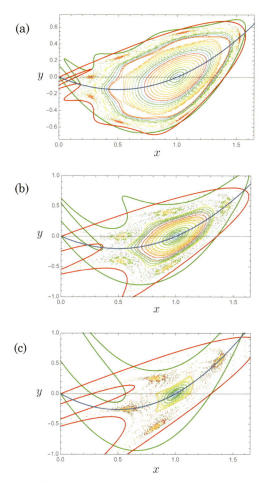

口絵 1 接続写像の軌道運動の例．(a) $a = 1.2$．周期 7（回転数 1/7）と周期 6（回転数 1/6）の島構造が見える．(b) $a = 1.625$．周期 5（回転数 1/5）の島構造が見える．(c) $a = 2.1$．周期 4（回転数 1/4）の島構造が見える．（5 ページ，図 1.1）

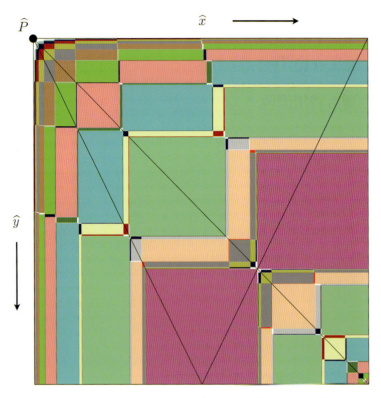

口絵 2 周期 12 までの共鳴鎖を描いた．周期 2 から周期 12 までの共鳴鎖の面積の和は約 0.9917．右方向が $\hat{x}$ 座標で，下方向が $\hat{y}$ 座標．（103 ページ，図 4.6）

馬蹄への道
―2次元写像力学系入門―

Roads to Horseshoe
Introduction to Two-dimensional Reversible Mappings

山口喜博・谷川清隆　著

共立出版

はじめに

　ハミルトン系のカオスの研究は19世紀末のH.ポアンカレに始まる．彼は三体問題の研究中に，不安定な周期解から出る安定多様体と不安定多様体が当初の予想と違って，横断的に交わることを発見してしまった．このことから，ポアンカレは三体問題の相空間が無限に細かい，しかも複雑な構造をもつことを見た．1960年代に，S.スメールはこの横断的交わりを実現するきわめて簡単な幾何学的モデルを創案した．それが今日のいわゆるスメール馬蹄である．相空間を引き伸ばして折りたたむ．これの繰り返し．これがスメール馬蹄で生じる運動である．これで力学系に対照的な二つの系が揃った．一つは二体問題に代表される完全可積分系．この系では，すべての運動が規則的である．もう一方の極端は，スメール馬蹄系．この系には，コイン投げで出現するあらゆる時系列に相当する運動が可能である．本書では，スメール馬蹄を相空間の一部に含む系をカオス系とよぶ．

　上の説明を読むと，完全可積分系とカオス系はかなり離れていて，その中間に，可積分でもカオスでもない系があるように思えてしまう．実は，可積分系はカオス系と隣り合っている，あるいは，可積分系はカオス系にとり囲まれている．これは次のような事情によるのである．

　写像の場合で考える．スメール馬蹄系では1回の写像で1回の引き伸ばしと折りたたみが行なわれる．写像2回ごとに1回の引き伸ばしと折りたたみが行なわれる系がある．写像3回ごとに1回の引き伸ばしと折りたたみが行なわれる系がある．以下同様．写像 n 回 ($n = 1, 2, 3, \ldots$) ごとに1回の引き伸ばしと折りたたみが行なわれる系がある．この系を n 次のスメール馬蹄（系）とよぼう．$n = 1$ の場合がもともとのスメール馬蹄である．n が2以上の馬蹄

を高次のスメール馬蹄とよぶ．さて $n \to \infty$ を考えると，何回写像を繰り返しても引き伸ばしと折りたたみが生じない．これは可積分系である．

　可積分系と高次のスメール馬蹄を含む系の関係を調べよう．そのために，写像の集合を考える．集合の要素一つ一つが写像である．集合内に距離も定義する．得られた写像空間 X の中で，n 次のスメール馬蹄を含む写像の集合を $\mathcal{F}_n$ と書く．すると，n 次以下のスメール馬蹄を含む写像の集合 $\cup_{k=1}^{n} \mathcal{F}_k$ は n とともに大きくなる．$\mathcal{G}_n = X - \cup_{k=1}^{n} \mathcal{F}_k$ と書くとこちらは単調減少集合であって，$\mathcal{G}_\infty$ は可積分系である．十分大きな n に対して $\mathcal{G}_n$ は $\mathcal{G}_\infty$ を含み，かつとり囲む．$\mathcal{G}_n - \mathcal{G}_\infty$ は高次とはいえ，スメール馬蹄を含むのでカオス系である．以上で，可積分系がカオス系に囲まれていることがわかった．可積分でなくなった途端に，弱いとはいえ，カオス系になってしまう．

　以上のことからすると，写像空間の中で，可積分系を出発点として1次のスメール馬蹄を含む系まで線を引き，その線上の各力学系を調べればカオスが強くなっていく仕方の基本的なことがわかる．だが，どうやって何を調べるか．それが問題だ．

　系のカオスを調べるために，周期軌道の探索が有望な戦略であることを説明しよう．不安定周期軌道の安定多様体と不安定多様体が交わると，相空間の引き伸ばしと折りたたみ生じる．だから安定多様体と不安定多様体のふるまいを調べればよい．だが，この多様体は周期解を出てから複雑に動くので，互いの交わりが生じる場所を見つけにくい．ところで，相空間を引き伸ばして折りたたむと，引き伸ばし作用によっていったんは遠くに行くが，折りたたみ作用によってもとの場所の近くに戻ってくる点がある．場合によっては，正確にもとの場所に戻ることがある．この場合，周期軌道となる．このことから，カオスの強弱と周期軌道の周期の間に関係があることがわかる．すなわち，n 回の写像ごとに1回の引き伸ばしと折りたたみが生じる系では，周期解の周期は n かそれ以上である．カオスが弱ければ n は大きいから，カオスの弱い系に存在する周期解の周期は長く，カオスが強くなると，周期解の周期は短い．シャルコフスキーの定理（第7章，7.3節参照）を彷彿とさせる性質である．位相的エントロピーという量を計算すると（6.1節），力学系の複雑度，あるいはカオス度が測れる．幸いなことに，周期を増やしたときの

周期解の数の指数関数的増大率がわかると，力学系の位相的エントロピーの値を見積もることができる．もっとうれしいことに，ある種の周期軌道が存在すると，そのことだけで，力学系の位相的エントロピーを見積もることができる（6.2節）．

スメール馬蹄の性質を明らかにしておくことはカオスの理解に必要である．まずスメール馬蹄を記述することから始める（2.1節）．スメール馬蹄では，軌道は0と1の記号列で表わされる．逆に，0と1で作られるどんな記号列にも軌道が対応する（2.2節）．軌道は「記号平面」の点列として表現できる（2.4節）．本書ではまず周期軌道に着目する．周期軌道の記号列は0と1の有限個の並び（コード）の無限の繰り返しからなる．コードが決まると軌道点が記号平面のどこにあるのかがわかる．そこで，次のような疑問に本書では答えるつもりである．簡単のため5周期のコード01101と00101を挙げて疑問を具体的に書く．

疑問1：コード01101の周期軌道とコード00101の周期軌道の相違は何か．

疑問2：コードに対応する周期軌道はどのようにして生じたのか．

スメール馬蹄の世界にいるかぎり疑問1にも疑問2にも答えることができない．コード01101と00101の周期軌道が存在することはわかるが，それ以上の情報は得られないのである．このような意味ではスメールの馬蹄世界は無味乾燥な世界である．

馬蹄世界を記述する記号平面に，何か力学的もしくは物理的に意味のある実体を持ち込むことを考えよう．ダリン・ミース・スターリングは時間反転対称性をもつ力学系を扱った．すなわち，可逆性を有する馬蹄に対象を制限したのである．これによって記号平面に対称線を描くことができ，記号平面の運動が非常に見やすくなった．本書では対称性をもつ系に共鳴領域および共鳴鎖を導入する（第4章）．記号平面が相平面の世界とよく似た構造をもつことがわかる．また，相平面では描けない運動を記号平面では簡単に描ける．記号平面で描いた運動を見て相平面の運動を想像できるようになった．この結果，今まで知られていた現象に対して新しい解釈を与えることができたり，新しい現象を見つけることができる．

カオス研究を山登りに例えてみよう．スメールの馬蹄世界は山の頂上である．標高は位相的エントロピーで測る．単調に標高を上げていくように登山道を作りたい．どのような方法で裾野から道を造り頂上に向かえばよいのだろうか．そのためには出発する完全可積分系を決めておく必要がある．本書は完全可積分系として等速並進運動系を採用し，それをスメール馬蹄とつなげる連結写像族を構成する．

以上を踏まえて本書の研究方法について述べよう．方法は二つある．

方法1：周期軌道の出現の仕方を明らかにする．周期軌道のコードのもつ情報から位相的エントロピーを見積もる．

方法2：ホモクリニック軌道の出現の仕方を明らかにする．ホモクリニック軌道の性質から位相的エントロピーを見積もる．

方法1でも方法2でも，裾野から頂上に向けて登山道を作る．道を作るために必要な，軌道の順序保存性という概念を導入する（2.6節）．普遍被覆面において軌道の順序保存性は次のように記述できる．普遍被覆面上の写像をTとし，普遍被覆面上の任意の2点をrとsとする．また$\pi_x(r) < \pi_x(s)$が成立しているとする．ここで$\pi_x(r)$はrのx座標値を表す．このとき$\pi_x(Tr) < \pi_x(Ts)$が成り立つなら，軌道は順序保存性を有するという．順序保存性は周期軌道にもホモクリニック軌道にも適用できる．

順序保存性を満たす周期軌道をバーコフ型周期軌道とよぶ．周期軌道が上記の条件を破るrとsをもつ場合，この周期軌道を非バーコフ型周期軌道とよぶ．バーコフ型周期軌道から見積もると，系の位相的エントロピーは0である．一方，非バーコフ型周期軌道から見積もると，位相的エントロピーは正である．このことから方法1における登山道作りは，非バーコン型周期軌道に関する順序関係を明らかにしていく作業になる（第7章）．ただ非バーコフ型周期軌道だけで閉じた順序関係にならない．非バーコフ型周期軌道の極限にホモクリニック軌道が現れるのである．

方法2では，まずホモクリニック軌道を主ホモクリニック軌道と2次のホモクリニック軌道に分ける．主ホモクリニック軌道は順序保存であり．2次のホモクリニック軌道は順序保存でない．だから主ホモクリニック軌道から

求めた位相的エントロピーは 0 である．2 次のホモクリニック軌道から正の位相的エントロピーが得られるので，これらの間の出現順序関係を明らかにすることが方法 2 の主たる作業となる．

　非バーコフ型周期軌道の極限にホモクリニック軌道が現れることより，方法 1 と方法 2 は合体し，裾野から頂上へ向かう登山道作りは一本化する．これは 1 次元写像の場合のシャルコフスキー順序関係の構成に相当する．本書ですべき仕事は次のように一文で書ける．「完全可積分系からスメールの馬蹄までを記述する順序関係を構成せよ．」ただし，この順序関係は非バーコフ型周期軌道とホモクリニック軌道を含む順序関係である．場合によっては，順序関係にヘテロクリニック軌道も含む．

　本書の写像とエノン写像でできる登山道について簡単に触れておく．エノンは完全可積分系として等速回転運動系を採用し，それをスメール馬蹄とつなげるエノン写像族を構成した．出発点が違うので，登山道の出発部分は異なるように思われる．ところが登山道は一致するのである．よって，本書で造った登山道を理解しておけば等速回転運動系を完全可積分系とする登山道も理解できることになる．どちらも位相的エントロピー 0 の完全可積分系と位相的エントロピー $\ln 2$ の馬蹄世界をつなぐ写像族であることに変わりはない．

　第 1 章から第 5 章まででスメールの馬蹄の構成から本書で利用するさまざまな数学的道具について説明する．第 6 章では位相的エントロピーについて説明し，位相的エントロピーを求める代表的な方法を二つ紹介する．第 7 章では方法 1 による登山道作りを紹介し，第 8 章では方法 2 による登山道作りを紹介する．第 8 章の最後に，非バーコフ型周期軌道とホモクリニック軌道そしてヘテロクリニック軌道を共に含む順序関係を構成し「馬蹄への道」が完成する．本書の主結果は第 7 章と第 8 章にある．

　本書の読み方を示しておく．第 1 章から第 5 章までは準備編なのでこの順に読む．第 6 章は内容がややむずかしいので飛ばしてあとで参考にしてよい．次に第 7 章と第 8 章をこの順に読む．

　数学的道具の補足を付録に載せた．我々が得た結果で本文に載せられなかった内容も載せた．付録は必要に応じて読んだり参考にしてほしい．付録を読まなくても本書で言いたいことは理解できる．またプログラムも載せたので

利用してほしい．

　本書で利用する数学について述べておきたい．関数の連続の概念とか極限の概念は利用する．簡単な微分は使用する．2次方程式，3次方程式，そして4次方程式に関しては解の公式を利用する．線形代数の基本である2行2列の行列の固有値の計算ができることと，二進法の記法が使えることを前提としている．初歩の集合と位相に関する知識も使う．この部分は幾何学的である．

　本書の出版にあたり，共立出版の方々，とくに大越隆道氏にお世話になった．鳴門教育大学の松岡隆氏には，本書の原稿全体を丁寧に読んでいただいた．本書全体に関するコメントをいただくと共に，改善すべき点や間違いを多数ご指摘いただいた．また，東海大学の桐木紳氏，九州大学の辻井正人氏，北見工業大学の三波篤郎氏には，本書を読んでコメントをいただいた．ここに謝意を表す．

2016 年 3 月
著者一同

目　　次

1　接続写像　　*1*
　1.1　可逆面積保存接続写像の基本的な性質 . . . . 　*1*
　1.2　可逆性 . . . . 　*8*
　1.3　普遍被覆面 . . . . 　*11*
　1.4　分岐現象 . . . . 　*13*
　1.5　安定多様体と不安定多様体のふるまい . . . . 　*24*
　1.6　主ホモクリニック点の存在 . . . . 　*30*
　1.7　安定多様体と不安定多様体の関係 . . . . 　*32*
　1.8　基本領域 . . . . 　*33*

2　接続写像のスメール馬蹄　　*37*
　2.1　可逆スメール馬蹄の構成 . . . . 　*37*
　2.2　記号列 . . . . 　*43*
　2.3　周期軌道の記号列：コード . . . . 　*46*
　2.4　記号平面およびそこでの写像 . . . . 　*49*
　2.5　回転数，偶奇性，時間反転対称性 . . . . 　*58*
　2.6　軌道の順序保存性 . . . . 　*61*
　2.7　可逆馬蹄の存在 . . . . 　*66*

3 対称周期軌道の基本的性質　69
- 3.1 対称周期軌道と対称線 69
- 3.2 普遍被覆面上の対称周期軌道 73
- 3.3 対称周期軌道の時間反転対称性 74
- 3.4 対称バーコフ型周期軌道 77
- 3.5 主軸定理と主軸定理より導かれる性質 81
- 3.6 対称バーコフ型周期軌道の記号化規則 86

4 共鳴領域, 共鳴鎖とブロック表示　93
- 4.1 相平面の共鳴領域と共鳴鎖 93
- 4.2 記号平面の共鳴領域と共鳴鎖 101
- 4.3 最大値表示と最小値表示 108
- 4.4 代表共鳴領域の中の対称線 110
- 4.5 ブロック記号列 117
- 4.6 領域間の遷移 126
- 4.7 領域間の遷移行列 129
- 4.8 ブロックコード 134

5 ホモクリニック軌道の基本的性質　143
- 5.1 主ホモクリニック軌道と横断的交差 143
- 5.2 ホモクリニック軌道の記号列 150
- 5.3 主ホモクリニック軌道と2次のホモクリニック軌道の違い . 154
- 5.4 核と内核の性質 157
- 5.5 対称ホモクリニック軌道の分岐 160

6 系の複雑さを測る　　165

- 6.1　位相的エントロピー　　165
- 6.2　ニールセン・サーストンの定理　　173
- 6.3　3種類の組みひも　　176
- 6.4　トレリス法　　189

7 対称非バーコフ型周期軌道の順序関係　　201

- 7.1　対称非バーコフ型周期軌道の存在　　201
- 7.2　対称非バーコフ型周期軌道の安定性　　208
- 7.3　順序関係　　211
- 7.4　対称非バーコフ型周期軌道の出現順序関係　　214
- 7.5　対称非バーコフ型周期軌道とホモクリニック軌道の関係　　217
- 7.6　対称非バーコフ型周期軌道の分岐　　220

8 ホモクリニック軌道の順序関係　　225

- 8.1　線形順序関係　　225
- 8.2　ホモクリニック軌道のブロック表示　　226
- 8.3　ホモクリニック軌道の基本的な順序関係　　233
- 8.4　線形順序を満たすホモクリニック軌道　　238
  - 8.4.1　内核の記号数が7個までのホモクリニック軌道　　238
  - 8.4.2　回転数が0に漸近する内核の系列　　240
  - 8.4.3　回転数が区間 (0, 1/2) 内の有理数に漸近する内核の系列　　240
  - 8.4.4　予想 8.1.2 に従う周期軌道の系列　　241
- 8.5　位相的エントロピーの増加　　243

A ポアンカレ・バーコフの定理　　247

B 異常な回転分岐　　251

C	スターン・ブロコ樹とファレイ分割	*259*
D	高さアルゴリズム	*263*
E	組みひもの作り方	*265*
F	線路算法	*267*
G	周期軌道の出現する臨界値	*277*
H	周期軌道のブロック表示	*279*
I	プログラム	*285*

参考文献 *291*

索　引 *301*

第1章
接続写像

本章は本書の導入部分である．必要な基本概念を導入する．そのうちいくつかの説明はあとの章にまわす．まず，本書で取り扱う対象としての2次元写像を紹介し，その写像が満たす基本的な性質である面積保存性，方向保存性と可逆性を説明する．この写像はパラメータを含んでおり，可積分状態から馬蹄の存在するカオス状態までを扱うことができる．本書の一番の目玉「可逆性」とそれに伴う軌道の対称性を説明する．軌道の回転数を正確に定義するために「普遍被覆面」を導入する．周期軌道の分岐に関して，他の教科書より丁寧に説明する．安定多様体と不安定多様体の概念も必須である．最後に，本書の舞台である「基本領域」を導入する．

1.1 可逆面積保存接続写像の基本的な性質

完全可積分系から**スメール馬蹄** [82] までをつなぐ 1-パラメータ写像族を接続写像族とよぶ．本書では，接続写像族として平面 (x, y)（**相平面**ともよぶ）で定義された以下の写像族 $\{T_a\}_{a \geq 0}$ を採用し，そのふるまいを調べる．

$$y_{n+1} = y_n + f_a(x_n), \tag{1.1}$$

$$x_{n+1} = x_n + y_{n+1}. \tag{1.2}$$

ここで

$$f_a(x) = a(x - x^2). \tag{1.3}$$

$a \geq 0$ が写像族のパラメータである．a を固定して得られる個々の写像 T_a を接続写像とよぶ．以下では a を省略して単に T と書くことが多い．また関数 $f_a(x)$ も $f(x)$ と書く．写像 T は面積保存である．このことは，線形写像の係

数行列の行列式が 1 であることからわかる（式 (1.9) 参照）．また行列式が正であるから方向保存写像である．さらに写像は可逆性を満たしている．このことについては 1.2 節で詳しく説明する．本書で調べるのは，可逆，面積保存，かつ向きを保つ接続写像族である．すでに述べたようにこれを単に接続写像族とよぶ．接続写像族に出現するスメール馬蹄は可逆性をもつので，**可逆スメール馬蹄**とよぶ．

　研究されている多くの写像と本書の接続写像の関係を述べておく．パラメータを二つ含む**実クレモナ変換** $T_{a,b}$ がある [97]．非線形項が 2 次関数の場合，$T_{a,b}$ は具体的に以下のように書ける．

$$x_{n+1} = by_n - ax_n^2 + (a - b + 1)x_n, \tag{1.4}$$

$$y_{n+1} = x_n. \tag{1.5}$$

パラメータの値と関係なく不動点の位置が $(0,0)$ と $(1,1)$ に固定されている．変換の**ヤコビ行列式**が $-b$ であるので，$b = -1$ とおく．これで向きを保ち[1]かつ面積保存となる．変数 y_n を消去すると，

$$x_{n+1} - 2x_n + x_{n-1} = a(x_n - x_n^2) \tag{1.6}$$

が得られる．さらに新しい変数 $y_{n+1} = x_{n+1} - x_n$ を導入すると，変換は接続写像に一致する．つまり，接続写像は実クレモナ変換 $T_{a,-1}$ である．

　よく研究されているエノン写像 [46] と接続写像の関係を述べておこう．エノン写像は

$$x_{n+1} = 1 - bx_n^2 + y_n, \quad y_{n+1} = -x_n \tag{1.7}$$

と書ける．ただし，$b \geq 0$．エノン写像を接続写像と同じ形式に書いてみる．

$$y_{n+1} = y_n + (1 - 2x_n - bx_n^2), \quad x_{n+1} = x_n + y_{n+1}. \tag{1.8}$$

エノン写像のパラメータ b と接続写像のパラメータ a との関係は，$a = 2\sqrt{b+1}$ である[2]．$b > 0$ は，接続写像の $a > 2$ の場合に対応する．エノン写像と接続

---

[1] (x,y) 平面の図形，たとえば三角形 ABC を考える．頂点 A, B, C が重心の周りに反時計回り，または時計回りに配置されているとき，三角形 ABC をそれぞれ表，または裏として図形に向きを導入する．与えられた写像が，裏表を保ったまま図形を写すとき，「向きを保つ写像」といわれる．

[2] 式 (1.8) で変数 y_n を消去し，次に変数変換 $x_n = \alpha\xi_n - \beta$ を行う．ここで $\alpha = 2\sqrt{b+1}/b, \beta = (\sqrt{b+1}+1)/b$．$a = 2\sqrt{b+1}$ とすると，変数 ξ_n が満たす写像は式 (1.6) となる．

写像では可積分状態が違うことを指摘しておく．$b = 0$ とするとエノン写像は可積分である．このとき楕円型不動点 $(1/2, 0)$ 以外の軌道はすべて，この不動点を中心とした回転数 $1/4$ の周期軌道である．一方，接続写像は可積分のとき並進運動のみがあって，回転運動は存在しない．

接続写像の基本的な性質を述べよう．可積分 ($a = 0$) の場合の (x, y) 面の点の動きは単純である．$f(x) = 0$ であるから，式 (1.1) より写像のもとで y の値は変わらない．式 (1.2) より，x の値は写像を作用するごとに歩幅 y で増加する．だから，$y > 0$ のときは，$y = $ 一定のまま，点は歩幅 $|y|$ で右に進み，$y < 0$ のときは，歩幅 $|y|$ で左に進む．$y = 0$ では歩幅 0 であるから動かない．つまり，$y = 0$ 上の点はすべて不動点である．

$a > 0$ では，写像 T には二つの不動点 $P = (0, 0)$ と $Q = (1, 0)$ がある．実際，x が不変であることから，式 (1.2) より条件 $y = 0$ が出る．この条件を式 (1.1) に代入して $f(x) = 0$ が得られる．$x = 0$ または 1 が答えである．

二つの不動点の性質を調べよう．接続写像（式 (1.1) と式 (1.2)）を線形化して行列形式で書くと，

$$\begin{pmatrix} \xi' \\ \eta' \end{pmatrix} = \begin{pmatrix} 1 + df/dx & 1 \\ df/dx & 1 \end{pmatrix} \begin{pmatrix} \xi \\ \eta \end{pmatrix} = \begin{pmatrix} 1 + a - 2ax & 1 \\ a - 2ax & 1 \end{pmatrix} \begin{pmatrix} \xi \\ \eta \end{pmatrix}. \quad (1.9)$$

(ξ, η) は点 (x, y) を原点とする線形座標，(ξ', η') は点 (x, y) の写像先を原点とする線形座標である．不動点での係数行列は次のように得られる．

$$\begin{pmatrix} 1 + a & 1 \\ a & 1 \end{pmatrix} \quad (P = (0, 0) \text{ において}), \quad (1.10)$$

$$\begin{pmatrix} 1 - a & 1 \\ -a & 1 \end{pmatrix} \quad (Q = (1, 0) \text{ において}). \quad (1.11)$$

よく知られているように，不動点の安定性は線形写像の係数行列の固有値で決まる [47]．行列 (1.10) の固有値を λ とする．

$$\begin{vmatrix} 1 + a - \lambda & 1 \\ a & 1 - \lambda \end{vmatrix} = 0 \quad (1.12)$$

より，固有方程式
$$\lambda^2 - (a+2)\lambda + 1 = 0 \tag{1.13}$$
が得られる．これを解くと 1 を挟んで二つの正の実固有値
$$\lambda = \frac{(2+a) \pm \sqrt{a^2 + 4a}}{2} \tag{1.14}$$
が得られる．したがって，不動点 $P = (0,0)$ はサドル型不動点である．同様に行列 (1.11) の固有値を μ とすると，固有方程式
$$\mu^2 - (a-2)\mu + 1 = 0 \tag{1.15}$$
が得られる．これを解くと
$$\mu = \frac{(2-a) \pm \sqrt{a^2 - 4a}}{2}. \tag{1.16}$$
$0 < a < 4$ で μ は複素数であるから不動点 $Q = (1,0)$ は楕円型不動点である．$a = 4$ で $\mu = -1$ となり，点 Q は周期倍分岐を起こす（1.4 節参照）．$a > 4$ では μ は -1 を挟んだ二つの負の実数となる．μ の値が負なので，点 Q は反転サドル型不動点である．ただ，本書では便宜上，分岐後も点 Q を楕円型不動点とよぶ．

ここで軌道点と軌道についての記法をまとめておく．

記法 1.1.1

(i) 相平面の点 z を x 軸へ射影する作用を $\pi_x(z)$ とし，y 軸へ射影する作用を $\pi_y(z)$ とし，$z = (\pi_x(z), \pi_y(z))$ と書く．あるいは，点 z の x, y 成分を x_z, y_z と書いて，$z = (x_z, y_z)$ とすることもある．もっと簡便に $z = (x, y)$ と書くこともある．

(ii) 初期点 $z_0 = (x_0, y_0)$ を出発し未来へ向かう軌道を $O^+(z_0) = \{z_0, z_1, z_2, \ldots\}$ と書き，過去へ向かう軌道を $O^-(z_0) = \{z_0, z_{-1}, z_{-2}, \ldots\}$ と書く．全軌道は $O(z_0) = \{\ldots, z_{-2}, z_{-1}, z_0, z_1, z_2, \ldots\}$ と書く．ただし，k を整数として $z_k = T^k z_0$.

写像 T による相平面の点の運動の様子を観察しよう．初期点を楕円点 Q の近くの x 軸上に置く．この点の軌道は楕円点 Q を中心として時計回りに回転

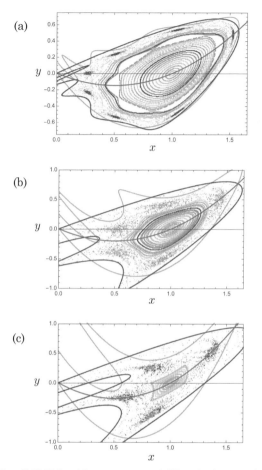

図 1.1 接続写像の軌道運動の例．(a) $a = 1.2$．周期 7（回転数 1/7）と周期 6（回転数 1/6）の島構造が見える．(b) $a = 1.625$．周期 5（回転数 1/5）の島構造が見える．(c) $a = 2.1$．周期 4（回転数 1/4）の島構造が見える．（口絵 1 参照）

する．軌道はある領域に閉じ込められる．初期点を点 P に近づけていくと無限遠 ($x \to -\infty$) へと発散する軌道が現れ，次第に増えていく．図 1.1 には，閉じ込められた軌道とともに無限遠に発散する軌道の一部を描いた．特に図 (b), (c) の離散的な点は発散する軌道点である．面白い運動は有界領域に閉じ込められた運動である．最大の有界領域を 1.8 節で構成する．代表的な有界

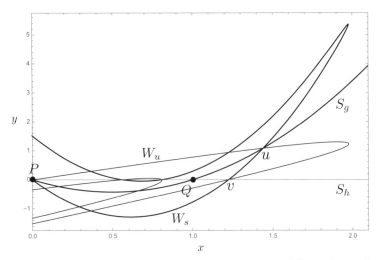

図 1.2 接続写像には二つの不動点がある．点 P はサドル型不動点で，点 Q は楕円型不動点．点 P の安定多様体 W_s と不安定多様体 W_u を描いた．点 u と点 v は，安定多様体 W_s と不安定多様体 W_u の二つの特別な交点．また，対称線 S_g と S_h も描いておいた．$a = 3.4$．

運動は周期軌道である．これ以外にも準周期軌道，ホモクリニック軌道，ヘテロクリニック軌道などがある．

　サドル不動点 P は**安定多様体**と**不安定多様体**をもつ．これらは，サドル不動点を通る 1 次元多様体である．定義は 1.5 節に書く．直観的には，どこまでも伸びる曲線である．点 P から右上方に出ていく不安定多様体の分枝を W_u とし，右下方から点 P に入ってくる安定多様体の分枝を W_s としよう．数値計算でこれらを求めた結果を図 1.2 に描いておいた（図 1.1 も参照）．W_u と W_s のふるまいについても 1.5 節で説明する．点 P から左下方に出ていく不安定多様体と点 P の左上方から点 P に入ってくる安定多様体の分枝もある．これらの分枝は有界運動に関係しないので扱わない．図 1.2 には，安定多様体 W_s と不安定多様体 W_u の交点のうち特別な 2 点に u, v と名を付けておいた．これらは主ホモクリニック点である．その存在については 1.6 節で議論する．

　接続写像 T には $a \geq a_c^{\mathrm{RSH}} = 5.17660536904\cdots$ のときに可逆スメール馬蹄が存在する．可逆スメール馬蹄は，写像の可逆性に由来する対称性をもつス

メール馬蹄のことである．可逆性は 1.2 節で説明する．可逆スメール馬蹄は第 2 章で説明し，その存在証明は 2.7 節で行う．また可逆スメール馬蹄が生じる臨界値 a_c^{RSH} の決定方法は 7.5 節で説明する．a を 0 から臨界値まで増やすと，位相的エントロピーは 0 から $\ln 2$ まで増える．位相的エントロピーの説明は第 6 章で行なう．

本書で取り扱う接続写像の満たす条件を今後のために条件 1.1.2 としてまとめておく．

条件 1.1.2 接続写像は以下の条件を満たす．
(1) 接続写像は解析的（2 次関数）写像であり，可逆性，面積保存性と向き保存性を満たす．
(2) パラメータを一つ含む．このパラメータ a は非負とする．
(3) $a = 0$ の系は，y ごとに異なる歩幅で並進運動する完全可積分系である．$a > 0$ の系には，2 本の対称線の交点としてのサドル型不動点 P と楕円型不動点 Q がある．
(4) パラメータ a に関する単調性．パラメータ a の増加に伴い楕円点の回転は単調に速くなる．これは楕円点が周期倍分岐するまで続く．この性質は，不動点 Q だけでなく，各種の正分岐で生じた楕円点についても成立する．
(5) 楕円点の近傍の回転の単調性．楕円点から遠ざかるにつれて楕円点を回る回転は単調に遅くなる．この性質は，不動点 Q だけでなく，各種の正分岐で生じた楕円点についても成立する．
(6) $a \geq a_c^{\text{RSH}}$ のとき可逆スメール馬蹄が存在する．

条件 1.1.2 の中で新しい概念が使用されている．これらの概念については 1.2 節と 1.3 節で説明する．特に (4) と (5) については 3.4 節で詳しく説明する．さらに 3.4 節の補足を付録 B で行なう．これらの説明を読んだあとで，条件 1.1.2 の各項目を再確認してほしい．

本書において利用する力学系のさまざまな概念はできる限り本書の中で説明する．詳細な説明が必要な場合は標準的な入門書（参考文献 [35, 43, 47, 49, 50, 68, 74]）を見ていただきたい．記号力学の利用に関しては参考文献 [56] が役に立つ．力学系の研究の歴史については，参考文献 [3, 80] に詳しい解説

がある．力学系の研究で重要と思われる論文が，筆者のひとりのホームページ（空中図書館）[85] に集められている．参考文献 [58] には，ハミルトン力学系を学ぶ際に役立つ論文が収録されている．いろいろな写像の相平面における運動の様子を観察したいときは，ミース (J. D. Meiss) の作成したソフトウェア *StdMap* が便利である [63]．

1.2 可逆性

天下り的であるが，可逆性を説明するために**対合（ついごう）**を導入する．対合によって軌道点がどのように写されるのかがわかると可逆性を理解しやすい．可逆写像とは二つの対合の積で表せる写像のことである [37, 53, 73, 86]．対合は写像である．それを g と書こう．線形化したときの係数行列を ∇g，行列式を $\det \nabla g$ と簡便に書く．写像 g が対合であるための条件は

$$g \circ g = \mathrm{Id}（恒等写像） \quad かつ \quad \det \nabla g = -1 \tag{1.17}$$

となることである．ここで，$g \circ g$ は写像 g の合成を意味する．今後，しばしば $\circ$ を省略する．対合は，折り返して重なる点にもとの点を写す写像である．だから，対合を二度行うと点はもとに戻る．

以下では，接続写像 T に則して話を進める．二つの対合を g と h として，写像 T は

$$T = h \circ g \tag{1.18}$$

と書ける．g と h は写像として次のように作用する．

$$g\begin{pmatrix} x \\ y \end{pmatrix} = \begin{pmatrix} x \\ -y - f(x) \end{pmatrix} \quad および \quad h\begin{pmatrix} x \\ y \end{pmatrix} = \begin{pmatrix} x - y \\ -y \end{pmatrix}. \tag{1.19}$$

折り返しに関して不変な集合は折り目である．折り目は**対称線**とよばれている．つまり接続写像 T の対称線は，対合 g または h の不動点の集合である．本書では対称線を $S_{g,h}$ と書く．式 (1.19) からただちに S_g と S_h の形がわかる．

$$S_g = \{(x,y) : y = -f(x)/2\}, \tag{1.20}$$

$$S_h = \{(x, y) : y = 0\}. \tag{1.21}$$

対称線 S_g および S_h は，それぞれ**主軸**および**副軸**ともよぶ．この対称線を図 1.2 に描いておいた．対称線の一つは x 軸そのものである．

 対称線についてもう少し考察を加えておこう．$z_0 = (x_0, y_0)$ に g を作用すると $gz_0 = (x_0, -y_0 - f(x_0))$ が得られる．2 点 z_0 と gz_0 の中点は $(x_0, -f(x_0)/2)$ で，この点を S_g が通る．だから g を作用することは，x 座標一定のまま対称線 S_g に関して点を折り返すことである．次に，点 $z_0 = (x_0, y_0)$ に h を作用する．$hz_0 = (x_0 - y_0, -y_0)$ が得られる．この 2 点を通る直線は $y = 2(x - x_0) + y_0$ と書ける．今 c を任意の実数として，直線 $y = 2(x - c)$ のうち，$y > 0$ の半直線を L_c^+，$y < 0$ の半直線を L_c^- とする．二つの半直線について，$hL_c^+ = L_c^-$ と $hL_c^- = L_c^+$ が成立することが示せる．これより h の作用は傾き 2 の直線を $y = 0$ で折って重ねることであることがわかる．

 可逆写像では二つの対称線の交点は不動点である．これは写像が二つの対合の積で書けていることから明らかである．接続写像 T では不動点は P と Q である．

 以下の関係式は基本的である．n を整数として，

$$g \circ T^n = T^{-n} \circ g, \tag{1.22}$$

$$h \circ T^n = T^{-n} \circ h. \tag{1.23}$$

$n > 0$ の場合に最初の式を導いてみよう．$g \circ T = g \circ hg = gh \circ g = T^{-1}g$．次に $g \circ T^n = gT \circ T^{n-1} = T^{-1}g \circ T^{n-1} = T^{-1}gT \circ T^{n-2} = T^{-2}g \circ T^{n-2} = \cdots = T^{-n} \circ g$．

注意 1.2.1 $T = h \circ g$ とは異なる対合表現がある．たとえば $T = Th \circ gT^{-1}$ も対合表現である．対合 Th に関する対称線は TS_g であり，対合 $gT^{-1} = h$ に関する対称線は S_h である．これ以外に対合表現が無数にある．必要に応じて適切な対合表現を利用すればよい．一般に T^n ($n \geq 2$) も無数の対合表現をもつ．このことはあとで使う．

命題 1.2.2 任意の $q \geq 1$ に対して，点 z が周期 q の周期点であるための必要十分条件は，点 gz または hz が周期 q の周期点であることである．

証明 $q = 1$ の場合,$z = gz = hz$ より自明.よって $q \geq 2$ として証明する.式 (1.22) より,任意の n に対して $T^{-n}gz = gT^n z$ である.点 z が周期 q の周期点なら,$T^{-q}gz = gT^q z = gz$ となり,gz が周期 q 以下で周期的であることがわかる.周期が q であることは,途中の点がすべて異なることよりわかる.逆も成り立つ.次に,$gz = hhgz = hTz = T^{-1}hz$ であることより,$O(gz) = O(hz)$ である.つまり,点 gz が周期 q の周期点であるならば,点 hz も周期 q の周期点である.また逆も成り立つ. (Q.E.D.)

定義 1.2.3 $O(z) = O(gz)$ が成立するならば,軌道 $O(z)$ は**対称軌道**である,あるいは対称であるという.このとき,$O(z) = O(hz)$ も成立する [53].

定理 1.2.4(対称軌道定理) 軌道が対称であるための必要十分条件は,対称線上に軌道点をもつことである.

証明 最初に対称軌道は対称線上に軌道点をもつことを示す.対称軌道だから,$O(z_0) = O(gz_0)$ が成立する.$z_0 = gz_0$ なら,$z_0 \in S_g$ であるから証明は終わる.そこで $z_0 \neq gz_0$ とする.すると,$n \neq 0$ を用いて $gz_0 = T^n z_0$ と書ける.$n = 2k$ の場合,$gz_0 = T^{2k} z_0$ より $T^k z_0 = T^{-k}gz_0 = gT^k z_0$ が得られ,軌道点 $T^k z_0$ が g の対称線上にある.$n = 2k + 1$ の場合,$gz_0 = T^{2k+1}z_0$ より $T^{k+1}z_0 = T^{-k}gz_0 = gT^k z_0 = TgT^{k+1}z_0 = hT^{k+1}z_0$ となり,点 $T^{k+1}z_0$ が h の対称線上にあることがわかる.$O(z_0) = O(hz_0)$ の場合は問題として残しておく.

次に,対称線上に軌道点をもつ軌道は対称軌道であることを示す.$z_0 = gz_0$ または $z_0 = hz_0$ の場合,$O(z_0) = O(gz_0)$ または $O(z_0) = O(hz_0)$ は自明であるから,これ以外の場合を考える.$n \neq 0$ があって $T^n z_0 \in S_g$,すなわち $gT^n z_0 = T^n z_0$ の場合,変形すると $gz_0 = T^{2n}z_0 \in O(z_0)$ が得られる.つまり $O(z_0) = O(gz_0)$ が成り立つ.$T^n z_0 \in S_h$ の場合,$hT^n z_0 = T^n z_0$ より,$hz_0 = T^{2n}z_0 \in O(z_0)$ が得られる.よって,$O(hz_0) = O(z_0)$. (Q.E.D.)

問題 1.2.5 対称軌道が $O(z_0) = O(hz_0)$ を満たすとき,対称線上にある点を求めよ.

1.3 普遍被覆面

点 Q を中心とした極座標表示 (θ, r) も有用なので,導入しておく.もとの平面で点 Q の場所に穴をあけ,穴をひろげてそこに円を貼り付ける [40].これを図 1.3(a) に描いた.変数の範囲は $0 \leq \theta < 2\pi, r > 0$ である.ただし,点 P が $r = \infty$ になるように,適当に尺度変換しておく.角度 θ は x 軸 ($0 \leq x \leq 1$) を基準として時計回りに測る.これで (θ, r) 面が定義された.この面を**普遍**

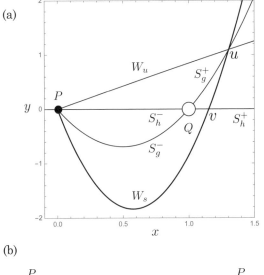

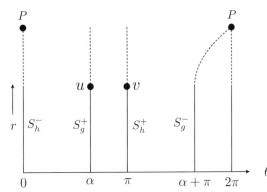

図 1.3 (a) 相平面での対称線.(b) 極座標表示における対称線 ($0 \leq \theta \leq 2\pi, r > 0$).

被覆面に持ち上げる．記号の煩雑さを避けるために同じ変数名を用いる．普遍被覆面は (θ, r) $(-\infty < \theta < \infty, r > 0)$ である．一般に普遍被覆面での写像を極座標表示の写像の持ち上げという．

対称線 S_g のうち点 Q より右 $(x > 1)$ にある部分を S_g^+ と書き，点 P と点 Q の間 $(0 \leq x < 1)$ にある部分を S_g^- と書こう．同様に S_h のうち点 Q より右 $(x > 1)$ にある部分を S_h^+ と書き，点 P と Q の間 $(0 \leq x < 1)$ にある部分を S_h^- と書く．これらを図 1.3(a) に描いた．二つの対称線の部分を使い分ける必要がない場合は，$S_{g,h}$ の表現を利用する．

面 (θ, r) $(0 \leq \theta < 2\pi, r > 0)$ で対称線がどのように描かれるか調べよう．図 1.3(b) に対称線を描いた．$S_g^\pm$ の θ 軸の位置は a の値によって変わる．ただし，$\pi/2 < \alpha < \pi$ である．これらの対称線はゆがんでいる．特に S_g^- と S_h^- は交差する．しかし，交点 P は $r = \infty$ にあるとしたので $S_h^\pm$ と同じように $S_g^\pm$ も θ 軸から上に出ている半直線と考えてよい．S_h^- は $\theta = 0$ にあり，S_h^+ は $\theta = \pi$ にある．

普遍被覆面 (θ, r) には無限に多くの対称線が現れる．これらを区別する必要がある．n を整数として，θ の区間 $I_n = [2\pi n, 2\pi(n+1))$ を定義する．区間 I_n から出ている対称線を $S_h^\mp(n)$ と $S_g^\pm(n)$ と名付ける（図 1.4）．

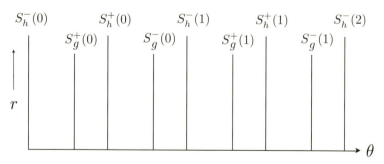

図 **1.4** 普遍被覆面上における対称線の名称 $(-\infty < \theta < \infty, r > 0)$．

1.4 分岐現象

　接続写像で生じる分岐は，回転分岐，周期倍分岐，同周期分岐，およびサドルノード分岐の4種類である．今後のためにポアンカレ指数 [70, 54, 77] を利用してこれらの生じ方をまとめておく．分岐現象一般については参考文献 [76] に詳しい解説がある．

　ポアンカレ指数のアイデアは単純である．相平面の各点にベクトルが付随している．このベクトルは点の移動先を向き，長さは移動距離である．点を連続的に動かすと，不動点を通らない限り，ベクトルの長さも向きも連続的に変化する．今，相平面に，不動点を通らないように勝手に単純閉曲線を描く．点がこの閉曲線上を反時計回りに動くとベクトルは回転する．点がもとに戻ったときはベクトルももとに戻る．だから，ベクトルは整数回だけ回転する．この回転回数を反時計回りを正として数える．この数をこの閉曲線のポアンカレ指数とよぶ．閉曲線が不動点を囲んでいるとき，ベクトルの回転回数を不動点の**ポアンカレ指数**とよぶ．この不動点を囲み，他の不動点を囲まないように閉曲線を変形してもベクトルの回転回数が変わらないからである．うれしいことに，閉曲線が複数の不動点を囲んでいるとき，閉曲線のポアンカレ指数はこれらの不動点のポアンカレ指数の代数和に等しい．そして分岐が生じても，閉曲線のポアンカレ指数は変化しない．面積保存かつ向きを保つ写像におけるポアンカレ指数を以下にまとめておく．指数 0, +1 や −1 などをカッコでくくるが，深い意味はない．わかりやすさのためである．

性質 1.4.1（ポアンカレ指数）
 (i) 楕円型不動点のポアンカレ指数は (+1) である．
 (ii) 双曲的サドル型不動点のポアンカレ指数は (−1) である．
 (iii) 反転を伴う双曲的サドル型不動点のポアンカレ指数は (+1) である．
 (iv) 不動点を含まない閉曲線のポアンカレ指数は (0) である．
 (v) 閉曲線のポアンカレ指数はその内部に含まれる不動点の指数の代数和に等しい．

　以下で周期 q の周期軌道の分岐現象を説明する．分岐を生じる q の値については制限がある．制限は扱う写像によって異なるため，以下の議論では q

についての制約を記さない．

以下で見るように，分岐があると，逆分岐や反分岐がある．そこで，もともとの分岐を正分岐とよぶことがある（条件 1.1.2 参照）．

回転分岐

簡単な例として楕円型不動点 Q の回転分岐を説明する．点 Q の固有値を $\exp(\pm i\theta)$ $(0 < \theta < \pi)$ と書く．a の増大に伴って θ が増大し，既約分数 $p/q (< 1/2)$ に等しくなったときに，点 Q からサドル型周期軌道と楕円型周期軌道が生じる（詳しくは 3.4 節参照）．これが回転分岐である．接続写像の場合，生じるのは一組である（詳細は命題 3.6.2 を参照のこと）．点 Q とそこから生じたサドル型周期軌道と楕円型周期軌道を含むように閉曲線 C を描く．曲線 C のポアンカレ指数を T の場合と T^q の場合で調べよう．まず，T のもとでの分岐前後のポアンカレ指数の保存を見ると，

$$(+1) = (+1) \tag{1.24}$$

となる．回転分岐で生じた周期点は不動点でないから，この式に現われない．左辺は回転分岐前の点 Q のポアンカレ指数，右辺は回転分岐後の点 Q のポアンカレ指数である．分岐前後で点 Q の安定性は変わらないから，上の式は自明である．

次に T^q のもとでのポアンカレ指数の保存を考える．不動点 Q は T^q のもとでも楕円型であるから，ポアンカレ指数は $(+1)$ である．生じたサドル型不動点のポアンカレ指数は (-1) で，楕円型不動点のポアンカレ指数は $(+1)$ である．分岐の前後でポアンカレ指数は下記のように保存される．

$$(+1) = (+1) + ((+q) + (-q)). \tag{1.25}$$

左辺が分岐前，右辺が分岐後を表している．右辺の最初の $(+1)$ は不動点 Q のポアンカレ指数である．次の $(+q)$ は分岐で生じた q 個の楕円型不動点のポアンカレ指数で，$(-q)$ は同じく分岐で生じた q 個のサドル型不動点のポアンカレ指数である．

この関係式を右辺が分岐前を表していて，左辺が分岐後を表しているとすると，回転分岐の逆分岐過程を表す．つまりサドル型周期軌道と楕円型周期軌道が不動点 Q に吸収される過程を記述している．パラメータ a の増加に伴い，不動点 Q の周りの回転数が単調に増大（減少）するならば回転分岐の逆分岐過程は生じない．

ここで用語に関する約束を述べておく．回転分岐についてはすでに述べた．逆に，パラメータ a の増加に伴い回転数が減少して既約分数になり，楕円点の周りに楕円型周期軌道とサドル型周期軌道を生じる場合，本書ではこれを楕円点の**反回転分岐**と表現する．反回転分岐は「周期倍分岐」の項で述べる「反周期倍分岐」に伴って生じる．例は，7.6 節にある．

楕円型不動点 Q の回転分岐で生じた回転数 p/q の楕円型周期軌道の周期点は，T^q のもとで，それぞれ不動点となる．そのうちの一つを z とする．不動点 z の回転数が既約分数 r/s ($< 1/2$) に等しくなったときに，z から回転数 r/s のサドル型周期軌道と楕円型周期軌道が生じる．ここで例を示そう．$p/q = 1/3$ とし，$r/s = 2/5$ とする．周期 3 の楕円軌道点 z の周りに五つの軌道点が生じる．この軌道は，z の周りを 2 回転する．これをもとの不動点 Q から見ると，周期が 15 で点 Q の周りを 5 回転する周期軌道となる．だから回転数は 5/15 である．この単純な分数表示では z の周りの回転回数 2 の情報が反映されない．そこで回転数の表示を 1/3 : 2/5 と書くことにする．一般には $p/q : r/s$ と書く．これは時刻型表示とよばれる．回転分岐で生じた楕円型周期軌道点は順次回転分岐を起こすので，回転数を $p/q : r/s : t/u : \cdots$ と書けば紛れがない．

不動点 Q から楕円型周期軌道とサドル型周期軌道が生じた様子を相平面で観察しよう．楕円型周期軌道点とサドル型周期軌道点が交互に並ぶ．楕円型周期軌道点に隣接している二つのサドル型周期軌道点の安定多様体と不安定多様体が交差して一つの領域が構成され，この領域に楕円型周期軌道点が含まれる．このような格子状の領域が q 個つながり点 Q を囲む．図 1.5 には格子状の領域の一部を描いた．

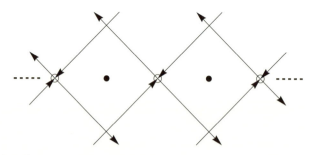

図 1.5 回転分岐で生じた楕円型周期軌道点（黒丸）とサドル型周期軌道点（白丸）が交互に並び全体として楕円型不動点 Q をとり囲む．図には一部を描いた．サドル型周期軌道点から出ている矢印のついた曲線が不安定多様体を表し，サドル型周期軌道点へ向かう矢印のついた曲線が安定多様体を表す．各軌道点から右下に不安定多様体が出，左下から安定多様体が入ってくること，各軌道点から左上に不安定多様体が出，右上から安定多様体が入ってくることは，軌道点より下で回転数が大きく，上で回転数が小さいことの反映である．

周期倍分岐

周期 q の楕円点 z は T^q のもとで不動点になる．この母不動点 z の回転数が増大して $1/2$ に等しくなったときに，z から倍周期の娘楕円型周期軌道が生じる．写像 T^q のもとで，分岐の前後でポアンカレ指数は下記のように保存される．

$$(+1) = (+1). \tag{1.26}$$

左辺が分岐前を表し，右辺が分岐後を表している．右辺の $(+1)$ は z が反転サドル型周期点であることによる．娘楕円型周期軌道は T^q の不動点でないので，上記の式には現れない．

次に，写像 T^{2q} のもとで，分岐の前後でポアンカレ指数は下記のように保存される．

$$(+1) = (-1) + 2 \times (+1). \tag{1.27}$$

上式の意味を説明しよう．そのために複素平面上での母周期軌道と娘周期軌道の固有値の変化を見よう．図 1.6(a) は，T^{2q} での母周期軌道の周期倍分岐前後の固有値の変化を示す．また，図 1.6(b) は，T^{2q} での娘周期軌道の周期

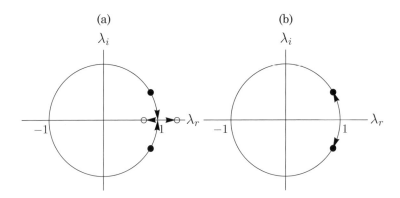

図1.6 周期倍分岐．(a) 写像 T^{2q} のもとでの母周期軌道の固有値の変化．周期倍分岐の前，T^{2q} のもとで母周期軌道は楕円点である（単位円上の黒丸）．周期倍分岐のあと，T^{2q} のもとで母周期軌道はサドル点である（実軸上の白丸）．(b) 写像 T^{2q} のもとでの娘周期軌道の固有値の変化．周期倍分岐の前，娘周期軌道は存在しない．周期倍分岐のあと，T^{2q} のもとで娘周期軌道は楕円点である．分岐直後，複素平面において固有値 (+1) の2点が生じ，単位円上を複素共役の関係を保ちながら (+1) から離れていく．

倍分岐後の固有値の変化を示す．

母楕円点 z は T^{2q} のもとでも楕円点である．これより左辺の (+1) が得られる．T^q のもとでの反転サドル型周期点は T^{2q} のもとではサドル型周期点である．右辺の (−1) はこのことを表現している．周期 $2q$ の楕円型周期軌道は T^{2q} のもとでは二つの不動点なので，右辺の $2 \times (+1)$ が得られる．式 (1.27) を右辺を分岐前，左辺を分岐後と読むと，この関係は周期倍分岐の逆分岐を意味している．**逆周期倍分岐**とよぶ．

周期 q の反転サドル点 z の二つの固有値が -1 で衝突して複素共役の固有値になる．このとき z の周りに倍周期の娘サドル型周期軌道が生じる．これを**反周期倍分岐**とよぶことにする．図1.7(a) は，T^{2q} での母周期軌道の反周期倍分岐前後の固有値の変化を示している．また，図1.7(b) は，T^{2q} での娘周期軌道の反周期倍分岐後の固有値の変化を示している．T^{2q} のもとで反周期倍分岐前後のポアンカレ指数が下記のように保存されることを説明しよう．

$$(-1) = (+1) + 2 \times (-1). \tag{1.28}$$

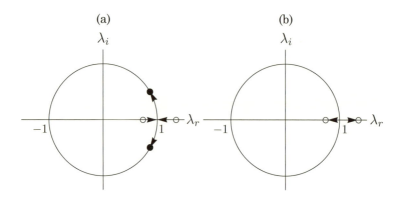

図 1.7 反周期倍分岐．(a) 写像 T^{2q} のもとでの母周期軌道の固有値の変化．反周期倍分岐の前，T^{2q} のもとで母周期軌道はサドル点である（実軸上の白丸）．反周期倍分岐のあと，T^{2q} のもとで母周期軌道は楕円点である（単位円上の黒丸）．(b) 写像 T^q のもとでの娘周期軌道の固有値の変化．反周期倍分岐の前，娘周期軌道は存在しない．反周期倍分岐のあと，T^{2q} のもとで娘周期軌道はサドル点である．分岐直後，複素平面において固有値 (+1) の 2 点が生じ，実軸上を (+1) から左右に離れていく．

母反転サドル点 z は T^{2q} のもとでは（通常）サドル不動点である．これより左辺の (−1) が得られる．分岐後，z は T^q のもとで楕円型不動点となる．すると T^{2q} のもとでも楕円型である．よって，T^{2q} のもとでポアンカレ指数は (+1) となる．これが右辺の第 1 項である．写像 T^q のもとで周期 2 のサドル型周期軌道は，T^{2q} のもとでは二つのサドル型不動点である．よって，右辺の $2 \times (-1)$ が得られる．式 (1.28) の右辺を分岐前，左辺を分岐後と読むと，この関係は **逆反周期倍分岐** を表す．

　周期倍分岐が生じた直後の母反転サドル点 z の周りの運動を考えよう（図 1.8）．母反転サドル点 z の固有値は −1 に近い実数であることを考慮すると，z の近傍の点 z_1 は写像 T^q で z のほぼ反対側にひっくり返される．ひっくり返された像を z_2 とする．z_2 は写像 T^q で同様にひっくり返されてほぼもとの z_1 の位置に戻ることがわかる．このことから母反転サドル点 z の周りには周期 $2q$ の軌道点 $z_{1,2}$ が存在する可能性がある．実際，周期が 2 倍の周期軌道が周期倍分岐で生じるのである．母反転サドル点の安定多様体の弧と不安定多様

1.4. 分岐現象   19

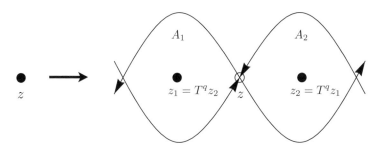

図 1.8　図の左側は周期倍分岐の前の状況で，母周期軌道点 z は楕円型（黒丸）．右側があとの状況で，母周期軌道点 z は反転サドル型（白丸）．z_1 と z_2 は生じた娘楕円型周期軌道点（黒丸）．母反転サドル点 z の安定多様体の弧と不安定多様体の弧で囲まれた二つの閉領域 $A_{1,2}$ が生じる．A_1 の中に z_1 が含まれ，A_2 の中に z_2 が含まれる．

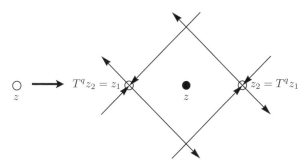

図 1.9　図の左側は反周期倍分岐の前の状況で，母周期軌道点 z は反転サドル型（白丸）．右側があとの状況で，母周期軌道点 z は楕円型（黒丸）．z_1 と z_2 は生じた娘サドル型周期軌道点（白丸）．娘サドル型周期軌道点 $z_{1,2}$ の安定多様体の弧と不安定多様体の弧で囲まれた領域に母楕円型周期軌道点 z が含まれる．

体の弧で囲まれた二つの閉領域 $A_{1,2}$ が生じる．閉領域 A_1 の内部に娘軌道点 $z_1 = T^q z_2$ があり，閉領域 A_2 の内部に娘軌道点 $z_2 = T^q z_1$ がある．

次に反周期倍分岐が生じた直後の母楕円点 z の周りの運動を考えよう（図1.9）．母楕円点 z の固有値は -1 に近い複素数である．だから z の近傍の点 z_1 は写像 T^q で z の周りを半回転し，ほぼ反対側に写される．次の写像 T^q でも同じように z の周りを半回転し，合わせてほぼもとの位置に戻ることがわかる．このことから母楕円点 z の周りには周期 $2q$ の周期軌道点 $z_{1,2}$ が存在する

可能性がある．実際，周期が2倍の周期軌道が反周期倍分岐で生じるのである．娘サドル点 $z_{1,2}$ ($z_1 = T^q z_2, z_2 = T^q z_1$) の不安定多様体の弧と安定多様体の弧で囲まれた閉領域が生じ，この内部に母楕円点 z がある．

1次元写像における周期倍分岐と反周期倍分岐については参考文献 [74] の 7.3 節で議論されている．また参考文献 [76] も参考になる．

同周期分岐

周期 q の母楕円点 z の二つの複素固有値が共に +1 に近づき衝突すると分岐が生じる．このとき母楕円点と同じ周期の二つの楕円点が生じる．この分岐は**同周期分岐**とよばれる．同周期分岐の前後の母周期点の固有値の変化を図 1.10(a) に示した．また，同周期分岐のあとの娘周期点の固有値の変化を図 1.10(b) に示した．

分岐点を過ぎると母周期点の二つの固有値は正の実数となり，実軸上，+1 から左右に離れていく．すなわち母周期点はサドル点になる．写像 T^q のも

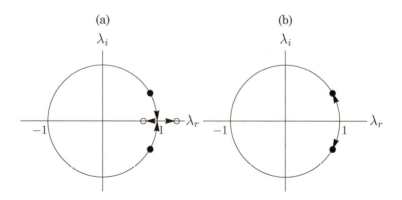

図 1.10 同周期分岐．(a) 写像 T^q のもとでの母周期軌道の固有値の変化．同周期分岐の前，T^q のもとで母周期軌道は楕円点である（単位円上の二つの黒丸）．同周期分岐のあと，T^q のもとで母周期軌道はサドル点である（実軸上の二つの白丸）．(b) 写像 T^q のもとでの娘周期軌道の固有値の変化．同周期分岐の前，娘周期軌道は存在しない．同周期分岐のあと，T^q のもとで娘周期軌道は楕円点である．分岐直後，複素平面において固有値 +1 の 2 点が生じ，単位円上を複素共役の関係を保ちながら +1 から離れていく（黒丸）．

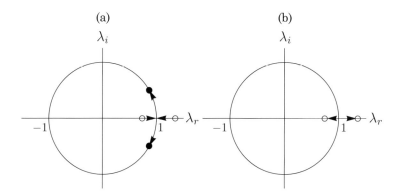

図 1.11 反同周期分岐. (a) 写像 T^q のもとでの母周期軌道の固有値の変化. 反同周期分岐の前, T^q のもとで母周期軌道はサドル点である（実軸上の二つの白丸）. 反同周期分岐のあと, T^q のもとで母周期軌道は楕円点である（単位円上の二つの黒丸）. (b) 写像 T^q のもとでの娘周期軌道の固有値の変化. 反同周期分岐の前, 娘周期軌道は存在しない. 反同周期分岐のあと, T^q のもとで娘周期軌道はサドル点である. 分岐直後, 複素平面において固有値 $+1$ の 2 点が生じ, 実軸上を $+1$ から左右に離れていく（白丸）.

と, 分岐の前後でポアンカレ指数は下記のように保存される.

$$(+1) = (-1) + 2 \times (+1). \tag{1.29}$$

左辺が分岐前を表し, 右辺が分岐後を表す. 左辺の $(+1)$ は z が楕円型不動点であること, 右辺の (-1) は z がサドル型不動点であることによる. $2 \times (+1)$ は, 生じた二つの娘楕円型不動点に由来する. 式 (1.29) で右辺を分岐前, 左辺を分岐後と読むと, **逆同周期分岐**が生じたことがわかる.

周期 q の母サドル型周期点 z の二つの正固有値が $+1$ に近づき衝突する. これがちょうど分岐点である. このとき, 同じ周期のサドル周期点が二つ生じる. この分岐を**反同周期分岐**という. 反同周期分岐の前後の母周期点の固有値の変化を図 1.11(a) に示した. また, 反同周期分岐のあとの娘周期点の固有値の変化を図 1.11(b) に示した.

分岐点を過ぎると母周期点の二つの固有値は複素数となり, $+1$ から離れていく. 写像 T^q のもとで, 分岐の前後でポアンカレ指数は下記のように保存さ

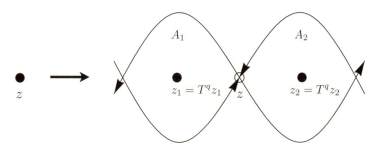

図 1.12 図の左側は同周期分岐の前の状況で，母周期軌道点 z は楕円型（黒丸）．右側があとの状況で，母周期軌道点 z はサドル型（白丸）．z_1 と z_2 は生じた二つの娘楕円型周期軌道点（黒丸）．母サドル型周期軌道点の安定多様体の弧と不安定多様体の弧で囲まれた領域 $A_{1,2}$ が生じる．A_1 に z_1 が含まれ，A_2 に z_2 が含まれる．

れる．

$$(-1) = (+1) + 2 \times (-1). \tag{1.30}$$

左辺が分岐前を表し，右辺が分岐後を表している．左辺の (-1) は z がサドル型周期点であること，右辺の $(+1)$ は z が楕円型周期点であることを示す．$2 \times (-1)$ は，二つの娘サドル型周期軌道点が生じたことを意味している．式 (1.30) を右辺を分岐前，左辺を分岐後と読むと，この関係は**逆反同周期分岐**を表す．

　同周期分岐が生じた直後の母サドル点 z の周りの運動を考えよう（図 1.12）．母サドル点の不安定多様体と安定多様体は交差する．そうすると母サドル点の安定多様体の弧と不安定多様体の弧で囲まれた二つの閉領域 $A_{1,2}$ が生じる．閉領域 A_1 の内部に T^q の不動点 z_1 が生じ，閉領域 A_2 の内部に不動点 z_2 が生じることが予想される．実際，周期 q の二つの娘周期軌道点が同周期分岐で生じる．

　反同周期分岐が生じた直後の母楕円点 z の周りの運動を考えよう（図 1.13）．固有値が +1 に近い複素数である．だから母楕円点の周りでは回転運動がほとんどない．母楕円点の周りに T^q の不動点が存在することが予想される．実際，周期 q の二つの娘周期軌道が反同周期分岐で生じる．生じた二つの娘周期軌道はサドル型である．これらの安定多様体と不安定多様体は交わり，二

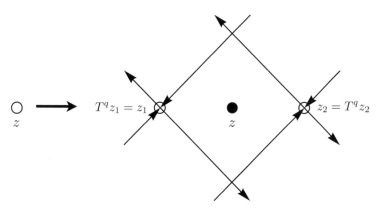

図 1.13 図の左側は反同周期分岐の前の状況で，母周期軌道点 z はサドル型（白丸）．右側があとの状況で，母周期軌道点 z は楕円型（黒丸）．z_1 と z_2 は生じた二つの娘サドル型周期軌道点（白丸）．これらの安定多様体の弧と不安定多様体の弧で囲まれた領域が生じ，この領域内に z が含まれる．

つの娘サドル点の安定多様体の弧と不安定多様体の弧で囲まれた閉領域が生じる．この閉領域の内部に母楕円点が存在する．

サドルノード分岐

　サドルノード分岐（ノードは楕円型周期点の別名である）は軌道点の生じ方から**接線分岐**ともよばれる．面積保存系では周期 q のサドル型周期軌道と楕円型周期軌道が対で生じる．写像 T^q のもとで，サドル型不動点のポアンカレ指数は (-1) で，楕円型不動点のポアンカレ指数は $(+1)$ である．分岐の前後でポアンカレ指数は下記のように保存される．

$$(0) = (+1) + (-1). \tag{1.31}$$

左辺が分岐前を表す．周期点が存在しないのでポアンカレ指数は (0) である．右辺が分岐後を表す．この関係式を右辺が分岐前を表していて，左辺が分岐後を表しているとすると，この分岐は**逆サドルノード分岐**を表す．つまりサドル型不動点と楕円型不動点の消滅を記述する．

　サドルノード分岐でサドル型周期軌道点 ζ_0 と楕円型周期軌道点 z_0 が生じ

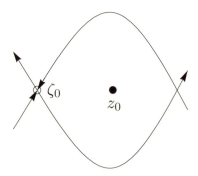

図 1.14 サドルノード分岐でサドル型周期軌道点 ζ_0（白丸）と楕円型周期軌道点 z_0（黒丸）が生じる．サドル型周期軌道点 ζ_0 の安定多様体の弧と不安定多様体の弧で囲まれた領域の内部に楕円型周期軌道点 z_0 が含まれる．

たあとの状況を観察しよう（図 1.14）．サドル型周期軌道点 ζ_0 の安定多様体の弧と不安定多様体の弧で囲まれた領域が生じ，この内部に楕円型周期軌道点 z_0 が含まれる．

1.5 安定多様体と不安定多様体のふるまい

接続写像 T のサドル不動点 P の安定多様体と不安定多様体のふるまいを調べよう．定義を述べておく．点 P の安定多様体 $W^s(P)$ と不安定多様体 $W^u(P)$ は次式で定義される．

$$W^s(P) = \{p \mid \lim_{n\to\infty} T^n p = P\}, \tag{1.32}$$

$$W^u(P) = \{p \mid \lim_{n\to\infty} T^{-n} p = P\}. \tag{1.33}$$

これらは点 P を通る 1 次元（不変）多様体である [43, 74, 94]．どちらも，点 P を取り去ると二つの不変多様体に分かれる．それぞれに点 P を加えて分枝とよぶ．本書では，点 P から右上に出ていく不安定多様体の分枝を W_u と書き，点 P に右下から入り込む安定多様体の分枝を W_s と書くことにする．

安定多様体と不安定多様体上に区間（あるいは弧）を定義する．そのために，これらの上に自然な向きを導入しよう．写像のもとで点の像が進む方向を正の向きと定義する．そしてこの向きに沿って進む方向を下流，向きに逆

1.5. 安定多様体と不安定多様体のふるまい

らって進む方向を上流とよぶことにする．安定多様体上では，点 P は他のどの点よりも下流にあり，不安定多様体上では点 P は他のどの点よりも上流にある．弧は上流の点を左端点，下流の点を右端点にとることにする．W_s の 2 点を z と z' とする．点 P を出発して W_s 上を進んだとき最初に z と出会い，次に z' と出会うとする．z と z' を結ぶ安定多様体の閉弧を $[z', z]_{W_s}$ と書く．開弧の場合は $(z', z)_{W_s}$ と書く．W_u の 2 点を w と w' とする．点 P を出発して W_u 上を進んだとき最初に w と出会い，次に w' と出会うとする．w と w' を結ぶ不安定多様体の閉弧を $[w, w']_{W_u}$ と書く．開弧の場合は $(w, w')_{W_u}$ と書く．

当面知りたいのは，点 P を出発したばかりの W_u のふるまいである．点 P を出た不安定多様体を追いかけていくと，x 座標は増加する．いずれ x 座標が減少し始める．このことは以下で示す．x 座標が停留となる点を引き返し点とよぶ．最初の引き返し点を t とする（図 1.15(a)）．引き返したのち，不安定多様体は左側へ伸びていき第二の引き返し点 t' で右側に戻る．点 t' は $x < 0$ の領域にあるので，図には描かれていない．弧 $[P, t)_{W_u}$ は 1 価のグラフなので $y = F_u(x)$ と書け，弧 $(t, t')_{W_u}$ も同様に $y = G_u(x)$ と書ける．点 z_0 を $y = F_u(x)$ 上にとる．軌道 $O(z_0) = \{z_n = T^n z_0\}_{n \in \mathbf{Z}}$ は不安定多様体上にある．$z_n = (x_n, y_n)$ と書く．このとき，ある n に対して z_n と z_{n+1} が共に $y = F_u(x)$ 上にある場合は式 (1.1) より，以下の関数方程式が得られる．

$$F_u(x_{n+1}) = F_u(x_n) + f(x_n). \tag{1.34}$$

点 z_n が $y = F_u(x)$ 上にあり，その像 z_{n+1} が $y = G_u(x)$ にある場合もある．このような場合，式 (1.34) の左辺は $G_u(x_{n+1})$ と書き換える必要がある．

点 P に入る安定多様体についても上記の手順を行う．点 P から安定多様体の方向と逆向きに安定多様体をたどっていくと，最初の引き返し点に到達する．この点は gt である．ここまでの弧 $(gt, P]_{W_s}$ は 1 価のグラフなので $y = F_s(x)$ と書ける．可逆性から $F_s(x) = gF_u(x)$ である．第二の引き返し点は gt' である．弧 $(gt', gt)_{W_s}$ も同様に $y = G_s(x)$ と書ける．やはり，$G_s(x) = gG_u(x)$ が成り立つ．関数 $F_s(x)$ と $G_s(x)$ について，式 (1.34) の添字 u を s に変えた関数方程式が得られる．つまり，ある n に対して z_n と z_{n+1} が共に $y = F_s(x)$ 上に

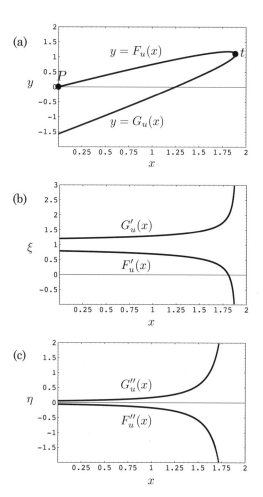

図 1.15 (a) 点 P から出た不安定多様体 W_u の最初の引き返し点が t で，第二の引き返し点が t'（図には描かれていない）である．弧 $[P,t]_{W_u}$ は $y = F_u(x)$ と記述され，弧 $[t,t']_{W_u}$ は $y = G_u(x)$ と記述される．(b) 不安定多様体の傾き．下のグラフが $F'_u(x)$ で，上のグラフが $G'_u(x)$ である．(c) 2 階微分のグラフ．下のグラフが $F''_u(x)$ で，上のグラフが $G''_u(x)$ である．

ある場合は

$$F_s(x_{n+1}) = F_s(x_n) + f(x_n) \tag{1.35}$$

が成り立つ．点 z_n が $y = G_s(x)$ 上にあり，その像 z_{n+1} が $y = F_s(x)$ にある場合もある．このような場合，式 (1.35) の右辺の $F_s(x_n)$ は $G_s(x_n)$ と書き換える．

一般に T のもとで不変な曲線について，z_n と z_{n+1} が共にグラフ $y = F(x)$ 上にある場合，関数方程式 $F(x_{n+1}) = F(x_n) + f(x_n)$ が常に成立する．

不安定多様体の傾き $\xi_u(x_n) = dF_u(x_n)/dx_n$ と $\xi_u(x_{n+1}) = dF_u(x_{n+1})/dx_{n+1}$，または $\xi_u(x_{n+1}) = dG_u(x_{n+1})/dx_{n+1}$ に関する写像を導こう．そのために式 (1.34) を x_n で微分する．左辺を微分するときは以下のように行う．

$$\frac{dF_u(x_{n+1})}{dx_n} = \frac{dF_u(x_{n+1})}{dx_{n+1}} \frac{dx_{n+1}}{dx_n}. \tag{1.36}$$

写像の式 (1.1) と (1.2) から $dx_{n+1}/dx_n = \xi_u(x_n) + f'(x_n) + 1$ が得られる．ここで $f'(x) = df(x)/dx$ と書いた．すると次式の写像が得られる．

$$\xi_u(x_{n+1}) = \frac{\xi_u(x_n) + f'(x_n)}{\xi_u(x_n) + f'(x_n) + 1}. \tag{1.37}$$

2 階微分 $\eta_u(x_n) = d\xi(x_n)/dx_n$ に関する写像も同様にして得られる．

$$\eta_u(x_{n+1}) = \frac{\eta_u(x_n) - 2a}{(\xi_u(x_n) + f'(x_n) + 1)^3}. \tag{1.38}$$

式 (1.37) について注意を述べておく．z_{n+1} が関数 $y = F_u(x)$ の上にあるならば，$\xi_u(x_{n+1})$ は関数 $F_u(x)$ の $x = x_{n+1}$ での傾きを表す．z_{n+1} が関数 $y = G_u(x)$ の上にあるならば，$\xi_u(x_{n+1})$ は関数 $G_u(x)$ の $x = x_{n+1}$ での傾きを表す．いずれの場合も不安定多様体の傾きの関係を与えている．2 階微分に関する関係式も同様に理解できる．$G_u(x)$ の場合，x の増加方向と不安定多様体上の流れの方向が逆なので注意が必要である．

点 P における不安定多様体の傾き $\xi_u(0)$ を求めよう．式 (1.37) で $x_n = x_{n+1} = 0$ とし，$f'(0) = a$ とすれば二つの値が得られる．これは安定多様体と不安定多様体が同じ関数方程式を満たしているからである．正の値が不安定多様体の傾き $\xi_u(0)$ であり，負の値が安定多様体の傾き $\xi_s(0)$ である．

$$\xi_u(0) = \frac{-a + \sqrt{a^2 + 4a}}{2}, \tag{1.39}$$

$$\xi_s(0) = \frac{-a - \sqrt{a^2 + 4a}}{2}. \tag{1.40}$$

対合を利用すると，安定多様体のふるまいは不安定多様体のふるまいから決まってしまう．このことを踏まえて，本節では以後，不安定多様体のふるまいを調べる．傾き $\xi_u(0)$ に関する性質 1.5.1 を今後よく利用する．

性質 1.5.1 $a > 0$ のとき $0 < \xi_u(0) < 1$．$\lim_{a \to 0} \xi_u(0) = 0$ および $\lim_{a \to \infty} \xi_u(0) = 1$．

次に不動点 P における不安定多様体の 2 階微分 $\eta_u(0)$ を求めよう．

$$\eta_u(0) = \frac{-2a}{\Delta^3(0) - 1}. \tag{1.41}$$

ここで $\Delta(0) = \xi_u(0) + a + 1 > 1$ である．これより，$a > 0$ のとき $\eta_u(0) < 0$ である．

点 P のごく近傍を考えよう．この領域では出発直後の不安定多様体は以下のように x で冪級数展開できる．

$$y = \xi_u(0)x + (\eta_u(0)/2)x^2 + (x の 3 次以上の項). \tag{1.42}$$

初期に不安定多様体のグラフの傾きは正で 2 階微分は負であることがわかる．この事実を利用し，点 P のごく近傍の点を出発点として写像を繰り返すことで，不安定多様体の傾きと 2 階微分が順次決定できる．数値計算によって不安定多様体の弧の傾きと 2 階微分を求めてみよう．図 1.15(b) は，引き返し点 t を境界とする不安定多様体の二つの分枝の傾きを示す．2 本のグラフのうち，x の増加に伴い値が減少している方は，弧 $[P, t]_{W_u}$ の傾きを表す．t において傾きは負に発散する．x 座標の増加に伴い値が増加している方は，第一の引き返し点 t から第二の引き返し点 t' までの弧 $[t, t']_{W_u}$ の傾きのグラフの一部である．引き返し点 t' は $x < 0$ の領域にあるために図 1.15(b) には描けない．次に不安定多様体の 2 階微分の変化を図 1.15(c) に描いた．x 座標の増加に伴い減少しているグラフは不安定多様体の弧 $[P, t]_{W_u}$ の 2 階微分のふるまいを表す．もう一つは不安定多様体の弧 $[t, t']_{W_u}$ の 2 階微分のふるまいを表す．どちらも引き返し点 t で発散している．

本書ではのちに曲線の曲率を使用する．そのため曲率の定義を書いておく．

1.5. 安定多様体と不安定多様体のふるまい

定義 1.5.2 t をパラメータとして，向き付けされた曲線 $\mathbf{w}(t) = (x(t), y(t))$ の曲率 $\kappa(t)$ は以下のように定義される．

$$\kappa(t) = \kappa(\mathbf{w}(t)) = \frac{\dot{x}(t)\ddot{y}(t) - \dot{y}(t)\ddot{x}(t)}{\|\dot{\mathbf{w}}(t)\|^3}. \tag{1.43}$$

ここで，変数の上の点は t に関する 1 階微分で，二つの点は t に関する 2 階微分を表す．$\|\dot{\mathbf{w}}(t)\|$ はベクトル $\dot{\mathbf{w}}(t)$ のノルム（長さ）である．

曲線をパラメータ表示したとする．定義 1.5.2 より，パラメータ t を増やしたとき曲線が x 軸の正方向に進行する場合，点 x での曲率 $\kappa(x)$ は以下のように得られる．ただし点 x の近傍で曲線は $y = F(x)$ と記述されるとする．

$$\kappa(x) = \frac{F''(x)}{(1 + F'(x)^2)^{3/2}}. \tag{1.44}$$

ここで，ダッシュ $'$ は x に関する 1 階微分を表し，$''$ は x に関する 2 階微分を表す．パラメータ t を増やしたとき曲線が x 軸の負方向に進行する場合の曲率 $\kappa(x)$ は次のようになる．

$$\kappa(x) = -\frac{F''(x)}{(1 + F'(x)^2)^{3/2}}. \tag{1.45}$$

簡単に曲率の幾何学的意味をまとめると，曲線上を進んだとき曲線が右に曲がる場合，曲率は負であり，左に曲がる場合，曲率は正である．

曲率を考える場合，曲線が向き付けされていることが重要である．不安定多様体は自然に向き付けされた曲線である．不安定多様体上では弧 $[P, t]_{W_u}$ と弧 $[t, t']_{W_u}$ の二つを考える．すでに述べたように，点 t は不安定多様体を点 P から追いかけたときの最初の引き返し点であり，点 t' は第二の引き返し点である．弧 $[P, t]_{W_u}$ は右向きに，弧 $[t, t']_{W_u}$ は左向きに向きが付けられている．

式 (1.37) の右辺の分母 $(\xi_u(x_n) + f'(x_n) + 1)$ が 0 になる条件より引き返し点 t が決まる．弧 $[P, T^{-1}t]_{W_u}$ の場合，分母 $(\xi_u(x_n) + f'(x_n) + 1)$ は正である．よってこの場合，式 (1.38) の $\eta_u(x_{n+1})$ の符号は右辺の分子の符号で決まる．ここで式 (1.41) を考慮すると，右辺の $\eta_u(x_n)$ は負である．こうして 2 階微分は負であることと，弧 $[P, t]_{W_u}$ の向きが右向きであることより性質 1.5.3 が得られる．

性質 1.5.3 不安定多様体の弧 $[P, t]_{W_u}$ の曲率は負である．

1.6 主ホモクリニック点の存在

今まで，図 1.2 や図 1.3 において，数値計算の結果に基づいて**主ホモクリニック点** (Primary homoclinic point) u と v が存在するとして議論を進めてきた．本節ではあらためて，ホモクリニック点や主ホモクリニック点を定義し，主ホモクリニック点が存在することを証明しておく．サドル不動点 P を例にして定義を述べる．T^n のもとでの一般のサドル不動点でも同じことである．

定義 1.6.1 サドル不動点 P の不安定多様体 W_u と安定多様体 W_s の交点のうち，P 以外の点をホモクリニック点とよぶ．ホモクリニック点 w が $(P,w)_{W_u} \cap (w,P)_{W_s} = \emptyset$ を満たすとき，主ホモクリニック点とよばれる．それ以外の点は 2 次のホモクリニック点とよばれる．主ホモクリニック点および 2 次のホモクリニック点の軌道は，それぞれ主ホモクリニック軌道および 2 次のホモクリニック軌道とよばれる．

定義 1.6.2 サドル不動点 P の不安定多様体 W_u と対称線 S_g^+ との最初の交点を u とおく．また W_u と対称線 S_h^+ との最初の交点を v とおく（図 1.16）．対称性より u で W_u と W_s は交わる．同様に v で W_u と W_s は交わる．したがっ

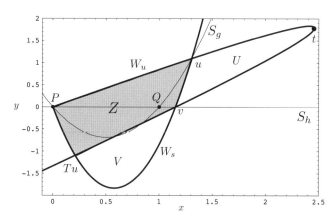

図 1.16 不安定多様体の弧 $[P,u]_{W_u}$，安定多様体の弧 $[u,v]_{W_s}$，不安定多様体の弧 $[v,Tu]_{W_u}$ と安定多様体の弧 $[Tu,P]_{W_s}$ の四つの弧で囲まれた閉領域 Z（灰色の領域）は基本領域．U と V はホモクリニックローブである．点 t は引き返し点．S_g と S_h（x 軸）は対称線．

て，交点 u も交点 v もホモクリニック点である．

$u \in S_g$ と $v \in S_h$ より，次の関係が成立する．

$$gu = u, \quad hv = v. \tag{1.46}$$

命題 1.6.3 定義 1.6.2 で定義された u と v は，主ホモクリニック点である．

証明 いくつかの領域を定義する．

$$\begin{aligned}
D_1^L &= \{(x,y) : 0 \le x < 1, y \ge 0\} \backslash P; \\
D_1^R &= \{(x,y) : 1 \le x, y > -f(x)/2\}; \\
D_1 &= D_1^L \cup D_1^R; \\
D_2 &= \{(x,y) : x > 1, 0 \le y \le -f(x)/2\}; \\
D_3 &= \{(x,y) : y < 0\}.
\end{aligned}$$

写像の式 (1.1), (1.2) を使うと

$$(y_{n+1} - y_n)/(x_{n+1} - x_n) = f(x_n)/y_{n+1} \tag{1.47}$$

が得られる．式 (1.47) を見ると，点 (x_n, y_n) と (x_{n+1}, y_{n+1}) を結ぶ線分の傾きの正負が $f(x_n)$ の符号に依存することがわかる．

以下では各領域内での傾きのふるまいを利用して，$z_0 \in D_1$ を出発した軌道が領域 D_1 に留まり続けることができないことを背理法で示す．証明のため $z_0 \in D_1$ を出発した軌道は領域 D_1 に留まり続けると仮定する．

領域 D_1^L 内の不安定多様体上では，$f(x) > 0$ であるから傾き（式 (1.47)）は正であり，軌道点の x 座標と y 座標は増加する．写像ごとに点の x 座標の増え方はどんどん大きくなる．よって軌道は領域 D_1^L に留まることはできない．だから仮定より，軌道点は領域 D_1^R に必ず入り，そこで留まり続ける．x 座標が増加しても領域 D_1^R から出ないためには，$x_{n+1} - x_n = y_{n+1}$ より，y_{n+1} の値が 0 に漸近する必要がある．領域 D_1^R の形状からすると，y 座標が 0 に漸近すると，軌道点が点 Q に漸近する．

不安定多様体上の軌道点が領域 D_1^R に留まれないことを示そう．まず z_n がずっと D_1^L にあって，$n \to \infty$ のとき z_{n+1} が Q に漸近することはありえない．なぜなら，上に述べたように，z_n が D_1^L にいる限り $y_{n+1} > y_n$ だからである．だから z_n と z_{n+1} がともに D_1^R に入っている場合を考えればよい．z_n が領域 D_1^R の左端 ($x = 1$) に来ると，傾き（式 (1.47)）は 0 となる ($f(1) = 0$)．だから z_{n+1} はまっすぐ右にある．そこで $x_n > 1$ を考える．この場合，z_{n+1} は z_n の右下にある．すなわち，$x_{n+1} > x_n > 1$ である．これでは Q に漸近できない．

不安定多様体は x 軸の弧 $(0, 1)$ を通って出ていかない．だから S_g^+ を横切って出ていく．不安定多様体が最初に S_g^+ と交わる点を u とする．対合 g を不安定多様体の弧 $(P, u)_{W_u}$ にほどこすと，安定多様体の弧 $(u, P)_{W_s}$ が得られる．この弧は D_1 に含まれない．だから u は主ホモクリニック点である．$(u, P)_{W_s}$ は明らかに x 軸を横切る．$(u, P)_{W_s}$ を点 P から遡って x 軸との最初の交点を v とする．$(v, P)_{W_s}$ に h をほどこすと，不安定多様体の弧 $(P, v)_{W_u}$ になる．$(v, P)_{W_s}$ は $y < 0$ にあり，$(P, v)_{W_u}$ は $y > 0$ にあって互いに交わらないから，点 v は主ホモクリニック点である．(Q.E.D.)

1.7 安定多様体と不安定多様体の関係

対合 g と h を利用すると不安定多様体の傾きと安定多様体の傾きを関係付けることができる．今，$z = (x_z, y_z) \in W_u$ とすると，$gz = (x_{gz}, y_{gz}) \in W_s$ である．式 (1.19) の g による変換を書き下すと

$$\begin{aligned} x_{gz} &= x_z, \\ y_{gz} &= -y_z - f(x_z). \end{aligned} \quad (1.48)$$

z は不安定多様体の弧 $y = F_u(x)$ 上にあるとする．gz は安定多様体の弧 $y = F_s(x)$ 上にある ($F_s(x) = gF_u(x)$)．$x_{gz} = x_z$ であることに注意すると，以下の関数方程式が得られる．

$$F_s(x_z) = -F_u(x_z) - f(x_z). \quad (1.49)$$

両辺を x で微分して

$$\xi_s(x_z) = -\xi_u(x_z) - f'(x_z). \quad (1.50)$$

2階微分に関しては以下の関係が決まる.

$$\eta_s(x_z) = -\eta_u(x_z) + 2a. \tag{1.51}$$

次に対合 h を使って得られる関係を導こう．$z = (x_z, y_z) \in W_u$ とすると，$hz = (x_{hz}, y_{hz}) \in W_s$ である．式 (1.19) の h による変換を書き下すと

$$\begin{aligned} x_{hz} &= x_z - y_z, \\ y_{hz} &= -y_z. \end{aligned} \tag{1.52}$$

式 (1.23) より z が $[P, v]_{W_u}$ 上にあると，hz は $[v, P]_{W_s}$ 上にある．$z \in [P, t]_{W_u}$ は $y = F_u(x)$ 上にあり，$z \in (t, v]_{W_u}$ は $y = G_u(x)$ 上にある．hz は $y = F_s(x)$ 上にある．だから，$z \in [P, t]_{W_u}$ ならば

$$F_s(x_{hz}) = -F_u(x_z). \tag{1.53}$$

が成立する．$z \in (t, v]_{W_u}$ ならば右辺を $-G_u(x)$ と読み換える．$dx_{hz}/dx_z = 1 - dy_z/dx_z = 1 - \xi_u(x_z)$ であることに注意して両辺を x で微分する．$\xi_s(x_{hz}) = dF_s(x_{hz})/dx_{hz}$，$\xi_u(x_z) = dF_u(x_z)/dx_z$ より，以下の関係が得られる．

$$\xi_s(x_{hz}) = \frac{-\xi_u(x_z)}{1 - \xi_u(x_z)}. \tag{1.54}$$

2階微分に関しては次の関係が得られる.

$$\eta_s(x_{hz}) = \frac{-\eta_u(x_z)}{(1 - \xi_u(x_z))^3}. \tag{1.55}$$

問題 1.7.1 安定多様体の弧 $[gt, P]_{W_s}$ の曲率が負であることを示せ．また，不安定多様体の弧 $[t, t']_{W_u}$ の曲率も負であることを示せ．

1.8 基本領域

本書の今後の議論にとって重要な領域を導入しておく．

定義 1.8.1 4本の弧 $[P, u]_{W_u}$，弧 $[u, v]_{W_s}$，弧 $[v, Tu]_{W_u}$，および弧 $[Tu, P]_{W_s}$ に囲まれた閉領域を Z と書き，**基本領域**と名付ける（図 1.16）．

定義 1.8.2 不安定多様体の弧 $[u,v]_{W_u}$ と安定多様体の弧 $[u,v]_{W_s}$ で囲まれた閉領域をホモクリニックローブ U とし，不安定多様体の弧 $[v,Tu]_{W_u}$ と安定多様体の弧 $[v,Tu]_{W_s}$ で囲まれた閉領域をホモクリニックローブ V とする（図 1.16）．

性質 1.8.3 ホモクリニックローブ U と V について $V = hU$ が成り立つ．また，ホモクリニックローブ U と V は周期点を含まない．

証明の概略 $[v,P]_{W_s} = h(P,v]_{W_u}$，および $[u,v]_{W_s} = h[v,Tu]_{W_u}$ から $V = hU$ が得られる．また，$T^{-1}V = gU$ が成り立つ．V は $y < 0$ にあるが，$T^{-1}V$ は $y > 0$ にあり，最下部は W_u 上の弧である．逆写像を作用すると，x 座標は減少する．W_u との新たな交わりは生じないので，$y > 0$ を保つ．初めの W_u 上の弧は逆写像の下で P に近づく．すなわち，$T^{-2}V$ は $T^{-1}V$ と同じ条件を満たし，$T^{-1}V$ より左にある．逆写像を次々に作用すると，$T^{-n}V$ $(n > 2)$ はますます左に動く．$y > 0$ のままであるから，V とは重ならず，周期点はもたない．$U = hV$ より，U にも周期点はない．(Q.E.D.)

次に基本領域 Z に関する基本的な性質をまとめておく [99]．

性質 1.8.4
(1) 基本領域 Z は凸四辺形．
(2) $Z = hZ$．よって Z の $y \geq 0$ の領域と Z の $y \leq 0$ の領域の面積は等しい．
(3) 点 P を除くすべての周期軌道は基本領域 Z の内部に含まれる．

(1) は性質 1.5.3 と問題 1.7.1 より明らかで，(2) は基本領域の構成法から明らかである．ここでは (3) の証明を与える．

(3) の証明 基本領域 Z の境界に存在する周期軌道点は点 P のみである．基本領域 Z の外部に周期軌道点がないことを証明する．平面をいくつかの区域に分割し，それぞれを個別に調べることにする．

分割領域

[1] $D_1 = \{(x,y) : x < 0, y < 0\}$.

1.8. 基本領域

[2] $\quad D_2 = \{(x,y) : x = 0, y < 0\} \cup \{(x,y) : x < 0, y = 0\}$.

[3] $\quad D_3 = \{(x,y) : x < 0, 0 < y \leq -f(x)\}$.

[4] $\quad D_4 = \{(x,y) : x \leq 0, y > -f(x)\}$.

[5] $\quad D_5 = \{(x,y) : x > 0, y > -f(x)/2\} \backslash Z$.

[6] $\quad D_6 = \{(x,y) : x > 0, y \leq -f(x)/2\} \backslash Z$.

$z = (x,y) \in D_1$ の場合，$x < 0$ より $f(x) < 0$ なので式 (1.1) より y は写像で減少し，式 (1.2) より写像で x も減少する．写像により x 座標も y 座標も負のまま絶対値が増大し，最終的に無限大に発散する．だから D_1 に周期点はない．$TD_2 \subset D_1$ より，D_2 に周期点はない．また，$TD_3 \subset D_1 \cup D_2$ なので D_3 に周期点はない．$gD_4 \subset D_1 \cup D_2$ より，D_4 に周期点はない．

$gD_5 \subset D_6$ であるから，D_6 に周期点が存在しなければ，D_5 にも周期点は存在しない．以下では D_6 に周期点が存在しないことを示す．

z が $y \leq -f(x)/2$ でかつ $x > 1$ にいるとき，$y_{Tz} < 0$ なので，初めから $y < 0$ の点を考えればよい．さらに，$x \geq 1, y < 0$ のとき，$y_{Tz} < y, x_{Tz} = x + y_{Tz} < x$ なので，z の像はいずれ $x < 1$ に入る．そこで，点は初めから $x < 1, y < 0$ にいると考えてよい．写像を繰り返すうちに基本領域 Z に入るかもしれないが，入る直前にホモクリニックローブ V に入る．ここには周期点のないことがわかっているので，Z に入る点は無視してよい．

z は領域 $0 \leq x < 1$ にあって，安定多様体の弧 $[v, P]_{W_s}$ より下にある．ところで弧 $[v, P]_{W_s}$ は $y = -f(x)$ より下にある．なぜなら，そうでないとすると，弧 $[v, P)_{W_s}$ の像は領域 $y \geq 0$ に来てしまう．これは矛盾である．だから z は $y = -f(x)$ より下にある．すると $y_{Tz} < 0$ が得られ，$x_{Tz} < x_z$ が導かれる．Tz も $y = -f(x)$ より下にあることを再度利用すると，$x_{T^2z} < x_{Tz}$ が導かれる．点はどんどん左方向に動く．$x < 1$ の不動点は点 P のみであり，z は $[v, P)_{W_s}$ に乗っていないから z の像はいずれ D_1 に入る．これで D_6 に周期点が存在しないことが導かれた．(Q.E.D.)

写像 T による運動を基本領域 Z をもとに分類しておこう．

分類 1.8.5 写像 T による運動は次のように分類される．
 (1) 基本領域 Z に閉じ込められた運動．
 (2) 過去は基本領域 Z に留まり，未来は出ていく運動．
    未来は基本領域 Z に留まり，過去は出ていく運動．
 (3) 有限時間，基本領域 Z に留まる運動．
 (4) すべての軌道点が基本領域 Z の外にある運動．

　第 2 章以降では，基本領域 Z に閉じ込められた多種多様な運動の中で主に対称周期軌道とホモクリニック軌道の性質を調べる．

第2章
接続写像のスメール馬蹄

　最初に，1.8 節で得られた基本領域を用いてスメール馬蹄の構成の仕方を説明する．スメール馬蹄に存在する軌道を軌道を 0 と 1 の記号で特徴付ける．得られた 0 と 1 の無限の並びを記号列という．記号列を利用しスメール馬蹄の中に存在する軌道の基本的な性質を紹介する．周期軌道の記号列は，有限個の記号の繰り返しで記述される．有限個の記号をコードとよぶ．

　次に，記号列の意味をさらにわかりやすくするために記号平面を導入し，軌道の記号平面での運動の仕方を説明する．

　コードの基本的な性質である回転数，偶奇性と時間反転対称性について説明する．

　本書で重要な役割を演じる軌道の順序保存性について解説する．これより順序保存性を満たす軌道とそうでない軌道があることを示す．

　最後に，接続写像においてスメール馬蹄が存在する証明を与える．

2.1　可逆スメール馬蹄の構成

　第 1 章ですでに述べたように，接続写像 T のパラメータ a を増やしていくと $a \geq a_c^{\mathrm{RSH}}$ で可逆スメール馬蹄が出現する．本章ではパラメータ範囲を $a \geq a_c^{\mathrm{RSH}}$ に固定する．最初の節で模式図を用いてスメール馬蹄の構成方法を説明する．

　前章の最後に基本領域 Z を導入した．ここでもう一度基本領域 Z の特徴を述べておく．まず Z は曲線四辺形である．簡単のため，この曲線四辺形を正方形として書いておく（図 2.1）．正方形の左上の頂点は不動点 P である．残りの頂点は時計回りに u, v, Tu である．u, v, Tu は主ホモクリニック点であ

る．$[P, u]_{W_u}$ と $[v, Tu]_{W_u}$ は不安定多様体の弧で，$[u, v]_{W_s}$ と $[Tu, P]_{W_s}$ は安定多様体の弧である．写像のもとで不安定多様体は伸び，安定多様体は縮み，逆写像のもとで不安定多様体は縮み，安定多様体は伸びるから，領域 Z は写像のもとで縦に縮んで横方向に伸び，逆写像のもとで横に縮んで縦方向に伸びる．

基本領域 Z を1回未来へ写像する．その様子を図 2.1(a) に描いた．TZ は二つに折りたたまれた灰色の馬蹄形領域である．不安定多様体の弧 $[P, u]_{W_u}$ は弧 $[P, Tu]_{W_u}$ へ写される．この過程では弧 $[P, u]_{W_u}$ を右に引き伸ばし，折り曲げる操作が行われ，その結果，U 字形を反時計回りに 90 度だけ回転した形 (⊃) になる．安定多様体の弧 $[u, v]_{W_s}$ は弧 $[Tu, Tv]_{W_s}$ へ縮めて写される．不安定多様体の弧 $[v, Tu]_{W_u}$ は弧 $[Tv, T^2u]_{W_u}$ へ写される．この過程でも弧 $[v, Tu]_{W_u}$ を上方に押しあげ右方向に引き伸ばし，そして折り曲げる操作が行われる．この結果，弧 $[Tv, T^2u]_{W_u}$ は U 字形を反時計回りに 90 度だけ回転した形 (⊃) になる．安定多様体の弧 $[Tu, P]_{W_s}$ は弧 $[T^2u, P]_{W_s}$ へ縮めて写される．以上まとめて TZ は馬蹄形をなす．$Z \cap TZ$ は 2 本の横帯からなる．これらを H_0, H_1 と名付ける（図 2.2(a)）．

次に基本領域 Z を1回過去へ写像する（図 2.1(b)）．不安定多様体の弧 $[P, u]_{W_u}$ は縮んで弧 $[P, T^{-1}u]_{W_u}$ へ写される．安定多様体の弧 $[u, v]_{W_s}$ は引き伸ばし折り曲げられ，ほぼ U 字形となって弧 $[T^{-1}u, T^{-1}v]_{W_s}$ へ写る．不安定多様体の弧 $[v, Tu]_{W_u}$ は縮んで弧 $[T^{-1}v, u]_{W_u}$ となる．安定多様体の弧 $[Tu, P]_{W_s}$ は下方に引き伸ばされ折り曲げられ，ほぼ U 字形となって弧 $[u, P]_{W_s}$ に写る．こうして $T^{-1}Z$ は馬蹄形となる．$Z \cap T^{-1}Z$ は 2 本の縦帯からなる．これらを V_0, V_1 と名付ける（図 2.2(b)）．

あらためて領域 V_0, V_1 と H_0, H_1 を正確に定義しておく（図 2.2）．

$V_0 = [P, T^{-1}u]_{W_u} \cup [T^{-1}u, t_l]_{W_s} \cup [t_l, Tu]_{W_u} \cup [Tu, P]_{W_s}$ に囲まれる閉領域，

$V_1 = [T^{-1}v, u]_{W_u} \cup [u, v]_{W_s} \cup [v, t_r]_{W_u} \cup [t_r, T^{-1}v]_{W_s}$ に囲まれる閉領域，

$H_0 = [P, u]_{W_u} \cup [u, Tt_l]_{W_s} \cup [Tt_l, T^2u]_{W_u} \cup [T^2u, P]_{W_s}$ に囲まれる閉領域，

$H_1 = [v, Tu]_{W_u} \cup [Tu, Tv]_{W_s} \cup [Tv, Tt_r]_{W_u} \cup [Tt_r, v]_{W_s}$ に囲まれる閉領域．

ただし，t_l, t_r は安定多様体の弧 $[T^{-1}u, T^{-1}v]_{W_s}$ と不安定多様体の弧 $[v, Tu]_{W_u}$

2.1. 可逆スメール馬蹄の構成　　　　　　　　　　39

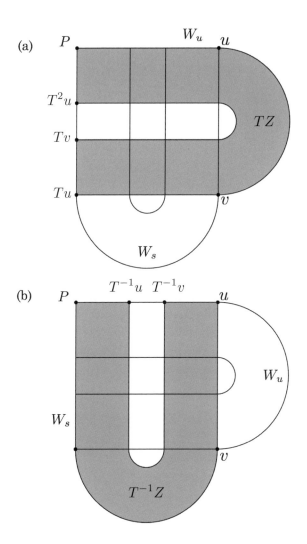

図 2.1　$a > a_c^{\mathrm{RSH}}$ における模式図. (a) 基本領域 Z と像 TZ の関係. (b) 基本領域 Z と逆像 $T^{-1}Z$ の関係.

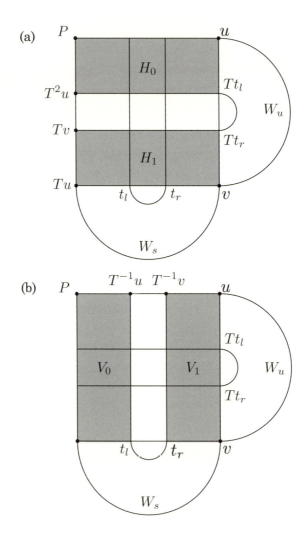

図 2.2 $a > a_c^{\mathrm{RSH}}$ における模式図. (a) 二つの領域 H_0 と H_1 の定義. (b) 二つの領域 V_0 と V_1 の定義. 領域 $H_{0,1}$ と領域 $V_{0,1}$ は灰色で描かれている.

との交点であり，その像 Tt_l と Tt_r は $[u,v]_{W_s}$ と $[Tv,T^2u]_{W_u}$ の交点である．第 1 世代という意味で，$V^{(1)} = \{V_0, V_1\}$ および $H^{(1)} = \{H_0, H_1\}$ とおく．次が成り立つ．

性質 2.1.1 $TV_i = H_i, i = 0, 1$.

以後しばしば使うことになる不安定多様体の弧 Γ_u と安定多様体の弧 Γ_s を導入しておく．

定義 2.1.2 $\Gamma_u = T[v, Tu]_{W_u}, \Gamma_s = T^{-1}[u, v]_{W_s}$.

二つの弧が対合の下で写りあうことを示そう．まず，不安定多様体上，Tv が T^2u の上流にある．$hW_u = W_s$ であるから，$\Gamma_u = T[v, Tu]_{W_u}$ に h を作用すると W_s の弧になる．ところで安定多様体上，hT^2u が hTv の上流にある．これらより

$$h(T[v, Tu]_{W_u}) = [hT^2u, hTv]_{W_s} = [T^{-2}hu, T^{-1}hv]_{W_s} = T^{-1}[T^{-1}hu, hv]_{W_s}$$

と書ける．$gu = u$ と $hv = v$ を利用すると，最後の表現は $T^{-1}[u, v]_{W_s}$ となり，これは Γ_s である．すなわち

$$\Gamma_s = h\Gamma_u. \tag{2.1}$$

すでに導入した t_l と t_r は $T^{-1}\Gamma_u \cap \Gamma_s$ に含まれる．一方，

$$g(T^{-1}\Gamma_u \cap \Gamma_s) = Tg\Gamma_u \cap g\Gamma_s = Tgh \circ h\Gamma_u \cap gh \circ h\Gamma_s = \Gamma_s \cap T^{-1}\Gamma_u$$

であるから，2 点 t_l と t_r は対称線 S_g 上にある．このことから $Tt_l = h(gt_l) = ht_l$ と $Tt_r = h(gt_r) = ht_r$ が得られる．

上下 2 本の横帯（H_0 と H_1）にもう一度写像を作用させると 4 本の横帯になる．すなわち，上に押し潰して伸ばして折り曲げる．押し潰したときに H_0 と H_1 が細くなって H_0 に入る．それを右に引き伸ばして折り曲げて馬蹄に重ねる．すると細くなった H_0 と H_1 がひっくり返って H_1 に入る．H_0 に入る細い領域を上から H_{00}, H_{01} と名付ける．同様に H_1 に入る細い領域は上から H_{11}, H_{10} と名付ける．結局，2 本ずつ H_0 と H_1 に入る．併せて $H^{(2)} = \{H_{00}, H_{01}, H_{11}, H_{10}\}$ とする．初め Z は 1 本（2^0）だった．写像 1 回で横帯 2 本（2^1）になり，写像 2

回で横帯 4 本 (2^2) となり n 回で 2^n 本の細い横帯となる．2^n 本の細い横帯を $H^{(n)}$ と書く．たとえば，$H^{(3)} = \{H_{000}, H_{001}, H_{011}, H_{010}, H_{110}, H_{111}, H_{101}, H_{100}\}$ である．

$$\bigcap_{k=0}^{\infty} T^k Z$$

は，作り方からわかるように，縦方向に並ぶカントール集合 [94, 4] と横線分の直積（カントール集合の各点を線分にかえる）である．この集合上の点には，逆写像 T^{-1} を何度でもほどこすことができる．

左右の 2 本の縦帯（V_0 と V_1）に逆写像を作用させると 4 本の縦帯になる．すなわち，左に押し潰して伸ばして折り曲げる．押し潰したときに V_0 と V_1 が細くなって V_0 に入る．それを下に引き伸ばして折り曲げて馬蹄に重ねる．すると細くなった V_0 と V_1 がひっくり返って V_1 に入る．V_0 に入る細い領域は左から V_{00}, V_{01} と名付ける．同様に V_1 に入る細い領域は左から V_{11}, V_{10} と名付ける．結局，2 本ずつ V_0 と V_1 に入る．併せて $V^{(2)} = \{V_{00}, V_{01}, V_{11}, V_{10}\}$ とする．初め Z は 1 本 (2^0) だった．逆写像 1 回で縦帯 2 本 (2^1) になり，逆写像 2 回で縦帯 4 本 (2^2) となり n 回で 2^n 本の細い縦帯となる．2^n 本の細い縦帯を $V^{(n)}$ と書く．たとえば，$V^{(3)} = \{V_{000}, V_{001}, V_{011}, V_{010}, V_{110}, V_{111}, V_{101}, V_{100}\}$ である．そして

$$\bigcap_{k=0}^{\infty} T^{-k} Z$$

は，作り方からわかるように，横方向に並ぶカントール集合と縦線分との直積である．この集合上の点には，何度でも写像 T をほどこすことができる．そして上記二つのカントール集合の共通部分を

$$\Lambda \stackrel{\text{def}}{=} (\cap_{k=0}^{\infty} T^k Z) \bigcap (\cap_{k=0}^{\infty} T^{-k} Z) \tag{2.2}$$

とおくと，Λ の点には，未来にも過去にも何度でも写像をほどこせる．点の像は Z 内に留まる．この集合がスメール馬蹄である．あらためて可逆スメール馬蹄を定義として述べておこう．

定義 2.1.3 式 (2.2) の Λ は接続写像 T の可逆スメール馬蹄 (Reversible Smale horseshoe (RSH)) とよばれる．

領域 $V_{0,1}$ と領域 $H_{0,1}$ について性質 2.1.4 が成り立つ．

性質 2.1.4　$gV_0 = V_0, gV_1 = V_1, hV_0 = H_0, hV_1 = H_1$.

証明　$u = gu$ を利用すると，$T^{-1}u = ghu = gh(gu) = gTu$ が得られる．$t_l \in S_g$ より，$gt_l = t_l$ である．これらより $[P, T^{-1}u]_{W_u} = g[Tu, P]_{W_s}$ と，$[T^{-1}u, t_l]_{W_s} = g[t_l, Tu]_{W_u}$ が成立するので，$gV_0 = V_0$ が得られる．性質 2.1.1 より，$H_0 = TV_0 = hgV_0 = hV_0$．$gV_1 = V_1$ と $hV_1 = H_1$ も同様にして導かれるが，これは読者の問題とする．(Q.E.D.)

問題 2.1.5　$gV_1 = V_1$ と $hV_1 = H_1$ を示せ．

2.2　記号列

カントール集合 $\Lambda \subset Z$ 上で生起する力学を調べるために，記号列を導入する．参考文献 [35] の 2.3 節も参考にしてほしい．

定義 2.2.1　k を整数とする．軌道点 z_k の記号 s_k を以下のように定義する．

$$\begin{aligned} z_k \in V_0 \quad \text{のとき} \quad & s_k = 0, \\ z_k \in V_1 \quad \text{のとき} \quad & s_k = 1. \end{aligned} \quad (2.3)$$

領域 Z の中に領域 V_0 と領域 V_1 に挟まれた空白領域 B がある．この領域 B に軌道点が入ると 1 回の写像で Z の外に出てしまう．よって記号化を行う場合，領域 B を考える必要がない．無限の過去から無限の未来にいたるまで軌道点に記号を割り振ることができるとき，軌道は記号化できるということにする．このとき，無限の過去から無限の未来への軌道の記号列 s が決まる：

$$s = \cdots s_{-2} s_{-1} \bullet s_0 s_1 s_2 \cdots \quad (2.4)$$

s_{-1} と s_0 の間に小数点 ($\bullet$) を入れた．小数点より左が過去で，小数点のすぐ右が現在，それより右が未来を表す．記号 s_0 に対応する点 z_0 がカントール集合 Λ 内で着目した点である．

性質 2.1.4 より性質 2.2.2 が得られる．点 z の記号を $\text{Symb}(z)$ と書く．

性質 2.2.2 Symb(z) = Symb(gz) が成り立つ.

記号列（式 (2.4)）は，軌道点が縦帯 V_0 または V_1 に入ることで定義した．これを垂直方向の帯 $V^{(k)}$ と水平方向の帯 $H^{(k)}$ を使っての馬蹄の作り方から理解しよう．

縦帯と横帯は前節で見たように，

$$V^{(k)} = \bigcup_{\substack{s_i=0 \text{ または } 1, \\ i=0,1,\ldots,k-1}} V_{s_0 s_1 \cdots s_{k-1}}, \tag{2.5}$$

$$H^{(k)} = \bigcup_{\substack{s_i=0 \text{ または } 1, \\ i=-1,-2,\ldots,-k}} H_{s_{-1} s_{-2} \cdots s_{-k}} \tag{2.6}$$

と書ける．k が有限ならば $V^{(k)}$ と $H^{(k)}$ はそれぞれ縦帯，横帯の集合である．k を無限とすると $V^{(\infty)}$ と $H^{(\infty)}$ はそれぞれ縦線，横線の集合である．性質 2.1.1 を利用すると

$$\begin{aligned} H_{s_0 s_1 \cdots s_k \cdots} &= \{z \in Z : T^i z \in H_{s_i}\} \\ &= \{z \in Z : T^{i-1} z \in V_{s_i}\} \end{aligned}$$

であるので，未来には点は横帯に入るが，1 写像前には縦帯に入る．だから，縦帯に入ることで記号を定義できる．一方,

$$V_{s_{-1} s_{-2} \cdots s_{-k} \cdots} = \{z \in Z : T^{-i} z \in V_{s_{-i}}\}.$$

過去には，点は縦帯に入るので，そのまま記号化できる．

次に推移写像と 2 推移空間を導入する．

定義 2.2.3 0 と 1 の記号の両無限の連なりを記号列という．この記号列全体の集合に距離を入れる．すなわち，二つの記号列を $t = \cdots t_{-1} \bullet t_0 t_1 \cdots$ と $s = \cdots s_{-1} \bullet s_0 s_1 \cdots$ としたときに，距離 d を次式で定義する．

$$d(s,t) = \sum_{j=-\infty}^{\infty} \frac{\delta(s_j, t_j)}{2^{|j|}}, \quad \text{ただし} \quad \delta(s_j, t_j) = \begin{cases} 0 & (s_j = t_j \text{ のとき}) \\ 1 & (s_j \neq t_j \text{ のとき}) \end{cases}$$

この距離空間を Σ_2 とよぶ．

定義 2.2.4 Σ_2 上で作用する推移写像 σ を

$$\sigma(s) = t, \quad \text{ただし} \quad t_j = s_{j+1} \tag{2.7}$$

で定義する．空間 Σ_2 とそれに作用する写像 σ を合わせたものを **2 推移空間**とよぶ．

さて，基本領域 Z に無限の過去から無限の未来まで留まる軌道は記号列で書けることがわかった．すべての記号列に軌道が対応していることは命題 2.2.5 [74, 94, 95] によって保証される．

命題 2.2.5 可逆スメール馬蹄 Λ 上の力学と 2 推移空間 Σ_2 上の σ の作用は共役である．すなわち，軌道と両無限記号列の対応を $\varphi: \Lambda \to \Sigma_2$ と書くと，φ は一対一，連続であり，逆 (φ^{-1}) も連続である．言い換えると，φ は同相写像である．

証明 φ は，馬蹄の点 z に記号列 s を対応させる写像である．すなわち，$\varphi(z) = s = \cdots s_{-1} \bullet s_0 s_1 \cdots$ である．今，$\varphi(Tz) = t = \cdots t_{-1} \bullet t_0 t_1 \cdots$ とする．このとき，$T^{j+1} z \in H_{s_{j+1}}$ であり，一方 $T^{j+1} z = T^j \circ T z \in H_{t_j}$ であるから，$s_{j+1} = t_j$，つまり $\sigma(s) = t$ となる．これを書き換えると $\sigma\varphi(z) = \varphi(Tz)$．

次に φ が Λ で連続であること，すなわち，任意に点 $z \in \Lambda$ と $\epsilon > 0$ が与えられたとき，$\delta = \delta(z, \epsilon)$ があって，$|z - z'| < \delta$ なら $d(\varphi(z), \varphi(z')) < \epsilon$ となることを示す．z と z' の記号列を書いておく．

$$\varphi(z) = \cdots s_{-n} \cdots s_{-1} \bullet s_0 \cdots s_n \cdots, \tag{2.8}$$

$$\varphi(z') = \cdots s'_{-n} \cdots s'_{-1} \bullet s'_0 \cdots s'_n \cdots \tag{2.9}$$

$N = N(\epsilon)$ を十分大きくとって，$s_i = s'_i$ ($i = 0, \pm 1, \ldots, \pm N$) とすれば $d(\varphi(z), \varphi(z')) < \epsilon$ が満たされる．このとき，z と z' は水平帯 $H_{s_0 \cdots s_N}$ と鉛直帯 $V_{s_{-1} \cdots s_{-N}}$ の共通部分にある．写像 1 回あたりの帯の幅の平均の縮小率を $1/\lambda$ とすれば，共通部分の水平方向の幅は $1/\lambda^N$ で垂直方向の幅は $1/\lambda^{N+1}$ である．よって $|z - z'| \le 1/\lambda^N + 1/\lambda^{N+1} < 2/\lambda^N$ であるから，δ を $2/\lambda^N$ ととればよい．φ が連続であることが証明された．

次に φ が一対一であることを示そう．$z, z' \in \Lambda$ が与えられたとき，$\varphi(z) = \varphi(z')$ とすると，z と z' は φ によって同じ記号列に写される．この記号列の，未来記号列は鉛直線分，過去記号列は横線分に対応し，これらの唯一の交点として z と z' が決まる．同じ記号列であることから $z = z'$ である．すなわち，φ は一対一である．

φ が上への写像であることを示そう．記号列 $\cdots s_{-2} s_{-1} \bullet s_0 s_1 s_2 \cdots \in \Sigma_2$ をとる．このとき片側無限列 $.s_0 s_1 s_2 \cdots$ に対応する鉛直線分が一つ存在し，片側無限列 $.s_{-1} s_{-2} \cdots$ に対応する水平線分が一つ存在する．もとの両側無限列 $\cdots s_{-2} s_{-1} \bullet s_0 s_1 s_2 \cdots$ に水平線分と鉛直線分の唯一の交点が対応する．この点は Λ の点である．すなわち，$\varphi(z) = \cdots s_{-2} s_{-1} \bullet s_0 s_1 s_2 \cdots$ を満たす $z \in \Lambda$ が存在する．

最後に，写像が一対一，上への写像であって連続なら，逆写像も連続であることが知られている ([94, p.91]). (Q.E.D.)

2.3 周期軌道の記号列：コード

定義 2.3.1 0 と 1 の記号の有限個の連なりを**語**（ワード）という．記号列がある最短の語 s の繰り返しのとき，すなわち s^∞ と書けるとき，周期記号列とよばれる．この語 s を周期記号列の**コード**という．コード s に含まれる記号の個数をコードの長さという．長さはコードが記述する周期軌道の周期でもある．

可逆馬蹄には一つとして同じ記号列をもつ点がない．任意に周期記号列が与えられたとき，小数点の直後の記号に対応する馬蹄の点は一意に決まり，その点を軌道点とする周期軌道が一意に決まる．だから，周期記号列のコードを周期軌道のコードとよんでも差し支えない．ただし，同じ周期軌道を表す記号列でも，小数点を入れる場所を変えれば異なる点になるので，周期の数だけの点が馬蹄内にちらばる．命題 2.2.5 より，どのような記号列で記述される軌道も可逆馬蹄の中に存在する．よって任意のコードで記述される周期軌道が可逆馬蹄の中に存在する．

2.3. 周期軌道の記号列：コード

コードの例を挙げよう．長さ 1 のコードは 0 と 1 である．コード 0 で記述される軌道は不動点 P であり，コード 1 で記述される軌道は不動点 Q である．長さ 2 のコード候補は $00, 01, 10$ と 11 である．しかし，00 は 0 の繰り返し，11 は語 1 の繰り返しであるからコードではない．01 と 10 は巡回置換のもとで一致する．この二つは同じ周期軌道を表す．だから長さ 2 のコードは，0 が先にあるものを代表に選んで，01 のみである．同様にして，長さ 3 のコードは，001 と 011 の 2 種類である．長さ 4 のコードは，$0001, 0011, 0111$ の三つである．

問題 2.3.2 長さ 5，長さ 6 のコードを書き出せ．

長さを決めてコードを書き出す作業をすると，長さ q のコードの個数 N_q の求め方がわかる．例として長さ 6 のコードを求める場合，6 の約数である $1, 2, 3$ の長さをもつコードを削除する必要がある．これを一般化すると N_q が得られる．

$$N_q = \frac{(2^q - \sum_{k|q, 1 \le k < q} k N_k)}{q}. \tag{2.10}$$

ここで記号 $k|q$ は，q を割り切る k と読む．つまり k は q の約数である．当然のことながら，$k = q$ の場合は除く．例を挙げると，$N_1 = 2, N_2 = 1, N_3 = 2, N_4 = 3, N_5 = 6, N_6 = 9, N_7 = 18$ である．特に q が素数の場合は $k = 1$ のみとなり，N_q は下記のように簡単になる．

$$N_q = (2^q - 2)/q. \tag{2.11}$$

可積分のときには周期軌道は不動点しかないので，長さ 2 以上のコードの周期軌道は可逆馬蹄が完成するまでに，ある種の分岐を経て生じる．ここで次のような問題が考えられる．

問題 2.3.3 与えられたコードをもつ馬蹄周期軌道は，どのような分岐過程を経て生じたのか．これをコードの性質から決定せよ．

長さ 2 のコード 01 は，Q（コード 1）の周期倍分岐で生じる周期軌道のコードである．長さ 3 の二つのコード 001 と 011 は，Q の回転分岐で生じる周期軌道のコードである．この例のように長さが短いときは，分岐の種類を考え

ることで答えを見つけることができる．また，接続写像 T の分岐を観察し，分岐で生じた周期軌道のコードを決定していくことは可能である．可逆馬蹄の中でその存在を保証されている周期軌道の生成過程を，分岐過程を追わずコードの性質から決定せよ．これが問題 2.3.3 の意図である．問題文の「コードの性質」については，2.4 節以降で詳しく述べ第 3 章と第 4 章でも説明する．解答の一部は参考文献 [109] にあるが，問題 2.3.3 はまだ解決されていない．今後の研究の進展に期待したい．

馬蹄に関する有名な定理を紹介する．

定理 2.3.4 スメール馬蹄は以下の軌道をもつ．
(1) 周期軌道が可算無限個存在する．周期軌道はサドル型または反転サドル型である．
(2) 周期軌道が稠密に存在する．
(3) 稠密軌道が存在する．

主張 (2) は (1) の前半を含んでいるが，わかりやすさのため入れておいた．(1) の後半については性質 2.5.4 が参考になる．(2) と (3) の証明を以下で行う．ただし，主張を正確に述べて証明する．文献 [94, 78] も参考になる．

性質 2.3.5（周期軌道の稠密性） 2 推移空間において任意の記号列のいくらでも近くに周期記号列が存在する．共役性より，馬蹄の任意の点のいくらでも近くに周期軌道の点が存在する．

証明 $\epsilon > 0$ を任意に与える．任意の記号列 $s = \cdots s_{-3}s_{-2}s_{-1} \bullet s_1 s_2 s_3 \cdots$ を選ぶ．周期記号列 $t = \cdots t_{-3}t_{-2}t_{-1} \bullet t_1 t_2 t_3 \cdots$ を次のように決める．$-k \leq i \leq k$ を満たすすべての i に対して $t_i = s_i$ とする．次に得られた $s_{-k} \cdots s_{-1} s_1 \cdots s_k$ を左右に無限個並べたものを t の記号列とする．つまり t は以下のようになる．

$$(s_{-k} \cdots s_{-1} s_1 \cdots s_k)^\infty s_{-k} \cdots s_{-1} \bullet s_1 \cdots s_k (s_{-k} \cdots s_{-1} s_1 \cdots s_k)^\infty.$$

これより $d(s,t) \leq 1/2^{k-1}$ が得られる．k を大きくすれば $d(s,t) < \epsilon$ とできる．
(Q.E.D.)

性質 2.3.6（稠密軌道） 2 推移空間に以下の性質をもつ点（記号列）s が存在する．すなわち，任意の t と任意の $\epsilon > 0$ に対して，ある k が存在して

$$d(\sigma^k(s), t) < \epsilon$$

が成立する．

証明 s を以下のように構成する．長さ m を決めると，0 と 1 の列のパターンは 2^m 通りしかない．$m = 1, 2, \ldots$ について長さ m の列の全てのパターンを $\bullet$ の左右に並べていく．

$$\cdots 000 \cdot 10 \cdot 00 \cdot 0_\bullet 1 \cdot 01 \cdot 11 \cdot 001 \cdots.$$

任意の 0 と 1 の有限列 t を指定すると，s の中のどこかにそれが必ず存在する．つまり任意の無限列にいくらでも近い有限列を点 s の記号列が含んでいる．(Q.E.D.)

2.4 記号平面およびそこでの写像

ダリン・ミース・スターリング [38] が導入した $(\widehat{x}, \widehat{y})$ 平面の可逆馬蹄写像 $\widehat{T}$ を紹介する．

$$\widehat{x}_{n+1} = 2\widehat{x}_n, \qquad \widehat{y}_{n+1} = \widehat{y}_n/2, \qquad (0 \leq \widehat{x}_n \leq 1/2) \qquad (2.12)$$

$$\widehat{x}_{n+1} = 2 - 2\widehat{x}_n, \qquad \widehat{y}_{n+1} = 1 - \widehat{y}_n/2. \qquad (1/2 \leq \widehat{x}_n \leq 1) \qquad (2.13)$$

$\widehat{x}_n = \frac{1}{2}$ の取り扱いについては定義 2.4.1 のあとで詳しく述べる．$(\widehat{x}, \widehat{y})$ 平面 ($0 \leq \widehat{x} \leq 1, 0 \leq \widehat{y} \leq 1$) は**記号平面**とよばれる．2 推移空間 Σ_2 と紛らわしいが，これを Σ と書く．可逆馬蹄が棲息する面である（図 2.3 参照）．$\widehat{x}$ 座標は右向きに，$\widehat{y}$ 座標は下向きにとってある．これで相平面との対応が付けやすい．可逆馬蹄写像は面積保存で方向保存でもある．可逆であることより，二つの対合 $\widehat{h}$ と $\widehat{g}$ の積で

$$\widehat{T} = \widehat{h} \circ \widehat{g} \qquad (2.14)$$

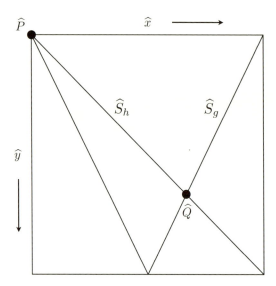

図 2.3　記号平面およびその中の二つの対称線.

と書ける. $\widehat{h}, \widehat{g}$ の作用を書いておく.

$$\widehat{h}\begin{pmatrix}\widehat{x}\\\widehat{y}\end{pmatrix}=\begin{pmatrix}\widehat{y}\\\widehat{x}\end{pmatrix},$$

$$\widehat{g}\begin{pmatrix}\widehat{x}\\\widehat{y}\end{pmatrix}=\begin{pmatrix}\widehat{y}/2\\2\widehat{x}\end{pmatrix}, \quad (0 \le \widehat{x} \le 1/2 \text{ のとき}) \quad (2.15)$$

$$\widehat{g}\begin{pmatrix}\widehat{x}\\\widehat{y}\end{pmatrix}=\begin{pmatrix}1-\widehat{y}/2\\2-2\widehat{x}\end{pmatrix}. \quad (1/2 \le \widehat{x} \le 1 \text{ のとき})$$

対称線 $\widehat{S}_h$ は $\widehat{h}$ の不動点の集合, 対称線 $\widehat{S}_g$ は $\widehat{g}$ の不動点の集合である.

$$\widehat{S}_h = \{(\widehat{x},\widehat{y}) : \widehat{y}=\widehat{x}\}, \quad (2.16)$$

$$\widehat{S}_g = \{(\widehat{x},\widehat{y}) : 0 \le \widehat{x} \le 1/2 \text{ のとき } \widehat{y}=2\widehat{x}; \quad (2.17)$$
$$1/2 \le \widehat{x} \le 1 \text{ のとき } \widehat{y}=2-2\widehat{x}\}.$$

図 2.3 において対称線 $\widehat{S}_h$ は P を出発する対角線である. 対称線 $\widehat{S}_g$ は, P を出て下辺の中点に達し, 反射して右上の頂点に達する V 字形の折れ線であ

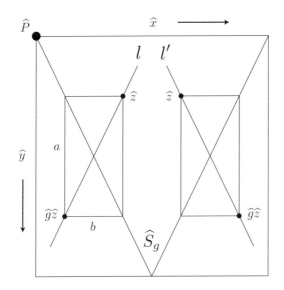

図 2.4 記号平面における対合 $\widehat{g}$ の作用. $0 \leq \widehat{x} \leq 1/2$ にあって $\widehat{z}$ を通る傾き (-2) の直線が l. $1/2 \leq \widehat{x} < 1$ にあって $\widehat{z}$ を通る傾き $(+2)$ の直線が l'.

る．2本の対称線の交点が不動点 $\widehat{P} = (0, 0)$ と $\widehat{Q} = (2/3, 2/3)$ である．これら以外の点の軌道はすべて $\widehat{Q}$ を中心にして時計回りに回転する．これは相平面の場合と同じである．以下でわかるように，相平面で描くことのできない周期軌道も，記号列が与えられると記号平面では描くことができる．記号平面で描かれた軌道をもとに相平面での軌道を思い描くことができる．相平面では可逆馬蹄 Λ はカントール集合である．正確な表現ではないが，カントール集合の点のみをすべて集めた集合が記号平面 Σ であると思ってよい．

記号平面における対合の幾何学的な意味を説明しておこう．対合 $\widehat{h}$ の作用は対称線 $\widehat{S}_h$ についての折りたたみである．これは $\widehat{h}$ の作用が $\widehat{x}$ 座標と $\widehat{y}$ 座標の入れ換えであることから簡単にわかる．対合 $\widehat{g}$ の作用を図 2.4 に示した．$\widehat{z}$ が $0 \leq \widehat{x} < 1/2$ の領域にある場合の操作は次のように行う．$\widehat{z}$ から $\widehat{x}$ 軸に平行な直線を引く．この直線と対称線 $\widehat{S}_g$ の交点を通り $\widehat{y}$ 軸に平行な直線 a を引く．次に，$\widehat{z}$ から $\widehat{y}$ 軸に平行な直線を引く．この直線と対称線 $\widehat{S}_g$ の交点を通り $\widehat{x}$ 軸に平行な直線 b を引く．直線 a と直線 b の交点が $\widehat{g}\widehat{z}$ である．$\widehat{z}$ と

$\widehat{gz}$ は傾き (-2) の直線 l 上にある．次に $\widehat{z}$ が $1/2 \leq \widehat{x} < 1$ の領域にある場合も同様にして $\widehat{gz}$ が求まる．この場合，$\widehat{z}$ と $\widehat{gz}$ は傾き $(+2)$ の直線 l' 上にある．対合を利用して計算した $\widehat{gz}$ の位置と，上記の手順で決定した $\widehat{gz}$ が一致することは読者の問題として残しておく．

ここで簡単に記号平面での記号の与え方を述べておく．

定義 2.4.1 k を整数とする．軌道点 $\widehat{z}_k = (\widehat{x}_k, \widehat{y}_k)$ の記号 s_k を以下のように定義する．

$$s_k = 0, \qquad ただし\ 0 \leq \widehat{x} < 1/2\ のとき，$$
$$s_k = 1, \qquad ただし\ 1/2 < \widehat{x} \leq 1\ のとき，$$
$$s_k = 0\ または\ 1, \qquad ただし\ \widehat{x} = 1/2\ のとき．$$

3番目の場合，軌道上の次の点で $\widehat{y} < 1/2$ なら 0 を与え，$\widehat{y} > 1/2$ なら 1 を与える．$\widehat{y} = 1/2$ のときは，さらに次の点で $\widehat{x} \geq 1/2$ なら 0 を与え，$\widehat{x} < 1/2$ なら 1 を与える．

上の定義には説明が必要であろう．周期軌道の場合，$\widehat{x} = 1/2$ となることはないので，記号列に多義性はない．ホモクリニック軌道の場合，$\widehat{x} = 1/2$ あるいは $\widehat{y} = 1/2$ となることがある．この定義は，$\widehat{x} = 1/2$ や $\widehat{y} = 1/2$ で安定多様体と不安定多様体が1本の弧に縮退していることをとり入れている．

例 ホモクリニック点 $\widehat{u}$ と $\widehat{v}$ の記号平面上の軌道は

$$\cdots \to (1/4, 0) \to (1/2, 0) \to (1, 0) \to (0, 1) \to \cdots$$
$$\cdots \to (1/4, 0) \to (1/2, 0) \to (1, 1) \to (0, 1/2) \to \cdots$$

である．この表現で，$\cdots$ はすべて $0 \leq \widehat{x} < 1/2$ の点である．$\widehat{u}$ の場合，$(1/2, 0)$ から $(1, 0)$ に写る．相平面で領域 V_0 から V_1 への遷移なので，点 $(1/2, 0)$ には記号 0 を与える．$\widehat{v}$ の場合，$(1/2, 0)$ から $(1, 1)$ に写る．相平面で領域 V_1 から V_1 への遷移なので，点 $(1/2, 0)$ には記号 1 を与える．前者の軌道から記号列 $0^\infty 010^\infty$，後者の軌道から $0^\infty 110^\infty$ が得られる．二つを合わせて $0^\infty {}^1_0 10^\infty$ と書く．

対合 $\bar{g}$ の有用な性質を紹介する．この性質は性質 2.2.2 から得られる．また，対合 $\bar{g}$ の作用を描いた図 2.4 からも簡単にわかる．

性質 2.4.2 $\mathrm{Symb}(\bar{z}) = \mathrm{Symb}(\widehat{g\,z})$.

可逆馬蹄写像が馬蹄の構成法をそのまま表現した写像であることが以下のようにしてわかる．$\widehat{T}$ を作用させて未来に進むと，まず記号平面を上方向 ($-\widehat{y}$ 方向) に半分に圧縮し，右方向 ($\widehat{x}$ 方向) に 2 倍に引き伸ばす．記号平面から飛び出した部分は時計回りに 180 度回転して記号平面の下半分の領域に重ねる．次に過去への写像はまず左方向に半分に圧縮し，下方向に 2 倍に引き伸ばす．記号平面から飛び出した部分は反時計回りに 180 度回転して記号平面の右半分の領域に重ねる．相空間での馬蹄の作り方と違って，領域は過不足なく重なる．相空間では馬蹄状に折りたたまれて，いずれは出ていく領域を左側に囲っていた安定多様体と不安定多様体は，記号平面で押し潰されて 1 本の線になっている．だから記号平面では領域は削られない．

次に記号列が与えられたときに記号平面で軌道を描く方法を説明する．周期 3 のコード 001 の記号列 $s = (001)^\infty$ を考えよう．s の連続した記号の間に小数点 $\bullet$ を挿入する．

$$\cdots 001001001 \bullet 001001001 \cdots . \tag{2.18}$$

小数点の右を未来記号列，左を過去記号列とよぶことにする．記号列の定義のところで述べたように，記号 0, 1 は基本領域 Z の縦帯 V_0, V_1 を使って定義される．だから未来記号列も過去記号列もそれぞれ 1 本の縦線を指定する．未来記号列と過去記号列を以下のように分けよう．

$$x = \bullet 001001001\cdots, \tag{2.19}$$

$$y = \bullet 100100100\cdots. \tag{2.20}$$

x は Z 内の縦線を指定する．y は，式 (2.18) の過去記号列を小数点の場所で鏡像反転したものである．幾何学的には，対称線 S_h に関して反転し，縦領域，縦線を横領域，横線に写したことに対応する．よって y は Z 内の 1 本の横線を指定する．縦線と横線の交点として Z 内に 1 点が決まる．ただし，こ

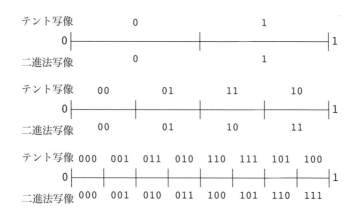

図 2.5 線分 [0, 1] の上部がテント写像 (TM) による記号化で，下部が二進法写像 (BM) による記号化．上から下へと記号の語数が増える．

の x も y も記号平面での座標を表すわけではないので，記号平面内の位置は決まらない．単純な例を出そう．$\widehat{Q}$ の表記 $(.1^\infty, .1^\infty)$ を二進法で読むと $(1, 1)$ となり，真の座標 $(2/3, 2/3)$ と異なってしまう．

これには次のような事情がある．記号平面の写像 (2.12), (2.13) から $\widehat{x}$ の変換だけを取り出すと (TM: $x_{n+1} = 2x_n$ $(0 \leq x_n \leq 1/2)$, $2 - 2x_n$ $(1/2 < x_n \leq 1)$) と書ける．これはテント写像とよばれる写像である．テント写像による記号化で得られた記号列は二進数でない．テント写像を利用して符号化されたコードはグレイ (Gray) コードとよばれる [91]．二進法写像 (BM: $x_{n+1} = 2x_n \pmod 1$) による記号化で得られた記号列が二進数である．

テント写像と二進法写像による記号化を実際に行ってみると両者の符号化の違いが理解しやすくなるであろう．記号数が 1 個の場合の記号化を図 2.5 の最上段に描いた．中段，下段と記号数が増えていく．区間 [0, 1] を区切る単位はそれぞれ 1/2, 1/4, 1/8 である．線分 [0, 1] より上にある記号がテント写像による記号化で，下にある記号が二進法写像による記号化である．記号数が 1 個の場合は，両者は一致している．2 語になるとテント写像による語と二進法写像による語では違いが生じる．3 語の場合の例としてテント写像の語 101 は二進法写像では 110 である．よって，記号平面で軌道を描くため

2.4. 記号平面およびそこでの写像

にはテント写像の記号列から二進法写像の記号列への変換を行う必要がある. 以下で変換規則をまとめておく.

変換規則 2.4.3（テント写像の記号列から二進法写像の記号列へ） 変換前を $x = {}_\bullet s_1 s_2 s_3 \cdots$ とし，変換後は $\widehat{x} = {}_\bullet t_1 t_2 t_3 \cdots$ とする.

[1] $t_1 = s_1$.
[2] $k \geq 2$ の場合，t_k は下記の規則に従って決める.
  (a) s_1 から s_{k-1} までの 1 の個数が奇数の場合. $t_k = 1 - s_k$.
  (b) s_1 から s_{k-1} までの 1 の個数が偶数の場合. $t_k = s_k$.
[3] 特に周期軌道の場合は同じコード $\widetilde{d}$ の繰り返しになるので，同じコードの繰り返しが確認できたら手順を終了する. この結果，$\widehat{x} = {}_\bullet (\widetilde{d})^\infty$ が得られる.

コードの偶奇性を導入する [44].

定義 2.4.4 コードに含まれる 1 の個数が偶数のとき，このコードの偶奇性を偶とする. コードに含まれる 1 の個数が奇数のとき，このコードの偶奇性を奇とする.

周期 n の周期軌道を考える. 記号列の任意の場所から始まるコード d を取り出す. このコード d の偶奇性が偶ならば，二進法コード $\widetilde{d}$ の語数は d の語数と同じであり，d の偶奇性が奇ならば，$\widetilde{d}$ の語数は d の語数の 2 倍であることを示しておく. $x = {}_\bullet d^\infty$ とし，変換後は $\widehat{x} = {}_\bullet \widetilde{d}^\infty$ とする. ここで $d = s_1 s_2 \cdots s_n$ とする. ${}_\bullet ddd \cdots$ を

$$_\bullet s_1^1 s_2^1 \cdots s_n^1 s_1^2 s_2^2 \cdots s_n^2 s_1^3 s_2^3 \cdots s_n^3 \cdots$$

と書き，変換後を

$$_\bullet t_1^1 t_2^1 \cdots t_n^1 t_1^2 t_2^2 \cdots t_n^2 t_1^3 t_2^3 \cdots t_n^3 \cdots$$

と書く. d の偶奇性を偶とする. 変換規則 2.4.3[1] より $t_1^1 = s_1^1$ である. s_1^1 から s_n^1 までの 1 の個数は偶数個であるから，$t_1^2 = s_1^2$ が得られる. $s_1^2 = s_1^1$ より，$t_1^2 = t_1^1$ が成り立つ. 次に t_2^1 と t_2^2 を求めるために場合を分ける. $s_1^1 = 1, s_2^1 = 0$ のとき，2.4.3[2](a) より，$t_2^1 = 1 - s_2^1 = 1$ である. s_1^1 から s_1^2 までの 1 の個数は奇数個である. $s_1^2 = 1, s_2^2 = 0$ であるから，$t_2^2 = 1 - s_2^2 = 1$ である. よっ

て $t_2^2 = t_2^1$ である．$s_1^1 = 0, s_2^1 = 1$ のとき，2.4.3[2](b) より，$t_2^1 = s_2^1 = 1$ である．s_1^1 から s_1^2 までの 1 の個数も偶数個である．$s_1^2 = 0, s_2^2 = 1$ であるから，$t_2^2 = s_2^2 = 1$ である．よって $t_2^2 = t_2^1$ である．$s_1^1 = 1, s_2^1 = 1$ および $s_1^1 = 0, s_2^1 = 0$ の場合も同様にして $t_2^2 = t_2^1$ を示すことができる．そして $k = 3, 4, \ldots, n$ まで $t_k^2 = t_k^1$ を示すことができる．以上の結果をまとめて，$\widetilde{d}$ の語数は d の語数と同じ n であることが言える．

次に d の偶奇性を奇とする．この場合も上と同様な場合分けをして，$k = 1, 2, \ldots, n$ に対して $t_k^2 = 1 - t_k^1$ が成り立つことを示せる．s_1^1 から s_n^2 までの 2 周期分にある 1 の個数は偶数であるから，前段落の論理が使えて，$k = 1, 2, \ldots, n$ に対して $t_k^3 = t_k^1, t_k^4 = t_k^2$ が成り立つ．だから $\widetilde{d}$ の語数は d の語数の 2 倍である．

問題 2.4.5 $x = {}_\bullet(d)^\infty$，$d = 01101$ とする．これを変換規則 2.4.3 で変換して $\widetilde{d}$ の表式を求めよ．

変換規則 2.4.6（二進法写像の記号列からテント写像の記号列へ） 変換規則 2.4.3 で得られた $\widehat{x} = {}_\bullet t_1 t_2 t_3 \cdots$ を $x = {}_\bullet s_1 s_2 s_3 \cdots$ に戻す変換は以下の手順を実行する．

- [1] t_1 より探索を始め，t_i が最初に見つかった 1 とする．$s_j = t_j \ (1 \leq j \leq i)$ とし，$s_{i+1} = 1 - t_{i+1}$ とする．その結果，$x^{(1)} = {}_\bullet s_1 \cdots s_i s_{i+1} t_{i+2} \cdots$ が得られる．
- [2] $x^{(1)}$ の s_1 から s_{i+1} までに含まれる 1 の個数が偶数ならば $s_{i+2} = t_{i+2}$ とする．奇数の場合，$s_{i+2} = 1 - t_{i+2}$ とする．$x^{(2)} = {}_\bullet s_1 \cdots s_i s_{i+1} s_{i+2} t_{i+3} \cdots$ が得られる．
- [3] $x^{(2)}$ の s_1 から s_{i+2} までに含まれる 1 の個数が偶数ならば $s_{i+3} = t_{i+3}$ とする．奇数の場合，$s_{i+3} = 1 - t_{i+3}$ とする．$x^{(3)} = {}_\bullet s_1 \cdots s_i s_{i+1} s_{i+2} s_{i+3} t_{i+4} \cdots$ が得られる．
- [4] 順次 $x^{(4)}, x^{(5)}, \ldots$ を決めていく．
- [5] 特に周期軌道の場合は同じコード d の繰り返しになるので，同じコードの繰り返しが確認できたら手順を終了する．その結果，$x = {}_\bullet d^\infty$ が得られる．

2.4. 記号平面およびそこでの写像

問題 2.4.7 $\widehat{x} = {}_\bullet(\widetilde{d})^\infty$, $\widetilde{d} = 0100110110$ とする．これを変換規則 2.4.6 で変換して d の表式を求めよ．

付録 I にテント写像のコードから二進法写像のコードへ変換するプログラムを載せた．このプログラムでは周期軌道の $\widehat{x}$ 座標値と $\widehat{y}$ 座標値も計算できる．

変換規則 2.4.3 に従って式 (2.19) と (2.20) の x, y を変換したあとの表現を以下に示す．

$$\widehat{x} = {}_\bullet 001110001110\cdots = {}_\bullet(001110)^\infty = 2/9, \tag{2.21}$$

$$\widehat{y} = {}_\bullet 111000111000\cdots = {}_\bullet(111000)^\infty = 8/9. \tag{2.22}$$

座標 $(\widehat{x}, \widehat{y}) = (2/9, 8/9)$ が記号平面での位置を表す．このように，初期値 (x, y) に推移作用素を作用して次の x' と y' を決め，これらに変換規則 2.4.3 を適用し記号平面の位置を順次決めていくことにより記号平面上の軌道が得られる．だが，記号平面上の初期点 $(\widehat{x}, \widehat{y})$ が決まれば次の軌道点 $(\widehat{x'}, \widehat{y'})$ は $\widehat{T}$ を作用して求めることができる．これが $\widehat{T}$ を導入した利点の一つである．

参考のために，相平面の基本領域 Z と記号平面 Σ の構造の特徴と相違を述べておこう．基本領域 Z については可逆馬蹄が存在する状況を想定している．

(1) 座標軸と対称線.
  [i] Z の y 軸と Σ の $\widehat{y}$ の方向が逆.
  [ii] Z では S_h が x 軸，Σ では $\widehat{S_h}$ は対角線.
  [iii] S_g の一部が Z の外に出るが，$\widehat{S_g}$ は Σ の外には出ない.
(2) 周期点.
  Z における周期点と Σ における周期点とは一対一対応.
(3) 安定多様体と不安定多様体.
  [i] 不安定多様体の弧 Γ_u は折り曲げられ，Z では 2 本の弧である．Σ では 1 本の弧である.
  [ii] 2 次のホモクリニック点は，Z では 2 個組または 4 個組であるが，Σ では 1 個に縮退している.
(4) 軌道の回転の仕方.

[i] Z においてすべての軌道は Q を中心に時計回りに回転する．
[ii] Σ においてすべての軌道は $\widehat{Q}$ を中心に時計回りに回転する．

2.5 回転数，偶奇性，時間反転対称性

周期軌道の回転数の定義を述べることから始める．本書の接続写像では，1回の写像の下での回転角は最大でも 180° 程度であるから回転数に整数分の不定性はないことを注意しておく．

定義 2.5.1 周期軌道の周期を q とする．周期軌道が 1 周期の間に Q の周りを p 回回ったとする．p を回転回数という．このとき回転数は p/q である．

回転数は既約分数である場合とそうでない場合がある．回転数 2/4 の軌道は 1 周期の間に Q の周りを 2 回回る軌道である．一方，回転数 1/2 の軌道は 1 周期の間に Q の周りを 1 回回る軌道である．これらは異なった軌道である．

これから使用するコードはテント写像で定義された（本書の 2.3 節で導入した）コードである．コード s が与えられたときの回転数の計算方法を示そう．s は 0 で始まるとし，語 $s' = s0$ を考える．語 s' の中に $01^{2k-1}0$ または $01^{2k}0$ があれば，最初の 0 と最後の 0 の間に周期軌道は Q の周りを k 回回ったことになる [44]．実際，接続写像を思い出そう（図 2.2）．V_0 から V_1 に入ったとする．点は V_0 の半分より右にあったので写像で V_1 に入った．V_1 に写像をほどこすと，倍に引き伸ばされて，180 度回転し，H_1 となる．点が $V_0 \cap H_1$ に入っていれば，Q の周りを 1 回転したことになる．記号は 010 である．点が $V_1 \cap H_1$ に入っていればもう一度写像をほどこしたときに，まず上方向に押し潰されて $V_1 \cap H_0$ に入る．これを倍に引き伸ばして 180 度回転すると，ふたたび H_1 となる．このとき点が $V_0 \cap H_1$ に入っていれば，Q を 2 回回ったことになる．記号は 0110 である．点が $V_1 \cap H_1$ に入っていれば，ここまでの記号は 011 である．まだこれでは何回回ったか判定できない．もう 1 回写像をほどこしたときに軌道が領域 V_0 に入るなら，0110 となり回転回数は 1 回である．領域 V_1 に入るなら，記号は 0111 となる．次に領域 V_0 に入るなら，記号は 01110 となり 2 回回転したことがわかる．この手順を続けることによって必ず回転回数が決まる．なぜなら与えられた語の末尾の記号が 0 であるから

である．以上の結果をまとめて，$01^{2k-1}0$ または $01^{2k}0$ があれば，最初の 0 と最後の 0 の間に周期軌道は Q の周りの回転回数が k であることが得られる．

例を示そう．$s = 01101$ について $s' = 011010$ を用意する．s' には，0110 と 010 が存在する．0110 で 1 回転し，010 で 1 回転する．よって回転回数は 2 と得られる．だから回転数は $2/5$ である．回転回数を求めるアルゴリズムを以下にまとめておく．

回転回数アルゴリズム 2.5.2 コード s は 0 で始まる．語 $s' = s0$ を用意する．s' の最初の 0 から最後の 0 までを順に走査していく．その過程で回転回数を以下のように決定する．

[1] 010 または 0110 を見つけたら回転回数を 1 とする．

[2] 01110 を見つけたら $011 \cdot 10$ と分けて，$\cdot$ を仮想的に 0 と置き換える．そうすると 0110 と 010 に分離したと考えて回転回数は 2 である．011110 を見つけたら $011 \cdot 110$ として $\cdot$ を仮想的に 0 と置き換える．0110 と 0110 に分離したので回転回数は 2 となる．一般に $0(11)^k 10$ を見つけたら，0110 が k 個と 010 に分離する．回転回数は $k+1$ である．$0(11)^k 0$ を見つけたら，k 個の 0110 に分離する．回転回数は k である．つまり，1 が n 個連続する場合の回転回数は $n/2$ の値を切り上げて得られる．

[3] 操作途中で得られた回転回数の総和が 1 周期における回転回数となる．

問題 2.5.3 与えられたコード s の回転回数を求めるプログラムを作成せよ．プログラム例は付録 I に載せた．

前節の定義 2.4.4 で導入した周期軌道の偶奇性の意味を記号平面で考えよう．011 で記述される周期 3 の軌道を考える．軌道は $\widetilde{z_0}, \widetilde{z_1}, \widetilde{z_2}$ の順に運動したあと，$\widetilde{z_0}$ に戻る．$\widetilde{z_0}$ の記号は 0 であり，$\widetilde{z_1}$ と $\widetilde{z_2}$ の記号は 1 である．$\widetilde{z_0}$ の位置に上向きのベクトル a_0 を置く．$\widetilde{z_0}$ から $\widetilde{z_1}$ の過程は 01 で記述される．最初に圧縮し次に右方向への引き伸ばしが生じる．よって $\widetilde{z_1}$ の位置における像 a_1 はやはり上向きである．$\widetilde{z_1}$ から $\widetilde{z_2}$ の過程は 11 で記述される．最初に圧縮と右方向への引き伸ばしのあとに 180 度の回転が行われる．このためにベクトルの向きが 180 度回転し，$\widetilde{z_2}$ の位置における像 a_2 は下向きになる．$\widetilde{z_2}$ から $\widetilde{z_0}$ の過程は 10 で記述されるこの過程でも圧縮と右方向への引き伸ばしのあとに

180度の回転が行われる．これによってベクトルの向きがさらに180度回転する．つまり$\widehat{z_0}$に戻ってきたときベクトルa_3はもとに戻って上向きである．

次に001で記述される周期3の軌道を例として考える．軌道は$\widehat{z_0}, \widehat{z_1}, \widehat{z_2}$の順に運動したあと，$\widehat{z_0}$に戻る．$\widehat{z_0}$の位置に上向きのベクトル$a_0$を置く．$\widehat{z_0}$から$\widehat{z_1}$の過程は00で記述される．この過程では圧縮と右方向への引き伸ばしが生じる．よって$\widehat{z_1}$の位置における像a_1は上向きである．$\widehat{z_1}$から$\widehat{z_2}$の過程は01で記述される．これはすでに述べた過程である．つまり$\widehat{z_2}$の位置における像a_2はやはり上向きである．$\widehat{z_2}$から$\widehat{z_0}$の過程は10で記述されるこの過程もすでに述べた．つまり，ベクトルの向きが180度回転する．つまり$\widehat{z_0}$に戻ってきたときベクトルa_3は下向きである．

この例からわかるように1の個数が奇数の場合，初期点においたベクトルは1周期後にもとに戻ってきたときその方向が反転する．偶数の場合は，初期点においたベクトルの方向は変わらない．可逆馬蹄の中で周期軌道はサドル軌道であるか反転サドル軌道である．このことを利用すると以下の性質が得られる．

性質 2.5.4 可逆馬蹄内の周期軌道を考える．コードの偶奇性が偶の場合，軌道点に付随するベクトルは1周期後にもとに戻るので，軌道はサドル軌道である．コードの偶奇性が奇の場合，ベクトルは逆向きになって戻るので，軌道は反転サドル軌道である．

偶奇性は周期軌道の分岐の議論に影響を与える．たとえば偶奇性が奇である周期軌道Aがサドルノード分岐で生じたとする．生じたときAは楕円型であったとしよう．Aは馬蹄が完成する前までには必ず周期倍分岐を起こし反転サドルになるはずである．逆に偶奇性が偶である周期軌道Bがサドルノード分岐で生じたとする．生じたときBは楕円型であったとしよう．Bは馬蹄が完成する前までには必ず同周期分岐を起こしサドルになるはずである．偶奇性だけでは，サドルノード分岐から周期倍分岐または同周期分岐までの途中に生じる分岐は議論できないが，性質2.5.4は周期軌道の最終的な性質を与える強力な性質である．以後，性質2.5.4を活用する．

最後に時間反転コードを導入し，コードの時間反転対称性について述べる．

定義 2.5.5 二つのコード s と t が巡回置換のもとで一致するとき $s \sim t$ と書く.

定義 2.5.6 $s = s_1 s_2 \cdots s_k$ をコードとする. $s^{-1} = s_k s_{k-1} \cdots s_1$ を s の時間反転コードとよぶ. $s \sim s^{-1}$ が成り立つとき, s は時間反転対称性をもつ, あるいは s は対称であるという. $s \not\sim s^{-1}$ のとき, s は時間反転対称性をもたない, あるいは s は非対称であるという.

例をもとに説明しよう. コード $s = 0001001$ の時間反転コードは $s^{-1} = 1001000$ である. 巡回置換を行うと 0001001 が得られ, $s \sim s^{-1}$ が成立する. つまり, s は対称である. コード $s = 0001011$ の時間反転コードは $s^{-1} = 1101000$ である. 巡回置換を行って, 初めに 0 が 3 回続く表現を求めると 0001101 が得られる. $s \not\sim s^{-1}$ であることがわかる. つまり, s は非対称である. 次の命題 2.5.7 は自明であるが重要である.

命題 2.5.7 可逆力学系でコード s が非対称であって, s で記述される周期軌道が存在すれば, s^{-1} で記述される周期軌道も存在する.

定義 2.5.8 可逆力学系でコード s が非対称のとき s と s^{-1} を時間反転対という.

2.6 軌道の順序保存性

今まで直交座標 (x, y) を使ってきた. 本節で軌道の**順序保存性**という概念を導入する. そのために Q を中心とする極座標表示 (θ, r) を使う. r は動径方向で, θ は x 軸 $(0 \leq x \leq 1)$ から時計回りに測った角度である. ここで $0 \leq \theta < 2\pi$ とする. 回転数を定義するにはこのような表記は不便である. それよりも角度変数を $-\infty < \theta < \infty$ として普遍被覆面上の運動として記述したほうが便利である. このような操作は平面 (θ, r), $0 \leq \theta < 2\pi$ を普遍被覆面に持ち上げるという. この系では不動点 Q があるので持ち上げ方は一意である. 普遍被覆面で利用するのは, 二つの軌道点の左右の関係(θ の大小関係)を定義できるという性質である.

記号平面においても $\widehat{Q}$ を中心とする極座標表示 $(\widehat{\theta}, \widehat{r})$ を使うことができる. ここでは $\widehat{P}$ と $\widehat{Q}$ をつなぐ線分から $\widehat{Q}$ を中心として時計回りに角度 $\widehat{\theta}$ を測

ことにする（図 2.3）．相平面と同様にして一意的に記号平面の普遍被覆面を定義できる．

相平面の普遍被覆面において，また記号平面の普遍被覆面において軌道の順序保存性を定義する．そのために記法をまとめておこう．相平面の普遍被覆面における写像を T とする．普遍被覆面の点 z の θ 座標を $\pi_\theta(z)$ とし，r 座標を $\pi_r(z)$ とする．また，記号平面の普遍被覆面における写像を $\widehat{T}$ とする．普遍被覆面の点 $\widehat{z}$ の $\widehat{\theta}$ 座標を $\pi_{\widehat{\theta}}(\widehat{z})$ とし，$\widehat{r}$ 座標を $\pi_{\widehat{r}}(\widehat{z})$ とする．

定義 2.6.1

(1) 相平面の普遍被覆面において同一軌道上の任意の 2 点 ξ と ζ について，$\pi_\theta(\xi) < \pi_\theta(\zeta)$ ならば必ず $\pi_\theta(T\xi) < \pi_\theta(T\zeta)$ であるとき，軌道は順序保存性を満たしている，あるいは軌道は順序保存であるという．

(2) 記号平面の普遍被覆面において同一軌道上の任意の 2 点 $\widehat{\xi}$ と $\widehat{\eta}$ について，$\pi_{\widehat{\theta}}(\widehat{\xi}) < \pi_{\widehat{\theta}}(\widehat{\zeta})$ ならば必ず $\pi_{\widehat{\theta}}(\widehat{T}\widehat{\xi}) < \pi_{\widehat{\theta}}(\widehat{T}\widehat{\zeta})$ であるとき，軌道は順序保存性を満たしている，あるいは軌道は順序保存であるという．

ここでは特に周期軌道をとりあげ，順序保存軌道と順序非保存軌道の例を紹介する．Q の周りを回転する回転数 2/5 の二つの種類の軌道をもとに説明する．周期軌道のコードは 01101 と 00101 である．これらの軌道を記号平面の図 2.6 に描いた．まず図 2.6(a) はコード 01101 の軌道である．$\widehat{Q}$ を視点として $\widehat{z}_1$ から軌道を追いかける．軌道点は $\widehat{z}_4$ を飛び越して $\widehat{z}_2$ に行く．次は $\widehat{z}_5$ を飛び越して $\widehat{z}_3$ に行く，次は $\widehat{z}_1$ を飛び越す．ここで 1 回転したことになる．そして $\widehat{z}_4$ に行き，$\widehat{z}_2$ を飛び越して $\widehat{z}_5$ に行く．最後に $\widehat{z}_3$ を飛び越して $\widehat{z}_1$ に戻る．これで 2 回転したことになる．

図 2.6(a) の軌道は，普遍被覆面では図 2.7(a) のように描ける．図 2.7(a) では動径方向の情報を無視した．角度方向については，追い越しの仕方だけが問題なので軌道点の間隔を等しく描いた．また簡単のため，点 $\pi_{\widehat{\theta}}(\widehat{z}_1)$ を 1 と書いた．他の点も同様である．$\widehat{z}_1$ を出発点として $\widehat{Q}$ から見ると，軌道点の並び順は，1, 4, 2, 5, 3 となる．これらの右にはまた 1, 4, 2, 5, 3 が現れるが，誤解のないように $1', 4', 2', 5', 3'$ としてある．さらにこれらの右は $1'', 4'', 2'', 5'', 3''$ とした．ここで 1 から出発する軌道は $2, 3, 4', 5'$ と進み，最後に $1''$ に達する．

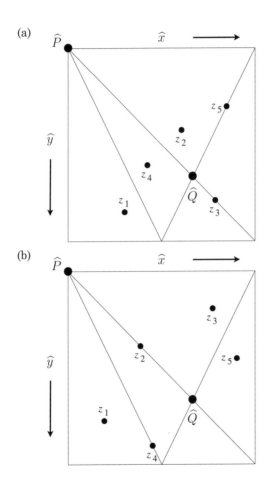

図 2.6 (a) 順序保存性を満たす周期軌道の例．コードは 01101. $\widehat{z_1} = (10/33, 28/33)$, $\widehat{z_2} = (20/33, 14/33)$, $\widehat{z_3} = (26/33, 26/33)$, $\widehat{z_4} = (14/33, 20/33)$, $\widehat{z_5} = (28/33, 10/33)$. (b) 順序保存性を満たさない周期軌道の例．コードは 00101. $\widehat{z_1} = (6/31, 24/31)$, $\widehat{z_2} = (12/31, 12/31)$, $\widehat{z_3} = (24/31, 6/31)$, $\widehat{z_4} = (14/31, 28/31)$, $\widehat{z_5} = (28/31, 14/31)$. $\widehat{Q} = (2/3, 2/3)$.

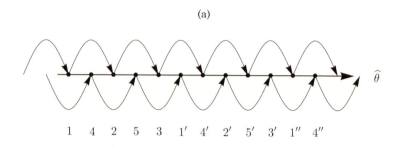

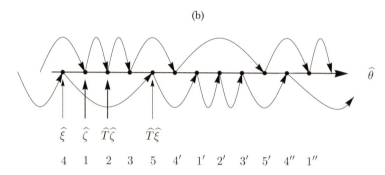

図 2.7 記号平面の普遍被覆面での模式的な軌道. (a) 順序保存性を満たす周期軌道. コードは 01101. (b) 順序保存性を満たさない周期軌道. コードは 00101. 動径方向の情報は無視し, 軌道の点の間隔は等しく描いた. $\pi_{\widehat{\theta}}(\widehat{z_1})$ は数字の 1 で記述されている.

もう一つの軌道は 4 から出発する. 4, 5, 1′, 2′, 3′ と進み, 最後に 4″ に達する. $\widehat{\xi}$ を 1 の点にとり, $\widehat{\zeta}$ を 4 の点にとる. $\pi_{\widehat{\theta}}(\widehat{\xi}) < \pi_{\widehat{\theta}}(\widehat{\zeta})$ である. $\pi_{\widehat{\theta}}(\widetilde{T\xi}) < \pi_{\widehat{\theta}}(\widetilde{T\zeta})$ が成立していることは図からわかる. これ以外の任意の 2 点 $\widehat{\xi}$ と $\widehat{\zeta}$ を取り出しても同様の性質が成立していることがわかるので, コード 01101 の周期軌道は順序保存性を満たす.

図 2.6(b) はコード 00101 の軌道である. $\widehat{Q}$ を視点として $\widehat{z_1}$ から軌道を追いかける. 軌道は $\widehat{z_2}$ に着き, 次に $\widehat{z_3}$ に行き, $\widehat{z_5}$ を飛び越して $\widehat{z_4}$ に行く. 次に $\widehat{z_1}$ を飛び越したところで 1 回転したことになる. $\widehat{z_2}, \widehat{z_3}$ を飛び越して $\widehat{z_5}$ に着く. 最後に $\widehat{z_4}$ を飛び越して $\widehat{z_1}$ に戻る. これで 2 回転したことになる.

図 2.6(b) の軌道は普遍被覆面では図 2.7(b) のように描ける. $\widehat{Q}$ を視点とし

た順番を 4, 1, 2, 3, 5 とする．これらの右は $4', 1', 2', 3', 5'$ とし，さらにこれらの右は $4'', 1'', 2'', 3'', 5''$ とした．ここで 1 から出発する軌道は $2, 3, 4', 5'$ と進み，$1''$ に達する．もう一つの軌道は 4 から出発する．$4, 5, 1', 2', 3'$ と進み，$4''$ に達する．ξ を 4 にとり，ζ を 1 にとる．$\pi_{\widehat{\theta}}(\widehat{\xi}) < \pi_{\widehat{\theta}}(\widehat{\zeta})$ である．しかし，$\widehat{T\xi}$ は 5 にあり，$\widehat{T\zeta}$ は 2 にあるから，図 2.7(b) より $\pi_{\widehat{\theta}}(\widehat{T\xi}) > \pi_{\widehat{\theta}}(\widehat{T\zeta})$ が成立していることがわかる．よって，コード 00101 の周期軌道は順序保存性を満たさない．

図 2.7(a) に描かれたコード 01101 の軌道点を見ると，$\widehat{z_1}$ から $\widehat{z_2}$ への動きでは，$\widehat{z_4}$ を追い抜き，$\widehat{z_2}$ から $\widehat{z_3}$ への動きでは，$\widehat{z_5}$ を追い抜く．つまり次の軌道点に進むとき，軌道点を一つ追い抜く．このような意味でコード 01101 の軌道は一定の速さで動いていると言える．コード 00101 の場合，001 で記述されるゆっくりした運動と，01 で記述される速い運動が共存している．図 2.7(b) で，$\widehat{z_3}$ から $\widehat{z_4}$，また $\widehat{z_5}$ から $\widehat{z_1}$ では軌道点を一つ追い抜いているので通常の速さとしよう．そうすると $\widehat{z_1}$ から $\widehat{z_2}$ そして $\widehat{z_3}$ への動きはゆっくりした運動で，$\widehat{z_4}$ から $\widehat{z_5}$ へが速い運動である．

順序保存性を満たす周期軌道については第 3 章で議論し，順序保存性を満たさない周期軌道については第 7 章で議論する．

性質 2.6.2 任意の $q \geq 2$ に対して，回転数 $1/q$ の周期軌道は順序保存周期軌道であり，普遍被覆面上でも軌道は一つである．

証明 回転数 $1/q$ の軌道は 1 周期の間にちょうど 2π だけ跳ぶ．だから普遍被覆面に持ち上げたとき，n を整数として，q 個の点は区間 $[2n\pi, (2n+1)\pi)$ のそれぞれに収まり，普遍被覆面上の軌道はそれを一つずつ渡り歩く．だから軌道は普遍被覆面に一つしかない．普遍被覆面上で，軌道点は必ず右方向に動く．写像ごとに軌道点は右に一つ進み，軌道点同士の追い抜きが生じない．だから順序保存である．(Q.E.D.)

定義 2.6.3
(1) 順序保存性を満たす周期軌道をバーコフ型周期軌道とよぶ．単調周期軌道ともいう．この軌道の回転数が p/q でサドル型なら p/q-B·S，楕円型

なら p/q-B·E と表記する．両者を併せて p/q-B と総称する．対称周期軌
道の場合，サドル型なら p/q-SB·S と表し，楕円型なら p/q-SB·E と表す．
両者を併せて p/q-SB と総称する．SB は Symmetric Birkhoff の略である．

(2) 順序保存性を満たさない周期軌道を非バーコフ型周期軌道とよぶ．非単調
周期軌道ともいう．この軌道の回転数が p/q でサドル型なら p/q-NB·S,
楕円型なら p/q-NB·E と表記する．両者を併せて p/q-NB と総称する．対
称周期軌道の場合，サドル型なら p/q-SNB·S と表し，楕円型なら p/q-
SNB·E と表す．両者を併せて p/q-SNB と総称する．SNB は Symmetric
Non-Birkhoff の略である．

順序保存周期軌道をバーコフ型周期軌道とよぶのは，ポアンカレ・バーコ
フの定理（付録 A を見よ）で存在を示された周期軌道が順序保存軌道である
ことによる．

系に存在するカオスを理解するために，非バーコフ型周期軌道の存在が大
きな役割を果たすことはボイランド [17, 18] が指摘した．これについては第
7 章で議論する．

2.7 可逆馬蹄の存在

接続写像のパラメータ a を，ある臨界値 $a_c^{\text{RSH}} = 5.17660536904\cdots$ より大
きくすると可逆馬蹄が存在する．この臨界値の決定方法は 7.5 節で述べる．本
節では接続写像には可逆馬蹄が存在することを証明する．

命題 2.7.1 接続写像には可逆馬蹄が存在する．

証明 不安定多様体の弧 $[P, u]_{W_u}$ を弧 γ_u と書き，安定多様体の弧 $[u, P]_{W_s}$ を
弧 γ_s と書く．$\gamma_s = g\gamma_u$ である．二つの弧 γ_u と γ_s に囲まれた閉領域を W と
する．

対称線 S_g は $y = -(a/2)(x - x^2)$ である．$y = x$ と S_g との交差点を w とする．
線分 $[P, w]_{y=x}$ を弧 γ'_u と書く．弧 γ'_u にも P から w の向きに方向を与えてお
く．弧 γ_u の P における傾き $\xi_u(0)$（式 (1.39)）は，$\xi_u(0) < 1$（性質 1.5.1）を満
たし，P から離れるにつれ傾きは減少する（性質 1.5.3）．だから弧 γ_u は弧 γ'_u

2.7. 可逆馬蹄の存在

の右にある．γ_s に対応して弧 $\gamma'_s = g\gamma'_u$ を導入する．弧 γ'_s は $y = -x - a(x - x^2)$ の一部である．二つの弧 γ'_u と γ'_s に囲まれた閉領域を W' とする．これらの弧は図 2.8(a) に描いておいた．$W \subset W'$ であることは，弧 γ'_u と γ'_s の作り方から容易に確認できる．W の境界と W' の境界の共通集合は P のみである．

さて弧 γ'_u 上に $z_0 = (x_0, x_0)$ をとる．像 $z_2 = T^2 z_0 = (x_2, y_2)$ が曲線 $y = -x - a(x - x^2)$ 上に来るとしよう．この条件より

$$x_0 \Phi_1(x_0) \Phi_2(x_0) = 0 \tag{2.23}$$

が得られる．ここで，

$$\Phi_1(x_0) = a^3 x_0^3 - (2a^3 + 4a^2)x_0^2 + (a^3 + 5a^2 + 6a)x_0 - a^2 - 4a - 2, \tag{2.24}$$

$$\Phi_2(x_0) = a^4 x_0^4 - (2a^4 + 4a^3)x_0^3 + (a^4 + 5a^3 + 6a^2)x_0^2 - (a^3 + 4a^2 + 4a)x_0 + a + 2. \tag{2.25}$$

まず，$x_0 = 0$ は解であるが，これは P を表している．次に，3 次方程式 $\Phi_1(x_0) = 0$ を利用して a についての条件を得る．x_0 に関する 3 次方程式が三つの実数解（重根は二つに数える）をもつための判別式より条件

$$a^4 - 4a^3 - 12a^2 + 32a - 44 \geq 0 \tag{2.26}$$

が得られる．これより a についての条件が決まる．

$$a \geq a_c^* = 1 + \sqrt{3(3 + 2\sqrt{3})} \approx 5.4036. \tag{2.27}$$

$a = a_c^*$ では弧 $T^2 \gamma'_u$ は弧 γ'_s と接している（図 2.8(b) の小さな黒丸）．$a > a_c^*$ では，弧 $T^2 \gamma'_u$ は右上方に伸びて，弧 γ'_s との交点が二つ現れる．3 次方程式の常にある実数解は，図 2.8(b) では三角で示した．4 次方程式 $\Phi_2(x_0) = 0$ の四つの解は，図 2.8(b) では四角で描いた．4 次方程式 $\Phi_2(x_0) = 0$ から，求めたい a についての条件は得られない．

弧 γ'_u の右側に弧 γ_u が存在するから，弧 $T^2 \gamma'_u$ の右側に弧 $T^2 \gamma_u$ が存在する．だから，弧 $T^2 \gamma_u$ は弧 γ'_s と交差し，かつ弧 γ_s とも交差している．よって可逆馬蹄の存在が証明された．(Q.E.D.)

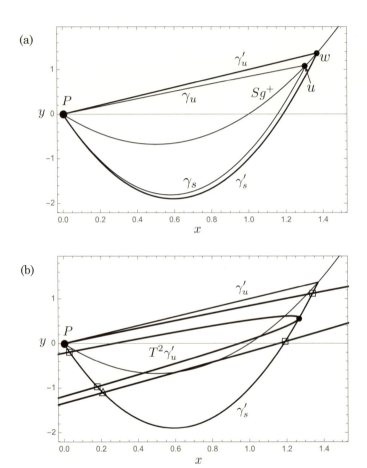

図 2.8 (a) 不安定多様体の弧 $[P,u]_{W_u}$ を弧 γ_u とし，安定多様体の弧 $[P,u]_{W_s}$ を弧 γ_s とする．二つの弧の交点がホモクリニック点 $u\,(\in S_g^+)$ である．$y=x$ と S_g^+ の交点を $w\,(\in S_g^+)$ とする．この直線上の弧 $[P,w]_{y=x}$ を弧 γ'_u とする．$y=-x-a(x-x^2)$ 上の弧 $[w,P]$ を弧 $\gamma'_s = g\gamma'_u$ とする．(b) 弧 $T^2\gamma'_u$ が弧 γ'_s と接している状況 ($a = a_c^* = 1+\sqrt{3(3+2\sqrt{3})}$)．

第3章
対称周期軌道の基本的性質

　初めに，対称周期軌道の基本的な性質を紹介する．周期軌道は，周期と楕円型不動点の周りを回る回転回数で特徴付けられる．回転回数を周期で割った比が回転数である．普遍被覆面における対称線と回転数の関係を説明し，対称周期軌道を分類する．また，対称周期軌道のコードが時間反転対称性をもつことを説明する．

　楕円型不動点の回転分岐で生じたサドル型周期軌道と楕円型周期軌道の性質を説明する．これらの性質をもとに楕円型周期軌道がある特殊な対称線上に軌道点をもつという主軸定理を紹介する．

　最後に，楕円型不動点の回転分岐で生じたサドル型周期軌道と楕円型周期軌道のコードを決定する方法を紹介する．

3.1　対称周期軌道と対称線

　まず対称周期軌道の基本的性質を提示し，次にその性質の実現され方を見る．本章では点 z_0 の軌道を $\{z_k\}_{k\in\mathbf{Z}}, z_k = T^k z_0$ と書く．

定理 3.1.1（対称周期軌道定理 [37]）　周期軌道が対称であるための必要十分条件は，1周期の間に対称線上に軌道点を二つもつことである．

証明　（十分であること）定理 1.2.4 より対称軌道は対称線上に軌道点を少なくとも一つもつ．対称軸上の軌道点を z_0 とする．$z_0 = g z_0$ または $z_0 = h z_0$ が成り立つ．$z_0 = g z_0$ の場合を証明する．$z_0 = h z_0$ の場合の証明は問題として残しておく．周期 $2k$ のとき，$T^{2k} z_0 = z_0 = g z_0$ より，$T^k z_0 = T^{-k} g z_0 = g(T^k z_0)$ であり，z_k が g の対称線上にある．周期 $2k + 1$ のとき，$T^{2k+1} z_0 = z_0 = g z_0$ よ

り，$T^{k+1}z_0 = T^{-k}gz_0 = T^{-k}g(hh)z_0 = T^{-k-1}hz_0 = h(T^{k+1}z_0)$ であり，z_{k+1} が h の対称線上にある．

（必要であること）証明は四つに分けて行う．

(i) 軌道点が S_h 上にあり，しかも S_g 上にもある場合．軌道点は不動点であり，周期的である．

(ii) $z_0 \in S_g$, $z_k = T^k z_0 \in S_g$ $(k \geq 1)$，かつ $z_i \notin S_{g,h}$ $(1 \leq i \leq k-1)$ の場合．$z_{2k} = T^k(T^k z_0) = T^k(gT^k z_0) = gT^{-k}T^k z_0 = gz_0 = z_0$ より，z_0 は周期点である．$1 \leq i \leq k-1$ に対して $T^i z_0 \neq z_0$ であるから周期は k 以下ではない．だから周期は $2k$ である．

(iii) $z_0 \in S_h$, $z_k = T^k z_0 \in S_h$ $(k \geq 1)$，かつ $T^i z_0 \notin S_{g,h}$ $(1 \leq i \leq k-1)$ の場合．$T^{2k} z_0 = T^k(T^k z_0) = T^k(hT^k z_0) = hT^{-k}T^k z_0 = hz_0 = z_0$ より，z_0 は周期点である．(ii) と同様，周期は k 以下ではない．だから周期は $2k$ である．

(iv) $z_0 \in S_h$, $z_k = T^k z_0 \in S_g$ $(k \geq 1)$，かつ $T^i z_0 \notin S_{g,h}$ $(1 \leq i \leq k-1)$ の場合．$T^{2k+1} z_0 = T^{k+1}(T^k z_0) = T^{k+1}(gT^k z_0) = Tgz_0 = (h \circ g) \circ gz_0 = hz_0 = z_0$ より，z_0 は周期点である．(ii) と同様，周期は k 以下ではない．だから周期は $2k+1$ である．(Q.E.D.)

問題 3.1.2 $z_0 = hz_0$ のとき，周期軌道 $\{z_k\}_{k \in \mathbf{Z}}$ は 1 周期のあいだにもう 1 点，対称軸上に点をもつことを証明せよ．

定理 3.1.1 の証明で得られた有用な性質をまとめておこう．

性質 3.1.3 対称周期軌道は以下のように分類される．

(1) 対称線 S_g と S_h の交点は不動点である．
(2) 不動点を除く対称周期軌道は三つに分類される．
  (i) 周期 $2k+1$．$z_0 \in S_h$ かつ $z_k \in S_g$．または，$z_0 \in S_g$ かつ $z_{k+1} \in S_h$．
  (ii) 周期 $2k$．$z_0 \in S_h$ かつ $z_k \in S_h$ $(z_0 \neq z_k)$．
  (iii) 周期 $2k$．$z_0 \in S_g$ かつ $z_k \in S_g$ $(z_0 \neq z_k)$．

本書では，接続写像 T の対称線 S_g と S_h をそれぞれ S_g^+ と S_g^- および S_h^+ と S_h^- に分けた（1.3 節）．この区分に応じて性質 3.1.3(2) の分類を細分できる．これを表 3.1 に示した．

3.1. 対称周期軌道と対称線

表 3.1 対称周期軌道の分類.

番号	z_0 が乗る対称線	z_k が乗る対称線	周期	回転回数	条件
(1)	$S_h^-(0)$	$S_g^-(n)$	$2k+1$	$2n+2$	$0 \le 4n < 2k-3$
(2)	$S_h^-(0)$	$S_g^+(n)$	$2k+1$	$2n+1$	$0 \le 4n < 2k-1$
(3)	$S_h^+(0)$	$S_g^-(n)$	$2k+1$	$2n+1$	$0 \le 4n < 2k-1$
(4)	$S_h^+(0)$	$S_g^+(n)$	$2k+1$	$2n$	$4 \le 4n < 2k+1$
(5)	$S_h^-(0)$	$S_h^-(n)$	$2k$	$2n$	$2 \le 2n \le k$
(6)	$S_h^-(0)$	$S_h^+(n)$	$2k$	$2n+1$	$0 \le 2n \le k-1$
(7)	$S_h^+(0)$	$S_h^+(n)$	$2k$	$2n$	$2 \le 2n \le k$
(8)	$S_g^-(0)$	$S_g^-(n)$	$2k$	$2n$	$2 \le 2n \le k$
(9)	$S_g^-(0)$	$S_g^+(n)$	$2k$	$2n-1$	$2 \le 2n \le k+1$
(10)	$S_g^+(0)$	$S_g^+(n)$	$2k$	$2n$	$2 \le 2n \le k$

表 3.1 の読み方を説明しよう．第 1 欄は 10 組の周期軌道への場合分けを示す．あらかじめ $k > 0$ を決めておく．初期点 z_0 が出発対称線上にあり（第 2 欄），z_k がふたたび対称線上にくる（第 3 欄）．このとき性質 3.1.3 より，周期が決まる（第 4 欄）．周期軌道の回転数を求めるには，回転回数が必要である（第 5 欄）．回転回数の求め方は次節で説明する．その際に必要なのが，z_k が乗る対称線に関する情報である．普遍被覆面上で 0（$S_{g,h}^\pm(0)$ の 0）から数えて何番目 (n)（$S_{g,h}^\pm(n)$ の n）の対称線上にあるかで，回転回数が異なる．n が決まれば回転回数および回転数が決まる．だから，表 3.1 において n が決めるべきパラメータである（第 6 欄）．奇数周期 $2k+1$ で $z_0 \in S_g(0)$ の場合を表に載せなかったので注意しておく．この場合，$z_{k+1} \in S_h(n)$ である．

普遍被覆面で対合 g と h を作用し軌道を追いかける場合，どの対称線で折り返せばよいのかわからなくなる．しかし，相平面での回転数についての制限からその対称線は自動的に決まる．以下の議論で利用する z_0 は対称線上にある．今後のため z_0 が対称線上にある場合に，普遍被覆面における対合の作用について規則を書いておく．

規則 3.1.4

(i) $z_0 \in S_g^-(n)$ に h を作用することは，z_0 を $S_h^-(n+1)$ に関して折り返す作用である．

(ii) $z_0 \in S_g^+(n)$ に h を作用することは，z_0 を $S_h^+(n)$ に関して折り返す作用で

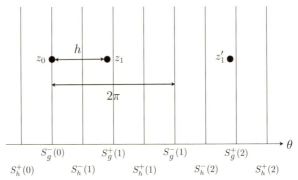

図 3.1 普遍被覆面での対称線と軌道点の位置関係. 横軸は θ を表し, 縦軸は r である. 図において r 方向の情報は無視した. $z_0 \in S_g^-(0)$ である. 像 $z_1 = Tz_0 = hz_0$ は, z_0 を対称線 $S_h^-(1)$ で折り返して得られる. z_0 を $S_h^+(1)$ で折り返した像 z_1' は, z_1 を右方向に 2π だけ平行移動した像である.

ある.

(iii) $z_0 \in S_h^-(n+1)$ に g を作用することは, z_0 を $S_g^-(n)$ に関して折り返す作用である.

(iv) $z_0 \in S_h^+(n)$ に g を作用することは, z_0 を $S_g^+(n)$ に関して折り返す作用である.

(i) が正しいことを説明しよう. $z_0 = gz_0$ であるから, h を作用すると z_1 が得られる. 相平面で写像 T を作用すると軌道は Q を中心として時計回りに回転する. これに対応して, 普遍被覆面では左から右へと軌道が進むから, 軌道点 $z_1 = Tz_0$ は z_0 の右にある. よって z_1 は $S_g^-(n)$ より右にある対称線 $S_h^{\pm}(n+i)$ ($i > 0$) のどれかで z_0 を折り返して得られる. 周期軌道の回転数が $1/2$ 以下であることから, 対称軸は $S_h^-(n+1)$ に一意に決まる. 実際, それより右にある対称軸 $S_h^+(n+1)$ に関して z_0 を折り返すと, 折り返された点 z_1' は, z_1 より 2π だけ右に来て (図 3.1 には $n=0$ の場合を図示した), 軌道の回転数が 1 より大きくなってしまう. (ii) も同様にして得られる.

次に (iii) について説明する. $z_0 = hz_0$ であるから, g を作用すると z_{-1} が得られる. 普遍被覆面では軌道点 z_{-1} は z_0 の左にあるので, $S_h^-(n+1)$ より左にある対称線で折り返す必要がある. 折り返しに使う対称軸は $S_g^-(n)$ に一意に

決まる．それより左にある $S_g^+(n)$ で折り返すと軌道点 z_{-1} と z_0 の横座標 θ の差は 2π 以上となってしまう．(iv) も同様にして得られる．

3.2 普遍被覆面上の対称周期軌道

まず周期が奇数の場合の表 3.1(1) を導出し，次に周期が偶数の場合の表 3.1(5) を導出する．残りの関係の導出は読者の問題とする．

表 3.1(1) の導出　$z_0 \in S_h^-(0)$ でかつ $z_k \in S_g^-(n)$.

まず，$z_k = gz_k = hhgz_k = hz_{k+1}$．これを利用すると，

$$z_{k-j} = T^{-j}z_k = T^{-j}hz_{k+1} = hT^j z_{k+1} = hz_{k+j+1}, \quad 0 \leq j \leq k \tag{3.1}$$

が得られる．ここで h の対称線は，z_k が乗っている $S_g^-(n)$ のすぐ右にある $S_h^-(n+1)$ である（規則 3.1.4(i) より）．対称線 $S_h^-(n+1)$ と対称線 $S_h^-(0)$ は $2\pi(n+1)$ 離れている．だから z_{2k+1} の x 座標は $4\pi(n+1)$ であり，対称線 $S_h^-(2n+2)$ 上にある．この関係を図 3.2(a) に描いた．z_0 から z_{2k+1} までで 1 周期が完成する．これより回転回数 $p = 2n+2$ が得られる．p は偶数で，q は

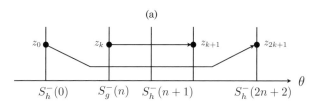

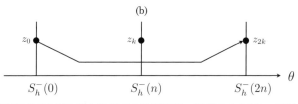

図 3.2 普遍被覆面での対称線と軌道点の位置関係．横軸は θ を表し，縦軸は r である．図において r 方向の情報は無視した．(a) $z_0 \in S_h^-(0)$ でかつ $z_k \in S_g^-(n)$．(b) $z_0 \in S_h^-(0)$ でかつ $z_k \in S_h^-(n)$．

奇数である．$0 < p/q < 1/2$ であるから，n に対する制限 $0 \leq 4n < 2k-3$ が得られる．

表 3.1(5) の導出　　$z_0 \in S_h^-(0)$ でかつ $z_k \in S_h^-(n)$.
$hz_k = z_k$ より，

$$z_{k-j} = T^{-j}z_k = T^{-j}hz_k = hT^j z_k = hz_{k+j} = gz_{k+j-1}, \quad 0 \leq j \leq k \tag{3.2}$$

が得られる．ここで h の対称線は，z_k が乗っている $S_h^-(n)$ である．z_{2k} は対称線 $S_h^-(2n)$ 上にあり，z_0 から z_{2k} までで 1 周期が完成する．この関係を図 3.2(b) に描いておいた．これより回転回数 $p = 2n$ と，周期 $q = 2k$ が得られる．$p/q \leq 1/2$ であるから，n に対する制限 $2 \leq 2n \leq k$ が得られる．

対称周期軌道の回転数がわかっている場合，表 3.1 を参照すると探すべき二つの対称線が決まる．例として回転数が 3/7 ならば，番号 2 と番号 3 が可能である．回転数が 2/7 ならば，番号 1 と番号 4 が可能である．回転数が 3/8 ならば，番号 6 と番号 9 が可能である．しかし，回転数が 2/6 のように既約でない場合は，可能な場合が増えて，番号 5，番号 7，番号 8，および番号 10 である．

Q が $a = 4$ で周期倍分岐を起こし，回転数 1/2 の周期軌道が生じる．これはすでに示してある．しかし，どの対称線上に生じるのかは述べていない．回転数 1/2 の周期軌道は番号 6 または番号 9 の可能性がある．番号 6 ではないことを示せば，番号 9 が成り立つことになる．$z_0 \in S_h^-$ と仮定し，$z_0 = (x_0, 0)$ ($0 < x_0 < 1$) と書く．$z_1 = Tz_0$ の位置は $(x_0 + f(x_0), f(x_0))$ である．$0 < x_0 < 1$ では，関数 $f(x_0)$ は正であるから $TS_h^- \cap S_h^+ = \emptyset$ である．だから番号 6 は実現しない．よって性質 3.2.1 が得られた．

性質 3.2.1　　回転数 1/2 の周期軌道の軌道点は S_g^+ と S_g^- 上にある．

3.3　対称周期軌道の時間反転対称性

本節では下記の命題 3.3.1 を証明する．

3.3. 対称周期軌道の時間反転対称性

命題 3.3.1 周期軌道が対称であるための必要十分条件はコードが（時間反転）対称であることである．

証明　（十分であること）
i) 奇数周期 $2k+1$ ($k \geq 1$) の場合．$z_0 \in S_h$ なら，表 3.1 より $z_k \in S_g$ である．よって，$z_k = gz_k$ が成り立つ．これを変形して，$z_{k-j} = gz_{k+j}$ ($0 \leq j \leq k$) が得られる．性質 2.2.2 より， z_{k-j} と z_{k+j} の記号は同じである．つまり $s_{k-j} = s_{k+j}$ ($0 \leq j \leq k$) が得られる．すなわちコード $s_0 s_1 \cdots s_k \cdots s_{2k}$ は s_k に関して対称である．

ii) 偶数周期 $2k+2$ ($k \geq 0$) の場合．$z_0 \in S_g$ なら，表 3.1 より $z_{k+1} \in S_g$ である．$z_0 = gz_0$ より，$z_{-j} = gz_j$ が得られる．つまり，コード $s_{-k} \cdots s_0 \cdots s_k s_{k+1}$ は，$s_j = s_{-j}$ ($1 \leq j \leq k$) を満たす．一方，時間反転コードは $s_{k+1} s_k \cdots s_0 \cdots s_{-k}$ である．$s_j = s_{-j}$ を利用して，これを $s_{k+1} s_{-k} \cdots s_0 \cdots s_k$ と書き直せる．巡回置換すると $s_{-k} \cdots s_0 \cdots s_k s_{k+1}$ が得られる．よってもとのコードは時間反転対称性を満たす．$z_0 \in S_h$ の場合も同様な議論ができる．

（必要であること）
i) 奇数周期 $2k+1$ ($k \geq 1$) の場合．以下の周期軌道を考えよう．

$$\{z_{-k}, z_{-k+1}, \ldots, z_0, z_1, \ldots z_k\}.$$

この軌道のコードを $s_{-k} \cdots s_0 \cdots s_k$ とし，s_0 に関して対称であるとする．以下の点列を考える．

$$\{gz_k, gz_{k-1}, \ldots, gz_0, gz_{-1}, \ldots, gz_{-k}\}.$$

命題 1.2.2 よりこれは同じ周期の周期軌道である．この軌道のコードは，$\mathrm{Symb}(gz_j) = \mathrm{Symb}(z_j)$（性質 2.2.2）に注意すると，$s_k \cdots s_0 \cdots s_{-k}$ である．もとの軌道の時間反転対称性より $s_k \cdots s_0 \cdots s_{-k} = s_{-k} \cdots s_0 \cdots s_k$ である．二つの周期軌道はコードが同じなので，同じ軌道である．よって，$gz_{-i} = z_i$ ($0 \leq i \leq k$) が成立する．特に $gz_0 = z_0$ より，z_0 が S_g 上にある．よって軌道は対称である．

ii) 偶数周期 $2k+2$ $(k \geq 0)$ の場合．適当な巡回置換をほどこして，軌道のコード $s_{-k}\cdots s_{-1}s_0s_1\cdots s_k s_{k+1}$ が $s_{-i} = s_{i+1}$ $(0 \leq i \leq k)$ または $s_{-i} = s_i$ $(0 \leq i \leq k+1)$（ただし $z_{-k-1} = z_{k+1}$）を満たすようにできる．どちらも時間反転対称である．前者の場合，$s_0 = s_1$ より，$gz_0 = z_1$ が得られる．h を作用すると $z_1 = hz_1$ となり，z_1 が対称軸上にあるので軌道は対称である．後者の場合，ただちに $z_0 = gz_0$ が得られ，z_0 が対称軸上にあるので軌道は対称である．(Q.E.D.)

問題 3.3.2 対称周期軌道の点が $z_0 \in S_h$ を満たすとき，軌道のコードが対称であることを示せ．簡単のため，周期は偶数であるとせよ．

解 周期 $2k+2$ とする．軌道のコードを $s_{-k-1}\cdots s_0 \cdots s_k$ とする．時間反転コードは $s_k \cdots s_0 \cdots s_{-k-1}$ である．問題設定より $hz_0 = z_0$ であるから，$gz_{-j-1} = z_j$ と $s_{-j-1} = s_j$ $(0 \leq j \leq k)$ が得られる．すなわち時間反転コードはもとのコードに等しい．

命題 3.3.1 より命題 3.3.3 が得られる．

命題 3.3.3

[1] 奇数周期 $q = 2k+1$ $(k \geq 1)$ の場合．コード $s_{-k}\cdots s_{-1}s_0s_1\cdots s_k$ が時間反転対称性をもつならば，巡回置換をほどこして，初めから条件 $s_j = s_{-j}$ $(0 \leq j \leq k)$ を満たすように書ける．このとき，記号 s_0 に対応する軌道点 z_0 は S_g 上にあり，記号 s_{-k} に対応する軌道点 z_{-k} は S_h 上にある．

[2] 偶数周期 $q = 2k+2$ $(k \geq 1)$ の場合．コード $s_{-k-1}\cdots s_{-1}s_0s_1\cdots s_k$ が時間反転対称性をもつならば，以下の (a) または (b) が成り立つ．

(a) 巡回置換をほどこして，初めから条件 $s_j = s_{-j}$ $(1 \leq j \leq k)$ を満たすように書ける場合は，記号 s_0 に対応する軌道点 z_0 と，記号 s_{-k-1} に対応する軌道点 z_{-k-1} は S_g 上にある．

(b) 巡回置換をほどこして，初めから条件 $s_j = s_{-j-1}$ $(0 \leq j \leq k)$ を満たすように書ける場合は，記号 s_0 に対応する軌道点 z_0 と，記号 s_{-k-1} に対応する軌道点 z_{-k-1} は S_h 上にある．

最後に周期倍分岐と反周期倍分岐に関係する性質を紹介する．

性質 3.3.4 対称母周期軌道の周期倍分岐（反周期倍分岐）で生じた娘周期軌道は対称である．

証明 対称母周期軌道の周期を q とし，軌道点の一つ z_0 が対称線上 S_h にあるとする．周期倍分岐によって z_0 から娘周期軌道点が二つ生じる．2 点が対称線上にあれば娘周期軌道が対称であることは明らか．よって，2 点が対称線上にないとする．一つの点が ζ_0 でもう一つの点が $h\zeta_0$ のとき，$O(\zeta_0) = O(h\zeta_0)$ であるから，定義 1.2.3 と定理 1.2.4 より，娘周期軌道は対称である．

z_0 から生じた娘周期軌道点が $\zeta_0, \eta_0 \neq h\zeta_0$ の場合を考える．軌道は非対称である．このとき，この軌道以外に，$h\zeta_0, h\eta_0$ を通る軌道が存在する．分岐によって，z_0 の周りに四つの軌道点が生じる．写像 T^{2q} について，周期倍分岐前のポアンカレ指数は $(+1)$ であるが，周期倍分岐後のポアンカレ指数は $(-1) + 4 \times (+1) = +3$ となる．よって矛盾である．同様の方法で z_0 が S_g 上にある場合も反周期倍分岐の場合も証明できる．(Q.E.D.)

3.4 対称バーコフ型周期軌道

楕円型不動点 Q の回転分岐で生じた楕円型周期軌道とサドル型周期軌道は対称軸上に周期点をもつので，どちらも対称周期軌道である．また順序保存性を満たすのでバーコフ型でもある．これらの周期軌道の生じ方を調べる．楕円型不動点 Q の線形解析を行うと Q から回転分岐で周期軌道の生じる臨界値 $a_c(p/q)$ を求めることができる．線形変換の行列はすでに式 (1.11) に与えておいた．固有値（式 (1.16)）を $\mu = \left[(2-a) \pm i\sqrt{4a - a^2}\right]/2 = \exp(\pm i\theta)$ と書くと，不動点 Q は写像ごとに時計回りに平均的に角度 θ だけ回転する．今の場合，$0 \leq \theta \leq \pi$ である．回転角度が 2π の有理数倍のとき，特に，p と q を互いに素な任意の正整数として $\theta = 2\pi p/q$ のとき，Q から回転数 p/q の周期軌道が分岐する．この分岐は 1.4 節で説明した**回転分岐**である．

回転数が p/q であるとは，q 回の写像のもとで，不動点の周りを p 回回ることである．あるいは，1 回転を単位として，写像ごとに平均的に p/q だけ回転するとき，回転数は p/q であるという．θ への条件から $0 \leq p/q \leq 1/2$ で

ある．

　回転数 p/q の周期軌道が分岐で出現するパラメータ a の臨界値を $a_c(p/q)$ と書くと，$\tan\theta = \sqrt{4a-a^2}/(2-a)$ が得られる．これを a について解いて

$$a_c(p/q) = 4\sin^2(\pi p/q) \tag{3.3}$$

を得る．パラメータ a の増加に伴い Q の回転が速くなる．すなわち，接続写像は条件 1.1.2(4) を満たしている．小さい p/q の周期軌道が先に Q から生じる．たとえば $a_c(1/7) = 0.7530\cdots, a_c(1/6) = 1, a_c(1/5) = (5-\sqrt{5})/2 = 1.3819\cdots, a_c(1/4) = 2, a_c(1/3) = 3$ である．

　Q の回転分岐ではサドル軌道と楕円型軌道が対で生じる．このような対は一般にサドルノード対とよばれる．$p/q = 1/2$ とすると，Q の周期倍分岐の臨界値 $a_c^{\mathrm{pd}} = 4$ が得られる．周期倍分岐ではサドルノード対が生じないため，周期倍分岐は回転分岐に含めない．

条件 1.1.2(5) について

　回転分岐で生じる周期軌道を利用して，接続写像 T の満たす条件の一つ，条件 1.1.2(5) の意味を考えよう．例として回転数 2/5 の周期軌道が生じる過程を観察する．表 3.1 より S_h^+ の像 $T^2 S_h^+$ が S_g^+ と交わると回転数 2/5 の周期軌道が生じる．臨界値は $a_c(2/5) = 4\sin^2(2\pi/5) = 3.6180\cdots$ である．図 3.3(a) は $a = 3.4 < a_c(2/5)$，図 (b) は $a = a_c(2/5)$，そして図 (c) は $a = 3.8 > a_c(2/5)$ の場合を描く．図 (b) では像 $T^2 S_h^+$ が S_g^+ と Q で接している．図 (c) では像 $T^2 S_h^+$ が S_g^+ と z_0 で交わる．パラメータ a を増やすと（回転数の大きな）周期解が分岐することは，写像が条件 1.1.2(4) を満たしていることからくる．

　弧 $[Q, z_0]_{T^2 S_h^+}$ を定義する（図 (c) を見よ）．Q を出発し弧 $[Q, z_0]_{T^2 S_h^+}$ 上を進むと，左に曲がりながら進行して交点 z_0 に着く．これが条件 1.1.2(5) の表現である．すなわち，Q から遠ざかると Q の周りの回転の仕方が遅くなる．Q 自身の回転数が a の増大とともに増え（条件 1.1.2(4)），あとから生まれた周期解に「押されて」，前に生まれた周期解が Q から遠ざかるにあたって，Q の周りの回転の大小関係に逆転が生じない条件が条件 1.1.2(5) である（厳密に

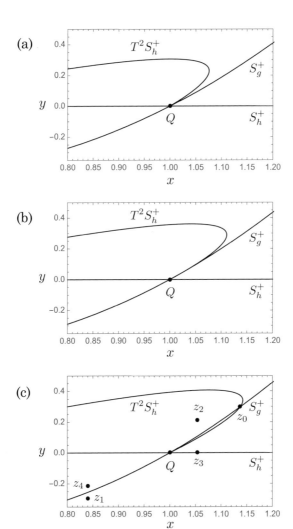

図 3.3 (a) $a = 3.4$, (b) $a = a_c(2/5) = 4\sin^2(2\pi/5) = 3.6180\cdots$, (c) $a = 3.8$. 点 z_0 が対称線 S_g^+ と対称線の像 $T^2 S_h^+$ の交点. 点 z_0 は Q より生じ, a の増大につれて Q から離れていく.

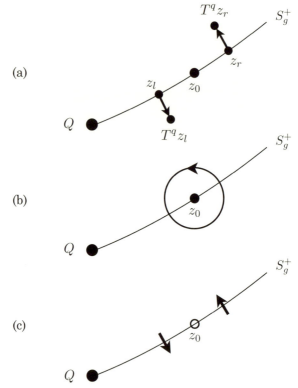

図 3.4 楕円型不動点 Q の回転分岐で Q より対称線 S_g^+ 上に生じた軌道点を z_0 とする．周期を q とする．(a) 写像 T^q のもとでの z_0 の近傍の軌道点の動き．写像 T^q によって $T^q z_l$ は $T^q z_0$ より速く回転し，$T^q z_r$ は $T^q z_0$ より少し遅れる様子を表現している．(b) z_0 が楕円点の場合．z_0 から見ると z_0 の近傍の写像 T^q による軌道点の動きは反時計回りである．(c) z_0 がサドル点の場合．z_0 から見ると写像 T^q のもとで対称線 S_g^+ を横切る軌道点の動き（流れ）は反時計回りである．対称線 S_g^+ を横切る太い矢印は点の動きの方向を示す．

は，Q の近傍で対称軸 $S_g^\pm$ を直線動径と見るような座標での回転とする）．逆転が生じる状況は考えにくいが，生じない保証はない．実際，本書の接続写像でも逆転が生じることがある．突然，接線分岐が生じ，パラメータ a に関する連続性が破れるのである．詳細は付録 B に書いた．

ここでは，対称線 S_g^+ の向きを Q から遠ざかる方向にとる（図 3.4）．Q から

遠ざかると，回転数の増大した Q の近傍に比べて，回転の仕方が遅い．この性質を使って回転分岐で生じた点 z_0 の近傍の点の動きを調べよう．ただし，z_0 の周期を q としているので写像 T^q のもとでの回転である．z_0 より Q に近い点 z_l は Q の周りを z_0 より速く回転するので，q 回写像後の像 $T^q z_l$ は対称線 S_g^+ の右に来る．z_0 より Q から遠い点 z_r は z_0 より遅く回転するので，q 回写像後の像 $T^q z_r$ は対称線 S_g^+ の左に来る（図 3.4(a) を見よ）．このことから，z_0 が楕円点ならば z_0 を中心とした回転方向は反時計回りであることが導かれる（図 (b) を見よ）．次に z_0 をサドル点とする．z_0 を中心として見ると，対称線を横切る軌道点の動き（流れ）が反時計回りであることがわかる（図 (c) を見よ）．これらを性質 3.4.1 としてまとめておく．

性質 3.4.1
(i) 楕円型不動点 Q の回転分岐で生じた周期 q の対称楕円型軌道の軌道点のうち対称線上にある軌道点を視点として見ると，T^q のもとでこの楕円点の回転方向は反時計回りである．
(ii) 楕円型不動点 Q の回転分岐で生じた周期 q の対称サドル型軌道の軌道点のうち対称線上にある軌道点を視点として見ると，T^q のもとで対称線または対称線の像を横切る流れは反時計回りである．

3.5 主軸定理と主軸定理より導かれる性質

主軸定理（定理 3.5.2）を証明するための準備として，回転分岐で生じたサドル点の安定多様体および不安定多様体と対称線の相対配置について考察する．最初に，周期 q のサドル点が対称線 S_h 上にある場合を考える．この軌道点を z とする．模式図 3.5 では，z は S_h^- 上にあるとして描いた．z が S_h^+ 上にある場合も以下の議論は成立する．

この点 z の上下に同じ周期 q の楕円点があり，これらの周りの回転が反時計回りであることに注意すると，z の安定多様体と不安定多様体の配置が模式図 3.5 のように決まる．$W_s^1(z) = hW_u^1(z)$ と $W_s^2(z) = hW_u^2(z)$ が成り立つ．ここで $T^q = h \circ gT^{q-1}$ と書く．対合 gT^{q-1} で $W_u^1(z)$ がどのように写されるかを

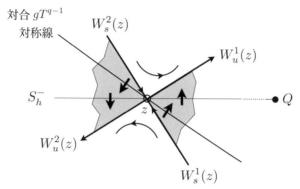

図 3.5 サンドイッチ構造の模式図. 点 z は周期 q のサドル型周期軌道の軌道点で, 対称線 S_h^- 上にある. z の安定多様体 $W_s^{1,2}(z)$ と不安定多様体 $W_u^{1,2}(z)$ の配置. 安定多様体 $W_s^{1,2}(z)$ と不安定多様体 $W_u^{1,2}(z)$ に挟まれた灰色の近傍領域を対称線 S_h^- と対合 gT^{q-1} の対称線が通過する.

調べる.

$$gT^{q-1}W_u^1(z) = gT^{q-1}hhW_u^1(z) = gT^{q-1}hW_s^1(z)$$
$$= ghT^{-q+1}W_s^1(z) = T^{-q}W_s^1(z) = W_s^1(z).$$

対合は折りたたみ操作であることを思い出そう. 折りたたみ操作の折れ目が, 対合に関する不動点の集合である. 第二の対合 gT^{q-1} の対称線 (不動点集合) は q の偶奇に応じて S_h または S_g の像である. この対称線の表式の求め方は, 問題 3.5.1 を見よ. さて, 第二の対合の対称線は $W_s^1(z)$ と $W_u^1(z)$ に挟まれた領域 (灰色領域) にあり, z を通って, $W_s^2(z)$ と $W_u^2(z)$ に挟まれた領域 (灰色領域) へ抜けていることがわかる. 対合 h の対称線 S_h^- も同様であるから, 二つの対称線はともに $W_s^{1,2}(z)$ と $W_u^{1,2}(z)$ に挟まれた領域 (灰色領域) に入っていることになる (模式図 3.5 を見よ). この構造を簡単にサンドイッチ構造とよぶことにしよう.

次に z が対称線 S_g 上にある場合を調べる. $W_s^1(z) = gW_u^1(z)$ と $W_s^2(z) = gW_u^2(z)$ が成り立つ. この場合は, $T^q = T^{q-1}h \circ g$ と分ける.

$$T^{q-1}hW_u^1(z) = T^{q-1}hggW_u^1(z) = T^qW_s^1(z) = W_s^1(z).$$

すなわち，対合 $T^{q-1}h$ によって $W_u^1(z)$ が $W_s^1(z)$ に折り返されるから，この対合の対称線は $W_u^1(z)$ と $W_s^1(z)$ の間を通る．S_g も間に挟まれているから，この場合もサンドイッチ構造が成り立つ．

z が対称線 S_h 上にある場合，z を中心にして対称線と対称線の像を横切る流れを見ると性質 3.4.1(ii) と一致して反時計回りであることが確認できる（図 3.5）．z が対称線 S_g 上にある場合も，同様の性質が成り立つ．これらは性質 3.4.1(ii) と整合性がとれている．

問題 3.5.1

(1) サドル点 z が対称線 S_h 上にある場合．
$q = 2k + 1$ $(k \geq 1)$ ならば z を対称線の像 $T^{-k}S_g$ が通過し，$q = 2k$ $(k \geq 1)$ ならば z を対称線の像 $T^{-k}S_h$ が通過することを示せ．

(2) サドル点 z が対称線 S_g 上にある場合．
$q = 2k + 1$ $(k \geq 1)$ ならば z を対称線の像 $T^k S_h$ が通過し，$q = 2k$ $(k \geq 1)$ ならば z を対称線の像 $T^k S_g$ が通過することを示せ．

ヒント (1) で q が奇数の場合．周期軌道は S_h と S_g を通過する．よって，z を対称線の像 $T^m S_g$ が通過するとして m を決める．T^{2k+1} を $h \circ gT^{2k}$ と分ける．像 $T^m S_g$ は対合 gT^{2k} について不変であるから，$gT^{2k} T^m S_g = T^m S_g$ が成り立つ．これより，$m = -k$ が得られる．他の場合も同様にして証明できる．

$z_0 \in S_g^+$ は Q の回転分岐で生じた周期 q の軌道点とする．z_0 を対合 $T^{q-1}h$ の対称線が通ることがわかる．ここで z_0 はサドル点と仮定して矛盾を出そう．性質 3.4.1(ii) とサンドイッチ構造に従って z_0 の安定多様体と不安定多様体の配置が決まる．この配置について図 3.6 を利用して説明する．この状況で，対称線 S_g^+ と対合 $T^{q-1}h$ の対称線で区切られる z_0 の四つの近傍領域 A, B, C, D が定義できる．ここで z_0 の不安定多様体 $W_u^2(z_0)$ は z_0 を出発し近傍領域 A を通過しているとする．するともう一つの不安定多様体 $W_u^1(z_0)$ は z_0 を出発し近傍領域 C を通過する．このとき，$W_s^1(z_0) = gW_u^1(z_0)$ であるから，$W_s^1(z_0)$ は近傍領域 B にある．また $W_s^2(z_0) = gW_u^2(z_0)$ であるから，$W_s^2(z_0)$ は近傍領域 D にある．この状況はサンドイッチ構造に反する．つまり，z_0 の安定多様体と不安定多様体は近傍領域 B と D にあるように描かれた図 3.7 の配置が正しいことが導かれる．しかし，この配置における対称線 S_g^+ 上を通過する流れ（図

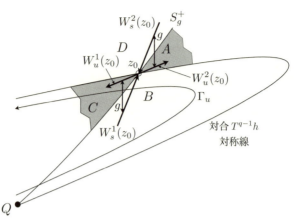

図 3.6　対称線 S_g^+ 上の周期軌道点 z_0 の不安定多様体 $W_u^1(z_0)$ が z_0 の近傍領域 C にあるなら，$W_u^2(z_0)$ は近傍領域 A にある．この場合，$W_s^1(z_0) = gW_u^1(z_0)$ は近傍領域 B にあり，$W_s^2(z_0) = gW_u^2(z_0)$ は近傍領域 D にある．

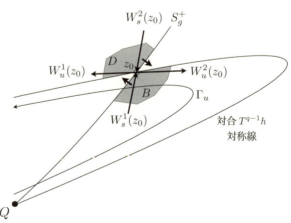

図 3.7　不安定多様体の弧 Γ_u は基本領域 Z の右境界と交差しているとする．対合 $T^{q-1}h$ の対称線は弧 Γ_u を迂回する．$W_u^1(z_0)$ と $W_s^2(z_0)$ は近傍領域 D（図 3.6 で定義した）にあり，$W_u^2(z_0)$ と $W_s^1(z_0)$ は近傍領域 B にある．この配置では，対称線 S_g^+ を横切る流れ（太い矢印）は z_0 から見ると，時計回りとなる．

3.7 の太い矢印）は時計回りとなり，性質 3.4.1(ii) に反する．つまり z_0 はサドル点ではなく楕円点であることが導かれた．これを主軸定理としよう．式 (1.21) の直後に述べたように S_g は主軸ともよばれる（文献 [38]）．

定理 3.5.2（相平面における主軸定理） 楕円型不動点 Q から回転分岐で生じた楕円型対称周期軌道は対称線 S_g^+ 上に軌道点をもつ．楕円型不動点 Q から周期倍分岐で生じた楕円型対称周期軌道は対称線 S_g^+ 上に軌道点をもつ．

主軸定理（定理 3.5.2）では，周期倍分岐で生じた楕円型対称周期軌道が対称線 S_g^+ 上に軌道点をもつことが述べられている．これはすでに性質 3.2.1 で得られている．ここでは，主軸定理が条件 1.1.2(5) と対合の性質から導かれることを示した．主軸定理の別の方法による証明が参考文献 [38] にある．系は異なるが主軸定理に相当する事実は，数値計算ですでに発見されていた [42].

例として回転数 1/4 の周期軌道の様子を観察してみよう．$p/q = 1/4$ を式 (3.3) に代入すると臨界値として $a_c(1/4) = 2$ が得られる．回転数 1/4 の周期軌道が Q で生じて，a の増加に伴い Q から離れていく．Q を囲む閉曲線上に，回転分岐で生じた楕円型周期軌道点とサドル型周期軌道点が交互に配置される．さまざまな回転数の楕円型およびサドル型周期軌道点が半径方向に並び，Q の周りの島構造の第一段階をなす．この島構造を第 1 世代の島構造と名付ける．そして Q の回転分岐で生じた楕円型周期軌道とサドル型周期軌道を第 1 世代の周期軌道と名付ける．これについては 4.1 節で議論する．

回転分岐で生じた楕円型周期軌道点の一つ z に視点を移動する．そうすると z も回転分岐を起こし，楕円型周期軌道点とサドル型周期軌道点が生じる．これらが z の周りに島構造を作る．この島構造を第 2 世代の島構造と名付ける．そして z の回転分岐で生じた楕円型周期軌道とサドル型周期軌道を第 2 世代の周期軌道と名付ける．このように島構造は階層構造をなす．これがいわゆる「島の周りの島構造」である．

主軸定理から得られる下記の性質をよく利用する．

性質 3.5.3 $p/q\,(0 < p/q < 1/2)$ を既約分数とする．以下の性質が成り立つ．ただし番号は表 3.1 の番号である．

(i) 偶数周期.
  (a) p/q-S·BE は S_g^- と S_g^+ に軌道点をもつ（番号 9）.
  (b) p/q-S·BS は S_h^- と S_h^+ に軌道点をもつ（番号 6）.
(ii) 奇数周期で p が奇数.
  (a) p/q-S·BE は S_h^- と S_g^+ に軌道点をもつ（番号 2）.
  (b) p/q-S·BS は S_h^+ と S_g^- に軌道点をもつ（番号 3）.
(iii) 奇数周期で p が偶数.
  (a) p/q-S·BE は S_h^+ と S_g^+ に軌道点をもつ（番号 4）.
  (b) p/q-S·BS は S_h^- と S_g^- に軌道点をもつ（番号 1）.

3.6 対称バーコフ型周期軌道の記号化規則

Q の回転分岐で生じた楕円型周期軌道とサドル型周期軌道は対称軸上に周期点をもつので，どちらも対称周期軌道とよぶ．馬蹄の存在するパラメータ範囲で，これらの周期軌道が単位円周上の剛体回転

$$\Theta_t = (p/q)t + \alpha \quad (\mathrm{mod}\,1) \tag{3.4}$$

として記述できることがオーブリーによって証明されている [7]．ただし，Θ は 2π で規格化した角度, t は整数, p/q は回転数, α は初期位相である．式 (3.4) より，Q の回転分岐で生じた周期軌道は順序保存型（バーコフ型）であることが確認できる．定義 2.6.3 を思い出すと，回転数 p/q のサドル型のバーコフ型周期軌道は p/q-S·BS であり，回転数 p/q の楕円型のバーコフ型周期軌道は p/q-S·BE である．

本節では，楕円型不動点 Q の回転分岐で生じた周期軌道の点の動きが式 (3.4) のように剛体回転として記述できることを利用して対称バーコフ型周期軌道 p/q-S·BE と p/q-S·BS の記号化を行い，コードを決定する．そのために単位円周を持ち上げた直線上で議論を行う．直線上でも円周上と同じ変数 Θ_t ($-\infty < \Theta_t < \infty$) を用いる．

回転数を p/q とする．j を整数として，直線上に回転数に依存する区間

3.6. 対称バーコフ型周期軌道の記号化規則

$I_j^E(p/q)$ と $O_j^E(p/q)$ を次のように用意する.

$$I_j^E(p/q) = (j - p/q, j + p/q), \tag{3.5}$$

$$O_j^E(p/q) = [j + p/q, j + 1 - p/q]. \tag{3.6}$$

初期点 $\Theta_0 = 0$ を出発して未来に向かって軌道 $\Theta_t = (p/q)t, t = 0, 1, 2, \ldots$ を追いかけ,軌道点が区間 $O_j^E(p/q)$ に入れば点に記号 0 を与え,区間 $I_j^E(p/q)$ に入れば点に記号 1 を与える.軌道点は剛体回転しながら進行するので,点の座標は毎回 p/q だけ増える.例として $p/q = 1/3$ とし初期点 $\Theta_0 = 0$ を出発する.初期点の記号は 1 である.2 番目の点 $1/3$ の記号は 0 で,3 番目の点 $2/3$ も定義より 0 と決まる.よってコード 100 が得られる.$\Theta_t = (p/q)t$ と上記の区間(式 (3.5) と式 (3.6))を一緒にした写像を**楕円型コード生成写像**とよぼう.この写像で p/q-S·BE のコードが決まる.

次に,直線上に別の区間 $I_j^S(p/q)$ と $O_j^S(p/q)$ を用意する.j は整数とする.

$$I_j^S(p/q) = (j - p/q, j + p/q], \tag{3.7}$$

$$O_j^S(p/q) = (j + p/q, j + 1 - p/q]. \tag{3.8}$$

初期点 $\Theta_0 = 0$ より未来に向かって軌道 $\Theta_t = (p/q)t$ を追いかけ,軌道点が区間 $O_j^S(p/q)$ に入れば点に記号 0 を与え,区間 $I_j^S(p/q)$ に入れば点に記号 1 を与える.$p/q = 1/3$ の場合,110 が得られる.$\Theta_t = (p/q)t$ と上記の区間(式 (3.7) と式 (3.8))を一緒にした写像を**サドル型コード生成写像**とよぼう.この写像で p/q-S·BS のコードが決まる.

定義 3.6.1 回転数 p/q のサドル型対称バーコフ型周期軌道 p/q-S·BS のコードを $\widetilde{S}(p/q)$ と書く.回転数 p/q の楕円型対称バーコフ型周期軌道 p/q-S·BE のコードを $\widetilde{E}(p/q)$ と書く.

楕円型コード生成写像で,初期点を $-1/(2q)$ とすれば $\widetilde{S}(p/q)$ が得られる.一つの写像で初期点を違えて $\widetilde{E}(p/q)$ と $\widetilde{S}(p/q)$ を決定できる.初期点を同じにして写像を違える方法と,写像を同じにして初期点を違える方法がある.目的に応じてどちらの方法を採用するかを決めればよい.

命題 3.6.2 回転分岐で生じた周期軌道は，可逆馬蹄の中では各回転数に対して 2 個である [38]．

証明の概略 回転数 p/q の楕円型コード生成写像を利用する．楕円型周期軌道のコード $\widetilde{E}(p/q)$ を生成する初期点は $\Theta_0 = 0$ のみである．区間 $I_j^E(p/q)$ のこれ以外の点を初期点とすると，得られるコードはサドル型周期軌道のコードである．初期点によっては $\widetilde{S}(p/q)$ とは異なったコードが得られるが，巡回すると $\widetilde{S}(p/q)$ となる．このことから，周期軌道の個数は高々 2 個であることがわかる．楕円型周期軌道は区間 $I_j^E(p/q)$ に $2p-1$ 個の軌道点をもち，サドル型周期軌道は区間 $I_j^E(p/q)$ に $2p$ 個の軌道点をもつ．よって，これらのコードが一致することはない．よって 2 個の存在が示された．(Q.E.D.)

性質 3.6.3 $\widetilde{S}(p/q)$ の 2 番目の記号の 1 を 0 にすると $\widetilde{E}(p/q)$ が得られる．

証明 楕円型コード生成写像を利用する．$\widetilde{E}(p/q)$ の軌道点は $\Theta_t^E = (p/q)t$ である．$\widetilde{S}(p/q)$ の軌道点は $\Theta_t^S = (p/q)t - 1/(2q)$ とする．

$t = 0$ における $\widetilde{S}(p/q)$ の軌道点の位置は $\Theta_0^S = -1/(2q)$ で，記号は 1 である．$t = 1$ における軌道点の位置は $\Theta_1^S = p/q - 1/(2q)$ で，記号は 1 である．一方，$t = 0$ における $\widetilde{E}(p/q)$ の軌道点の位置は $\Theta_0^E = 0$ で，記号は 1 である．$t = 1$ における軌道点の位置は $\Theta_1^E = p/q$ であり，Θ_1^E は $O_0^E(p/q)$ の左端点にある．これより記号は 0 である．

$2 \leq t < q$ に対して，Θ_t^E が区間 $O_j^E(p/q)$ の左端点に軌道点をもつことはない．なぜなら，この間に区間 $O_j^E(p/q)$ の左端点に軌道点が来ると，その時点で 1 周期が完成してしまうからである．軌道点は p/q の歩幅で動くから，Θ_t^E の値は $1/q$ の整数倍である．すなわち，Θ_t^E は左端点から $1/q$ 以上離れている．Θ_t^S は Θ_t^E の左にある．すると $\Theta_t^E \in I_j^E(p/q)$ ならば $\Theta_t^S \in I_j^E(p/q)$ であり，$\Theta_t^E \in O_j^E(p/q)$ ならば $\Theta_t^S \in O_j^E(p/q)$ である．以上で $\widetilde{E}(p/q)$ と $\widetilde{S}(p/q)$ の記号が異なるのは $t = 1$ のみであることが導かれた．(Q.E.D.)

ここで既約分数のファレイ分割を導入する [14]．

3.6. 対称バーコフ型周期軌道の記号化規則

定義 3.6.4 $0 < m/n < 1/2$ を既約分数とする．下記の性質をもつ二つの既約分数 p/q と r/s の組を m/n の**ファレイ分割**という．ただし，$0 \leq p/q < m/n < r/s \leq 1/2$.

$$\frac{m}{n} = \frac{p+r}{q+s} \equiv \frac{p}{q} \oplus \frac{r}{s}, \tag{3.9}$$

$$rq - sp = 1. \tag{3.10}$$

定義 3.6.4 で使用した $p/q, m/n, r/s$ を使って，既約分数 m/n のファレイ分割を $FP[m/n] = \{p/q, r/s\}$ と書き，既約分数 m/n のファレイ区間を $FI[m/n] = [p/q, r/s]$ と書く．

規則 3.6.5 $FP[m/n] = \{p/q, r/s\}$ とする．$\widetilde{S}(m/n)$ と $\widetilde{E}(m/n)$ を以下の規則 (i), (ii) で作ると定義 3.6.1 と整合的である．ただし，$\widetilde{S}(1/2) = 11, \widetilde{E}(1/2) = 10, \widetilde{S}(0/1) = 0$.

(i) $\widetilde{S}(m/n) = \widetilde{S}(r/s)\widetilde{S}(p/q)$.
(ii) $\widetilde{E}(m/n) = \widetilde{E}(r/s)\widetilde{S}(p/q)$.

ここで，右辺はそれぞれの記号を並べたものである．

$\widetilde{S}(1/2) = 11$ は規則を構成するために便宜的に導入した記号である．$\widetilde{S}(0/1) = 0$ はサドル不動点 P のコードである．(ii) は，(i) と性質 3.6.3 から導かれる．以下で規則 3.6.5(i) から定義 3.6.1 の $\widetilde{S}(m/n)$ と $\widetilde{E}(m/n)$ が得られること証明する．

規則 3.6.5(i) の証明 まず $\widetilde{S}(m/n)$ の最初の s 個の記号が，$\widetilde{S}(r/s)$ の s 個の記号と同じであることを示す．扱う軌道はすべてサドル型周期軌道であるから，サドル型コード生成写像（式 (3.7) と式 (3.8)）を利用する．

$\widetilde{S}(r/s)$ の軌道点を $\Theta_t = (r/s)t$ と書き，$\widetilde{S}(m/n)$ の軌道点を $\Phi_t = (m/n)t$ と書く ($t = 0, 1, 2, \ldots$). Θ_t を軌道 $\widetilde{S}(r/s)$ の 1 周期分追いかけよう．Θ_t は $I_j^S(r/s)$ に入ったり $O_j^S(r/s)$ に入ったりする．まず示すべきは，Φ_t が同じ仕方で $I_j^S(m/n)$ に入ったり $O_j^S(m/n)$ に入ったりすることである．

$\Theta_t \in I_j^S(r/s)$ のときに $\Phi_t \in I_j^S(m/n)$ であることを示したい．$t = 0$ のとき $\Theta_0 = \Phi_0 = 0$ であるから，$\Theta_0 \in I_0^S(r/s)$ であり，$\Phi_0 \in I_0^S(m/n)$ である．

$r/s > m/n$ であるから $t \geq 1$ では $\Theta_t > \Phi_t$ である．だから，$\Theta_t \in I_j^S(r/s)$ のとき，$\Phi_t \in I_j^S(m/n)$ であるためには，$(m/n)t > j - m/n$ を言えばよい．実際,

$$\frac{m}{n}t - \left(j - \frac{m}{n}\right) = \left\{\frac{r}{s}t - \left(j - \frac{r}{s} + \frac{1}{s}\right)\right\} + \frac{1}{s}\left(1 - \frac{t+1}{q+s}\right) \tag{3.11}$$

と変形できる．右辺の第1項は正である．なぜなら，Θ_t 軌道点の歩幅は $1/s$ の整数倍であることから，区間 $j - r/s < \Theta < j - r/s + 1/s$ に軌道点は存在しないからである．右辺の第2項は $t < s + q - 1$ なら正である．したがって，$0 \leq t \leq s-1$ のとき，$\Theta_t \in I_j^S(r/s)$ なら $\Phi_t \in I_j^S(m/n)$ である．

$\Theta_t \in O_j^S(r/s)$ のときに $\Phi_t \in O_j^S(m/n)$ であることを示そう．上の段落の場合と同様，$\Phi_t \in O_j^S(m/n)$ であるためには，$(m/n)t > j + m/n$ を言えばよい．実際，

$$\frac{m}{n}t - \left(j + \frac{m}{n}\right) = \left\{\frac{r}{s}t - \left(j + \frac{r}{s} + \frac{1}{s}\right)\right\} + \frac{1}{s}\left(1 - \frac{t-1}{q+s}\right) \tag{3.12}$$

と変形できる．右辺の第1項は正である．なぜなら，Θ_t の軌道点の歩幅は $1/s$ の整数倍であることから，区間 $j + r/s < \Theta < j + r/s + 1/s$ に軌道点は存在しないからである．右辺の第2項は前と同様 $t < s + q + 1$ なら正である．したがって，$0 \leq t \leq s - 1$ のとき，$\Theta_t \in O_j^S(r/s)$ なら $\Phi_t \in O_j^S(m/n)$ である．

次の目的は，$\widetilde{S}(m/n)$ の終わりの q 個の記号は $\widetilde{S}(p/q)$ の記号と同じであることを示すことである．証明の方針は未来に進む場合と同じである．つまり，$\Theta_{-t} \in I_{-j}^S(p/q)$ ならば，$\Phi_{-t} \in I_{-j}^S(m/n)$ であるための t についての条件を求める．次に $\Theta_{-t} \in O_{-j}^S(p/q)$ ならば，$\Phi_{-t} \in O_{-j}^S(m/n)$ であるための t についての条件を求める．これらの条件の導出は問題として読者に残しておく．(Q.E.D.)

問題 3.6.6 $\widetilde{S}(m/n)$ の最後の q 個の記号が，$\widetilde{S}(p/q)$ の最後の q 個の記号と同じであることを示せ．

ヒント $\Theta_{-t} \in I_{-j}^S(p/q)$ ならば $\Phi_{-t} \in I_{-j}^S(m/n)$ であるための時間 t についての条件は，$t < s + q + 1$ であることを示せ．また，$\Theta_{-t} \in O_{-j}^S(p/q)$ ならば $\Phi_{-t} \in O_{-j}^S(m/n)$ であるための時間 t についての条件は，$t < s + q - 1$ であることを示せ．

規則 3.6.5(i) を使う例を示そう．$\widetilde{S}(5/13)$ を決定する．ファレイ分割を調べよう．FP[5/13] = {3/8, 2/5}，FP[3/8] = {1/3, 2/5}，FP[2/5] = {1/3, 1/2}，

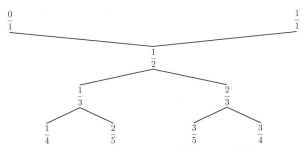

図 3.8 区間 [0/1, 1/1] のスターン・ブロコ樹の構成．1/2 を第 1 ステージとして第 3 ステージまで描いた．

FP[1/3] = {0/1, 1/2}．これより以下のように $\widetilde{S}(5/13)$ が決まる．

$$\begin{aligned}\widetilde{S}(5/13) &= \widetilde{S}(2/5)\widetilde{S}(3/8) = \widetilde{S}(1/2)\widetilde{S}(1/3)\widetilde{S}(2/5)\widetilde{S}(1/3) \\ &= \widetilde{S}(1/2)\widetilde{S}(1/2)\widetilde{S}(0/1)\widetilde{S}(1/2)\widetilde{S}(1/2)\widetilde{S}(0/1)\widetilde{S}(1/2)\widetilde{S}(0/1) \\ &= 1111011110110. \end{aligned} \quad (3.13)$$

ファレイ分割を行うためにスターン・ブロコ樹（SB 樹）[84, 20] を利用する．0 = 0/1 から 1 = 1/1 までに制限して SB 樹の構造を説明する（図 3.8）．

0/1 を左上に置き，1/1 を右上に置く．そしてこれらを親として子 1/2 を構成する．この状況を第 1 ステージと名付ける．構成手順は

$$\frac{1}{2} = \frac{0}{1} \oplus \frac{1}{1} = \frac{0+1}{1+1} \quad (3.14)$$

である．二つの親の分子の和を娘の分子とし，二つの親の分母の和を娘の分母とする．次は，1/3 と 2/3 を構成する．一般に左親を p_l/q_l とし，右親を p_r/q_r とする．生じた娘を p/q とすると，下記の関係が成り立つ．

$$\frac{p}{q} = \frac{p_l}{q_l} \oplus \frac{p_r}{q_r} = \frac{p_l + p_r}{q_l + q_r}, \quad (3.15)$$

$$p_r q_l - p_l q_r = 1. \quad (3.16)$$

娘 p/q の左親と右親はファレイ分割 FP[p/q] = $\{p_l/q_l, p_r/q_r\}$ になっていることが確認できる．本書で利用する周期軌道の回転数は SB 樹の区間 [0/1, 1/2]

に含まれる．だから 1/2 のファレイ分割は行わなくてよい．SB 樹を見ると任意の分数 $0 < p/q < 1/2$ のファレイ分割が簡単に行える．規則 3.6.5(i) に従うと，$\widetilde{S}(p/q)$ は $\widetilde{S}(1/2)$ で始まり $\widetilde{S}(0/1)$ で終わる．つまりファレイ分割を順次行っていけば $\widetilde{S}(p/q)$ が決まる．ファレイ分割の作業手順を付録 C で説明した．以上より，性質 3.6.7 が得られる．

性質 3.6.7 p/q は $0 < p/q < 1/2$ を満たす既約分数とする．
 (i) $\widetilde{S}(p/q)$ は，いくつかの $\widetilde{S}(1/2)$ と $\widetilde{S}(0/1)$ で記述される．
 (ii) $\widetilde{S}(p/q)$ は，$\widetilde{S}(1/2) = 11$ で始まり $\widetilde{S}(0/1) = 0$ で終わる．

定義 3.6.8 s をコードとする．s^∞ が $01^{2k+1}0$ $(k \geq 0)$ を含めば，これを孤立 1^{2k+1} と名付ける．同様に $01^{2k}0$ $(k \geq 1)$ を含めば，これを孤立 1^{2k} と名付ける．

孤立 1^{2k} および孤立 1^{2k+1} はすでに回転回数アルゴリズムで利用しているが，ここでは $\widetilde{S}(p/q)$ および $\widetilde{E}(p/q)$ との関係を見ておこう．

性質 3.6.9
 (i) $\widetilde{S}(p/q)$ は孤立 1 をもたないが，ある $k \geq 1$ に対して孤立 1^{2k} をもつ．
 (ii) $\widetilde{E}(p/q)$ は孤立 1 を一つもつ．

証明 $\widetilde{S}(p/q)$ はファレイ分割を順次行った結果，$\widetilde{S}(1/2) = 11$ と $\widetilde{S}(0/1) = 0$ の有限列で書ける．これより (i) が得られる．$\widetilde{S}(p/q)$ の先頭は $\widetilde{S}(1/2) = 11$ である．2 番目の 1 を 0 にすると $\widetilde{E}(p/q)$ が得られる．$\widetilde{S}(p/q)$ の末尾は 0 であるので，$\widetilde{E}(p/q)$ の末尾も 0 である．よって，$\widetilde{E}(p/q)$ が 010 を含むことが導かれた．$\widetilde{E}(p/q)$ の 2 番目の記号以外は $\widetilde{S}(p/q)$ の記号と同じである．孤立 1 を除くすべての 1 は偶数個の 1 の連続として現れる．よって孤立 1 は 1 個である．(Q.E.D.)

第4章
共鳴領域，共鳴鎖とブロック表示

　回転分岐で生じたサドル型周期点の安定多様体の弧と不安定多様体の弧を利用して，相平面で楕円型周期点の共鳴領域と共鳴鎖を構成し，これらの性質について説明する．次に代表共鳴領域を定義する．また楕円型軌道点の周りの軌道の回転の仕方を議論する．記号平面でも同様に共鳴領域と共鳴鎖が得られることを紹介する．全共鳴鎖の面積は記号平面の面積に等しいことを証明する．

　次に，コードの最大値表示と最小値表示を導入し，これらの決定方法を説明する．

　代表共鳴領域内の対称線について説明し，対称線と関係している対合を定義する．共鳴領域がサドル型不動点の安定多様体の弧と不安定多様体の弧によって複数の領域に分割される事実を利用して，0と1の記号の有限個の集まりであるブロックを導入する．次に，ブロックの基本的性質を説明する．

　回転数 p/q の代表共鳴領域の写像 T^q による像の形状を説明する．これを利用して，ブロックで記述される二つの領域間の遷移の仕方について議論する．特にブロックで記述される二つの領域間の遷移を記述する遷移行列を与える．また，ブロックを利用する有用性を説明する．

　最後に，可逆馬蹄の中に存在するすべての周期軌道のコードはブロックで記述されることを示す．さらに，ブロック表示の性質を紹介する．

4.1　相平面の共鳴領域と共鳴鎖

　相平面で，楕円型不動点 Q の回転分岐で生じたサドル型周期点の安定多様体と不安定多様体の構造を利用して，楕円型周期軌道の共鳴領域と共鳴鎖を

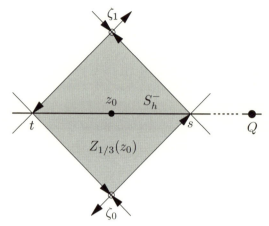

図 4.1 回転数 $1/3$ の共鳴領域 $Z_{1/3}(z_0)$. z_0（黒丸）は 1/3-S·BE の軌道点で S_h^- 上にある. $\zeta_{0,1}$（白丸）は 1/3-S·BS の軌道点. s は ζ_0 の不安定多様体と ζ_1 の安定多様体との交点. t は ζ_1 の不安定多様体と ζ_0 の安定多様体との交点. s と t は共に対称線 S_h^- 上にある.

構成する [105, 107]. 共鳴鎖を使うと今まであいまいに述べられていた第 1 世代の島構造を明瞭に定義することができる.

 1/3-S·BS と 1/3-S·BE を利用して，奇数周期軌道の共鳴領域を構成する方法を説明する．1/3-S·BS の 1 周期分の軌道を $\{\zeta_{-1}, \zeta_0, \zeta_1\}$，1/3-S·BE の 1 周期分の軌道を $\{z_{-1}, z_0, z_1\}$ と書く．Q から見た並びは時計回りに $\zeta_{-1}, z_{-1}, \zeta_0, z_0, \zeta_1, z_1$ の順であるとし，z_0 を対称線 S_h^- 上にとる（性質 3.5.3(ii) 参照）．図 4.1 には，1/3-S·BS と 1/3-S·BE の軌道点の一部を描いた．ζ_0 と ζ_1 は白丸で，z_0 は黒丸で描いた．図 4.1 は模式図である．実際の形状は，図 4.2 の通りである．

 初めに共鳴領域 $Z_{1/3}(z_0)$ を構成する．ζ_0 から右上方向に出ていく不安定多様体の分枝と，ζ_1 へ右下方向から入ってくる安定多様体の分枝とが対称線 S_h^- 上で初めて交わる点を s とする．ζ_0 へ左上方向から入ってくる安定多様体の分枝と，ζ_1 から左下方向へ出ていく不安定多様体の分枝とが対称線 S_h^- 上で初めて交わる点を t とする．こうして弧 $[\zeta_0, s]_{W_u}$, 弧 $[s, \zeta_1]_{W_s}$, 弧 $[\zeta_1, t]_{W_u}$, 弧 $[t, \zeta_0]_{W_s}$ で囲まれた一つの閉領域が決まる[1]．この領域は z_0 を含むので，

---

[1] 添字の W_s, W_u は ζ_0, ζ_1 の安定および不安定多様体を簡略化して書いたものである.

$Z_{1/3}(z_0)$ と記し,楕円型周期軌道点 z_0 の**共鳴領域**とよぶ.$z_0 \in S_h$ より,次の関係が成立する.

$$hZ_{1/3}(z_0) = Z_{1/3}(z_0). \tag{4.1}$$

この両辺に g を作用すると,$gZ_{1/3}(z_0) = ghZ_{1/3}(z_0) = T^{-1}Z_{1/3}(z_0)$ である.逆像 $T^{-1}Z_{1/3}(z_0)$ は z_{-1} を囲む閉領域であって,境界は安定多様体および不安定多様体の弧からなる.そこで,z_{-1} の共鳴領域を

$$Z_{1/3}(z_{-1}) \equiv gZ_{1/3}(z_0) \tag{4.2}$$

で定義する.

次に,

$$Z_{1/3}(z_1) \equiv hZ_{1/3}(z_{-1}) = hT^{-1}Z_{1/3}(z_0) = ThZ_{1/3}(z_0) = TZ_{1/3}(z_0) \tag{4.3}$$

によって,共鳴領域 $Z_{1/3}(z_1)$ を定義する.以上で,三つの共鳴領域がすべて構成できた.一つの共鳴領域とその隣の共鳴領域は,サドル型軌道点を共有している.例として $Z_{1/3}(z_0)$ と $Z_{1/3}(z_1)$ はサドル型軌道点 ζ_1 を共有する.しかもそれ以外の点を共有しない.共鳴領域はサドル型軌道点を接合部としてつながった鎖構造をしている.三つの共鳴領域を集めた全体を $\langle Z_{1/3} \rangle$ と書き,回転数 1/3 の**共鳴鎖**とよぶ.このようにして構成された共鳴鎖を図 4.2 に示した.共鳴鎖が生じた直後は,共鳴鎖は基本領域 Z に含まれる.パラメータを増大すると可逆馬蹄が完成する前に,一部が基本領域 Z の外に出る.$\langle Z_{1/3} \rangle$ の場合,共鳴領域 $Z_{1/3}(z_0)$ は基本領域 Z に含まれるが,二つの共鳴領域 $Z_{1/3}(z_1)$ と $Z_{1/3}(z_{-1})$ の一部は Z の外に出る.$Z_{1/3}(z_1)$ のうち Z からはみ出た部分はホモクリニックローブ U の中にあり,$Z_{1/3}(z_{-1})$ のうち Z からはみ出た部分はホモクリニックローブ V の中にある.共鳴鎖 $\langle Z_{1/3} \rangle$ は $Z \cup V \cup U$ に含まれる.

次に偶数周期の代表として,回転数 1/4 の**共鳴鎖**を構成しよう.回転数 1/3 の場合と同様,1/4-S·BS の 1 周期分の軌道を $\{\zeta_{-1}, \zeta_0, \zeta_1, \zeta_2\}$ と書き,1/4-S·BE の 1 周期分の軌道を $\{z_{-1}, z_0, z_1, z_2\}$ と書く.Q から見た並びは時計回りに $\zeta_{-1}, z_{-1}, \zeta_0, z_0, \zeta_1, z_1, \zeta_2, z_2$ の順であるとし,z_0 を対称線 S_g^- 上にとる(性質 3.5.3(i) 参照).このとき図 4.1 の対称線を S_g^- と読み換え,二つの白丸の点を

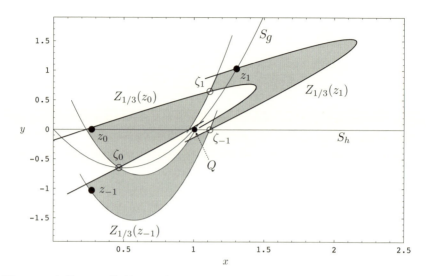

図 4.2 回転数 1/3 の共鳴鎖. 黒丸は 1/3-S·BE の軌道点. 白丸は 1/3-S·BS の軌道点. $a = 5.2$.

1/4-S·BS の軌道点 ζ_0 と ζ_1 とし,黒丸を 1/4-S·BE の軌道点 z_0 とすれば,安定および不安定多様体の弧に囲まれた領域として共鳴領域 $Z_{1/4}(z_0)$ が得られる.以下の関係が成立する.

$$gZ_{1/4}(z_0) = Z_{1/4}(z_0). \tag{4.4}$$

ここで相平面で実際に $Z_{1/4}(z_0)$ を構成した図 4.3 を見てほしい.この図には 1/4-S·BE の残りの軌道点の共鳴領域も描いた.以下,残りの共鳴領域の構成方法を説明する.

式 (4.4) に h を作用すると,$hZ_{1/4}(z_0) = hgZ_{1/4}(z_0) = TZ_{1/4}(z_0)$ が得られる.そこで z_1 の共鳴領域 $Z_{1/4}(z_1)$ を次式で定義する.

$$Z_{1/4}(z_1) \equiv hZ_{1/4}(z_0) = TZ_{1/4}(z_0). \tag{4.5}$$

次に,$T^{-1}Z_{1/4}(z_0) = ghZ_{1/4}(z_0) = gZ_{1/4}(z_1)$ を利用して

$$Z_{1/4}(z_{-1}) \equiv gZ_{1/4}(z_1) = T^{-1}Z_{1/4}(z_0) \tag{4.6}$$

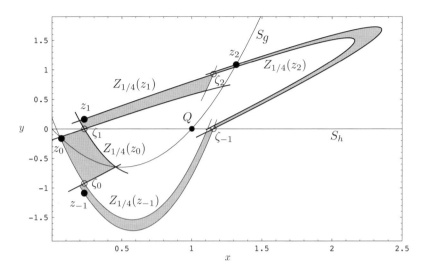

図 4.3 回転数 1/4 の共鳴鎖．黒丸は 1/4-S·BE の軌道点．白丸は 1/4-S·BS の軌道点．$a = 5.2$．

とする．最後に共鳴領域 $Z_{1/4}(z_2)$ を構成しよう．次のようにする．

$$Z_{1/4}(z_2) \equiv hZ_{1/4}(z_{-1}) = hT^{-1}Z_{1/4}(z_0) = ThZ_{1/4}(z_0)$$
$$= ThgZ_{1/4}(z_0) = T^2 Z_{1/4}(z_0). \tag{4.7}$$

以上で，四つの共鳴領域がすべて構成できた．これらを集めた全体を $\langle Z_{1/4} \rangle$ と書き，回転数 1/4 の共鳴鎖とよぶ（図 4.3）．共鳴領域 $Z_{1/4}(z_0)$ と $Z_{1/4}(z_1)$ は基本領域 Z に含まれる．パラメータが増大すると可逆馬蹄が完成する前に，共鳴領域 $Z_{1/4}(z_2)$ と $Z_{1/4}(z_{-1})$ の一部は Z の外に出る．共鳴鎖 $\langle Z_{1/4} \rangle$ は $Z \cup V \cup U$ に含まれる．

$q \geq 3$ の場合の共鳴鎖の構成方法をまとめておく．

構成方法 4.1.1

[P1] 対称線上の軌道点 z_0 を次のように決める（性質 3.5.3 参照）．
  (i) q が偶数の場合は対称線 S_g^- の上にある楕円点を選び z_0 とする．
  (ii) q と p が共に奇数の場合は対称線 S_h^- 上の楕円点を選び z_0 とする．
  (iii) q が奇数で p が偶数の場合は対称線 S_h^+ 上の楕円点を選び z_0 とする．

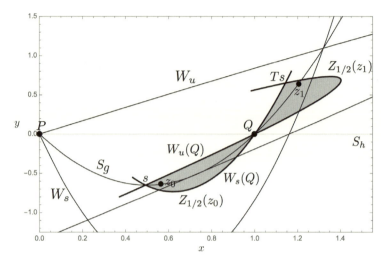

図 4.4 回転数 1/2 の共鳴領域の構成．s と z_0 は S_g^- 上にある．ここで定義される $Z_{1/2}(z_0)$ と $Z_{1/2}(z_1) = hZ_{1/2}(z_0)$ は二辺形である．$a = 5.2$．

[P2] 軌道点 z_0 を挟むサドル点の安定多様体と不安定多様体が，z_0 の乗る対称線上で，z_0 を挟んで 1 点ずつ交わる．これら二つのホモクリニック点と二つのサドル点を結ぶ安定多様体と不安定多様体の弧によって凸四辺形ができる．これを共鳴領域 $Z_{p/q}(z_0)$ とする．

[P3] 共鳴領域 $Z_{p/q}(z_0)$ に対合 h または g を作用させ，残りの共鳴領域を順次構成して，q 個の共鳴領域ができた時点で構成を終了する．

[P4] q 個の共鳴領域を集めて共鳴鎖 $\langle Z_{p/q} \rangle$ とする．

最後に回転数 1/2 の共鳴領域と共鳴鎖を構成しよう．回転数 1/2 の楕円型周期軌道 1/2-S·BE は Q の周期倍分岐で生じる．そこで，Q の安定多様体 $W_s(Q)$ の弧と不安定多様体 $W_u(Q)$ の弧を利用して共鳴領域を構成する．図 4.4 に描いたように（1.4 節の図 1.8 も参照），Q から左下に伸びる不安定多様体 $W_u(Q)$ の分枝が対称線 S_g^- と s で交わる．対応して，左下に伸びる安定多様体 $W_s(Q)$ の分枝も対称線 S_g^- と s で交わる．不安定多様体の弧 $[Q,s]_{W_u(Q)}$ と安定多様体の弧 $[s,Q]_{W_s(Q)}$ で囲まれた二辺形を楕円型周期点 z_0 の共鳴領域 $Z_{1/2}(z_0)$ と定義する．共鳴領域 $Z_{1/2}(z_1)$ は $hZ_{1/2}(z_0)$ として得られる．これらを合わせて

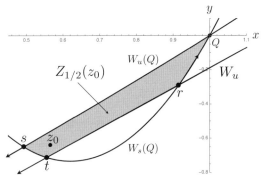

図 4.5 回転数 1/2 の共鳴領域の構成．ここで定義される $Z_{1/2}(z_0)$ は四辺形である．

共鳴鎖 $\langle Z_{1/2} \rangle$ とする．図 4.4 で灰色の領域が共鳴鎖である．ところが，共鳴領域 $Z_{1/2}(z_0)$ の一部が基本領域 Z の外に出ている．基本領域 Z の外には周期軌道は存在しないので，この定義でも問題は起こらないが，最初に構成する共鳴領域を基本領域 Z の中に作りたい．そのために，共鳴領域 $Z_{1/2}(z_0)$ のうち Z に含まれている領域を共鳴領域 $Z_{1/2}(z_0)$ と定義し直すことにする（図 4.5）． Q の安定多様体の弧 $[s, Q]_{W_s(Q)}$ が基本領域 Z の境界の弧 $[v, Tu]_{W_u}$ と 2 点で交わる．s に近い交点を t とし，Q に近い交点を r とする．新しい共鳴領域 $Z_{1/2}(z_0)$ は四つの弧 $[Q, s]_{W_u(Q)}$, $[s, t]_{W_s(Q)}$, $[r, t]_{W_u}$ と $[r, Q]_{W_s(Q)}$ に囲まれた領域となる．四辺形の共鳴領域 $Z_{1/2}(z_1)$ は $Z_{1/2}(z_1) = hZ_{1/2}(z_0)$ として得られる．

ここで共鳴領域と共鳴鎖についてまとめておく．あとの便宜のため用語を導入しておく．

定義 4.1.2 共鳴鎖構成の際の最初の共鳴領域 $Z_{p/q}(z_0)$ を $Z_{p/q}^{\mathrm{init}}$ と書く．

性質 4.1.3

(1) 次の性質が成り立つ．
  [i] $q = 2k + 1$ $(k \geq 1)$ のとき $Z_{p/q}^{\mathrm{init}} = hZ_{p/q}^{\mathrm{init}}$.
  [ii] $q = 2k$ $(k \geq 2)$ のとき $Z_{p/q}^{\mathrm{init}} = gZ_{p/q}^{\mathrm{init}}$.
(2) 共鳴領域のどの点も写像の下で次々と別の共鳴領域に写され，1 周期の間，共鳴鎖 $\langle Z_{p/q} \rangle$ から出ないし，共鳴鎖の外から点が入ってくることはない．また $q \geq 3$ の場合，共鳴鎖に属する共鳴領域のうち，（以下の [i], [ii]

の共鳴領域列の）最初と最後の共鳴領域以外は基本領域に含まれる．パラメータが増大すると，可逆馬蹄が完成する前に，最初と最後の共鳴領域の一部が基本領域の外に出る．基本領域の外に出た領域は，ホモクリニックローブ U または V にある．$q = 2$ の場合，$Z_{1/2}^{\text{init}}$ と $Z_{1/2}(z_1) (= hZ_{1/2}^{\text{init}})$ はともに基本領域に含まれる．ただし1周期は以下のように定義される．

[i] $q = 2k + 1$ $(k \geq 1)$.

p が奇数の場合，$z_0 \in S_h^-, z_k \in S_g^+$.
p が偶数の場合，$z_0 \in S_h^+, z_k \in S_g^+$.

$$Z_{p/q}(z_{-k}), Z_{p/q}(z_{-k+1}), Z_{p/q}(z_{-k+2}), \ldots, Z_{p/q}(z_{-1}),$$
$$Z_{p/q}^{\text{init}}, Z_{p/q}(z_1), \ldots, Z_{p/q}(z_k).$$

[ii] $q = 2k$ $(k \geq 1)$. $z_0 \in S_g^-, z_k \in S_g^+$.

$$Z_{p/q}(z_{-k+1}), Z_{p/q}(z_{-k+2}), Z_{p/q}(z_{-k+3}), \ldots, Z_{p/q}(z_{-1}),$$
$$Z_{p/q}^{\text{init}}, Z_{p/q}(z_1), \ldots, Z_{p/q}(z_k).$$

共鳴鎖について補足説明をしておこう．共鳴鎖に属する点は出入りなしに最初の共鳴領域から最後の共鳴領域まで写される．例として $q = 3$ の場合，$Z_{1/3}(z_{-1})$ から，$Z_{1/3}(z_0)$ を経て，$Z_{1/3}(z_1)$ までである．

ところで $z_2 = z_{-1}$ である．これから $Z_{1/3}(z_{-1}) = TZ_{1/3}(z_1)$ が得られると思うかもしれない．だが $TZ_{1/3}(z_1)$ は $Z_{1/3}(z_{-1})$ と一部で重なるが，ぴったり重なることはない．なぜかと言えば，共通部分 $Z_{1/3}(z_{-1}) \cap V \neq \emptyset$ は逆写像の下で $Z \cup U \cup V$ の外に出て過去にこの領域に戻らず，共通部分 $Z_{1/3}(z_1) \cap U \neq \emptyset$ は写像の下で $Z \cup U \cup V$ の外に出て未来にこの領域に戻らないからである．

最後の共鳴領域の点の一部は写像の下で共鳴鎖から外界に出ていく．また，最初の共鳴領域の点の一部は逆写像の下で共鳴鎖から外界に出ていく．このようにして一つの共鳴鎖から外界に出た軌道点が別の共鳴鎖に入ることが可能であることがわかる．つまり回転数の異なった二つの共鳴鎖の間に遷移が生じ得る．この遷移については4.6節と4.7節で議論する．

数値計算を利用して描かれた Q の周りの島構造（例として図1.1）は，境界がはっきりしないという意味で曖昧である．本書では，島にはっきりした

境界を与えた．Q から眺めると，回転数 p/q に対応する共鳴鎖が Q の周りに存在する．この共鳴鎖の集まりが Q の周りの島構造とよばれているものの実体である．共鳴鎖は Q から生じて，a が増加するにつれてすでにできている共鳴鎖を外へ押しやるように Q から離れていく．

図 1.1(a) は，$a = 1.2$ の場合の相平面の運動を表している．$a = 1$ で生じた回転数 1/6 の島の外側に Q を取り巻く不変曲線が見える．この不変曲線上の運動は無理数回転数であって，準周期運動である．この不変曲線の外に，$a = 4\sin^2(\pi/7) = 0.75302$ で生じた回転数 1/7 の島がある．パラメータを $a = 1.625$ に増やすと（図 (b)），$a = (5 - \sqrt{5})/2$ で生じた回転数 1/5 の共鳴鎖が見えるようになる．回転数 1/5 の共鳴鎖の内側には多くの不変曲線がある．さらにパラメータを $a = 2.1$ にすると（図 (c)），$a = 2$ で生じた回転数 1/4 の共鳴鎖が見える．最後に a が 4 を越すと Q の周りにすべての回転数の共鳴鎖が出揃う．これで第 1 世代の島構造の完成である．

問題 4.1.4 回転数 2/5 の共鳴鎖を構成せよ．

共鳴領域と共鳴鎖という概念は，接続写像だけでなく他の写像においても有用である．標準写像においても共鳴領域と共鳴鎖は定義でき，これらを利用した議論を行うことができる．詳細は参考文献 [102, 103, 104, 106] を見てほしい．

4.2　記号平面の共鳴領域と共鳴鎖

記号平面の不動点 $\widehat{Q}$ の回転分岐で生じたサドル型周期点の安定多様体と不安定多様体の構造を利用して，記号平面の楕円型周期点の共鳴領域を構成する．相平面で共鳴領域を構成した手法を記号平面でも実践する．

記号平面の 1/3-S·BS と 1/3-S·BE を利用して，奇数周期軌道の共鳴領域を構成する方法を説明する．偶数周期軌道の共鳴領域を構成する方法は省略する．

記号平面の 1/3-S·BE の軌道点の位置は，2.4 節の手法で求める．

$$\widehat{z_{-1}} = \left(\frac{2}{9}, \frac{8}{9}\right), \quad \widehat{z_0} = \left(\frac{4}{9}, \frac{4}{9}\right), \quad \widehat{z_1} = \left(\frac{8}{9}, \frac{2}{9}\right). \tag{4.8}$$

次に 1/3-S·BS の軌道点も同様にして求める.

$$\widehat{\zeta_0} = \left(\frac{2}{7}, \frac{4}{7}\right), \quad \widehat{\zeta_1} = \left(\frac{4}{7}, \frac{2}{7}\right), \quad \widehat{\zeta_2} = \left(\frac{6}{7}, \frac{6}{7}\right). \tag{4.9}$$

念のため $\widehat{z}_{-1}$ の位置を求めてみる. 1/3-S·BS のコードは 001 であるから, 記号列

$$\cdots 001001\bullet 001001 \cdots$$

から $\bullet(001)^\infty$ を二進法表現にして $\widehat{x} = \bullet(001110)^\infty = 2/9$ が得られ, $\bullet(100)^\infty$ を二進法表現にして $\widehat{y} = \bullet(111000)^\infty = 8/9$ が得られる.

$\widehat{z_0}$ の左右に $\widehat{\zeta_0}$ と $\widehat{\zeta_1}$ があることを利用して, $\widehat{z_0}$ の共鳴領域 $\widehat{Z}_{1/3}^{\text{init}} \equiv \widehat{Z}_{1/3}(\widehat{z_0})$ を構成しよう. 記号平面の特徴は, 写像の下で面の区域が $\widehat{x}$ 軸の正の方向に伸ばされ, $\widehat{y}$ 軸の負の方向に圧縮されることである. このことより不安定多様体が $\widehat{x}$ 軸の方向に伸び, 安定多様体は $\widehat{y}$ 軸の方向に伸びていることがわかる. つまり $\widehat{\zeta_0}$ の不安定多様体は $\widehat{y} = 4/7$ と書け, 安定多様体は $\widehat{x} = 2/7$ と書ける. また, $\widehat{\zeta_1}$ の不安定多様体は $\widehat{y} = 2/7$ であり, 安定多様体は $\widehat{x} = 4/7$ である. これらは対称線上で交わる. その交点は $\widehat{s} = (4/7, 4/7)$ と $\widehat{t} = (2/7, 2/7)$ である. 弧 $[\widehat{\zeta_0}, \widehat{s}]_{W_u}$, $[\widehat{s}, \widehat{\zeta_1}]_{W_s}$, $[\widehat{\zeta_1}, \widehat{t}]_{W_u}$, および $[\widehat{t}, \widehat{\zeta_0}]_{W_s}$ で囲まれた領域は $\widehat{z_0}$ を内部に含む[2]. この領域を共鳴領域 $\widehat{Z}_{1/3}(\widehat{z_0})$ と定義する. $\widehat{Z}_{1/3}(\widehat{z_0})$ に対合を作用させ残りの共鳴領域を順次構成していく. この手順は省略する. 三つの共鳴領域をあわせて共鳴鎖が得られる. ここで紹介した手順は相平面で共鳴領域と共鳴鎖を構成する手順と同じである.

回転数 1/2 の場合は特別である. その共鳴領域は反転サドル不動点 $\widehat{Q} = (2/3, 2/3)$ の不安定多様体の弧と安定多様体の弧で構成される. 安定多様体 $\widehat{x} = 2/3$ を下方向 $(+\widehat{y}$ 方向$)$ に伸ばし記号平面の境界と交わった点を $\widehat{s}$ とする. 線分 $\widehat{Qs}$ の長さは 1/3 である. 次に, 安定多様体 $\widehat{x} = 2/3$ を左方向 $(-\widehat{x}$ 方向$)$ に長さ 1/3 だけ伸ばした点を $\widehat{s}'$ とする. ここから安定多様体の弧 $\widehat{x} = 1/3$ 上を下方向 $(+\widehat{y}$ 方向$)$ に伸ばし記号平面の境界と交わった点を $\widehat{s}''$ とする. すると弧 $[\widehat{Q}, \widehat{s}]_{W_s}$, $[\widehat{s}, \widehat{s}'']_{W_u}$ (境界の弧の一部[3]), $[\widehat{s}'', \widehat{s}']_{W_s}$, および $[\widehat{s}', \widehat{Q}]_{W_u}$[4] で

---

[2] 添字の W_s, W_u は $\widehat{\zeta_0}, \widehat{\zeta_1}$ の安定および不安定多様体を簡略化して書いたものである.
[3] 添字の W_s, W_u は不動点 $\widehat{P}$ の安定および不安定多様体である.
[4] 添字の W_s, W_u は不動点 $\widehat{Q}$ の安定および不安定多様体を簡略化して書いたものである.

4.2. 記号平面の共鳴領域と共鳴鎖   103

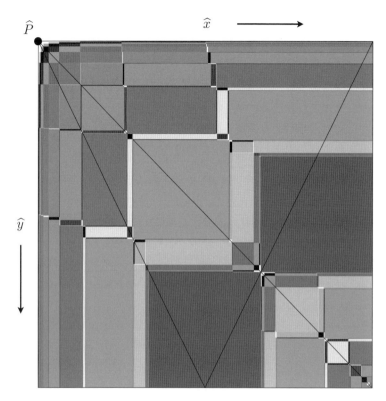

図 4.6 周期 12 までの共鳴鎖を描いた．周期 2 から周期 12 までの共鳴鎖の面積の和は約 0.9917．右方向が $\widehat{x}$ 座標で，下方向が $\widehat{y}$ 座標．（口絵 2 参照）

囲まれた閉領域が得られる．この領域を対合 $\widehat{h}$ で写した領域とあわせて回転数 1/2 の共鳴鎖が得られる.

　記号平面では共鳴領域の構成方法は，相平面の場合より簡単である．周期軌道の軌道点の位置が決まれば自動的に共鳴領域が決まってしまう．図 4.6 に周期 12 までの共鳴鎖を描いた．

　図 4.6 に $\widehat{y} = 1/2$ の線分を引いてみよう．するとこの線分はどの回転数の共鳴領域とも交わる．一番右には回転数 1/2 の共鳴領域があり，中央付近には回転数 1/3 の共鳴領域がある．これらの間には回転数 2/5 の共鳴領域が入っている．また回転数 1/4 の共鳴領域と回転数 1/3 の共鳴領域の間には回転数

2/7 の共鳴領域が入っている．一つの共鳴領域を寄木細工の部品と思えば，部品が部品の間にうまく入り込み線分 $\widehat{y} = 1/2$ の全体を埋め尽くしている．スターン・ブロコ樹構造をもった部品による埋め尽くしは記号平面の全面でも見ることができる．この構造を，スターン・ブロコ樹構造をもつ共鳴鎖による寄木細工とよぶ．以後は簡単に寄木細工構造とよぶ．

記号平面では簡単に共鳴領域が構成できて，その面積も計算できる．その結果，共鳴鎖全体の面積に関して次の定理 4.2.1 が成り立つ．

定理 4.2.1（共鳴鎖定理） 全共鳴鎖の面積の和は記号平面の面積 1 に等しい．

証明 まず回転数 p/q $(q \geq 3)$ の共鳴鎖の面積を求めよう．共鳴領域は q 個あり，x 方向の長さはみな異なる．そのうちの最小の長さを $l_0 = l_0^{(x)}$ とする．写像によって長さは倍になるので i 回写像後の長さ $l_i^{(x)}$ は $2^i l_0$ $(0 \leq i \leq q-1)$ と書ける．折りたたみが生じると共鳴領域は二つの領域に分かれ，辺も二つに分かれる．しかし全長は $l_i^{(x)}$ である．y 方向に関しても同様で，$l_i^{(y)} = 2^i l_0'$ $(0 \leq i \leq q-1)$ が得られる．$\widehat{S}_h$ に関する対称性より，$l_0 = l_0'$ が成り立つ．辺の長さの総和 $L(p/q)$ は，$L(p/q) = \sum_{0 \leq i \leq q-1} 2^i l_0 = (2^q - 1)l_0$ である．$L(p/q) > 1$ ならば共鳴領域が重なってしまう．逆に，$L(p/q) < 1$ ならば共鳴領域がつながらない．よって $L(p/q) = 1$ が成立する．この結果，$l_0 = 1/(2^q - 1)$ が得られる．面積保存性より，共鳴領域の個々の面積は同じである．このことから i 番目の共鳴領域の x 方向の長さは $l_i^{(x)}$ で，y 方向の長さは $l_{q-1-i}^{(y)}$ である．よって，個々の共鳴領域の面積は $l_i^{(x)} l_{q-1-i}^{(y)} = 2^{q-1}/(2^q - 1)^2$ である．$q \geq 3$ の場合，共鳴鎖の面積は $A(p/q) = q 2^{q-1}/(2^q - 1)^2$ である．

ここで久留島・オイラーの剰余関数 $\phi(q)$ を導入する [90]．$\phi(q)$ は q と互いに素な q 未満の正整数の個数である．このことと周期 q (≥ 3) の周期軌道の個数が $\phi(q)/2$ であることから，共鳴鎖の面積は $q(\phi(q)/2)2^{q-1}/(2^q - 1)^2$ と書ける．$q = 2$ の場合，$\phi(2) = 1$ であり，一つの共鳴領域の辺の長さが $1/3$ であるから面積は $A(1/2) = 2(1/3)^2 = 2/9 = 2(\phi(2)/2)2^{2-1}/(2^2 - 1)^2$ と書ける．まとめると，久留島・オイラーの剰余関数を用いてすべての共鳴鎖の面積の和 A

は次のように書ける.

$$A = \sum_{q \geq 2} \frac{q(\phi(q)/2)2^{q-1}}{(2^q - 1)^2} \tag{4.10}$$

和の計算は以下のように実行する.

$$A = (1/4)\sum_{q \geq 2} \frac{q\phi(q)2^q}{(2^q - 1)^2} = (1/4)\sum_{m \geq 1}\sum_{q \geq 2} \frac{mq\phi(q)}{2^{mq}}$$

$$= (1/4)\sum_{n \geq 2} \frac{n}{2^n}\left(\sum_{q|n, 1 < q \leq n} \phi(q)\right) = (1/4)\sum_{n \geq 2} \frac{n(n-1)}{2^n} = (1/4) \cdot 4 = 1.$$

計算の途中で次の関係を利用した [22]. $\sum_{m \geq 1} m/2^{mq} = 2^q/(2^q-1)^2$, $\sum_{n \geq 2} n(n-1)/2^n = 4$, $\sum_{q|n, 1 < q \leq n} \phi(q) = n - 1$. 最後の関係式で使用した記号 $q|n$ は「q は n を割り切る」と読む. つまり q は n の約数である. (Q.E.D.)

共鳴鎖定理の意味を考えよう. スターン・ブロコ樹のステージを 1/2 からどんどん上っていこう (図 3.8). 各ノードで左に進むなら L と書き, 右に進むなら R と書くことにする. 出発点を決めると経路は, L と R で記述できる. 1/2 を出発点とする経路を $[1/2]LR\cdots$ と書く (付録 C を参照せよ). 有限な長さの経路は有理数に到着する. たとえば $[1/2]LR$ は 2/5 であるから, 回転数 2/5 のサドルおよび楕円型周期軌道に至る. 行き先を共鳴鎖とすれば, $\langle \widehat{Z}_{2/5} \rangle$ である.

共鳴鎖にない軌道を考えるためには, 経路の長さが無限大の場合を検討する必要がある. 末尾が L^∞ または R^∞ ならば, 極限は有理数となる. 例として $[1/2]LRL^n$ は $n \to \infty$ のとき 1/3 に漸近する. これは共鳴鎖 $\langle \widehat{Z}_{1/3} \rangle$ に外から漸近した軌道である. 共鳴鎖の境界は安定および不安定多様体であるから, 極限軌道はこれらの上の軌道である. 末尾が L^∞ でなく R^∞ でもないならば, 極限は無理数となる. 例として $[1/2](LR)^\infty$ は $(3 - \sqrt{5})/2$ に漸近する. 極限軌道は準周期軌道である. 定理より, 共鳴鎖に含まれない軌道の占める面積は 0 である. 以上より命題 4.2.2 が得られる.

命題 4.2.2 記号平面において, $\widehat{P}$ 以外の周期軌道の軌道点は共鳴鎖に含まれる.

相平面における主軸定理 3.5.2 を記号平面で表現すると定理 4.2.3 となる．

定理 4.2.3（記号平面における主軸定理）　記号平面において，p/q-S·BE のみが $\widehat{S}_g^+$ 上に軌道点をもつ．

記号列を利用した定理 4.2.3 の証明は 4.8 節で行う．図 4.6 の整然とした寄木細工構造は定理 4.2.3 の結果である．

回転数 p/q の共鳴領域の中から代表となる共鳴領域を選ぼう．記号平面で不安定多様体の弧 $\widehat{y} = 1/2$ が突き抜けている共鳴領域をそれぞれの回転数の**代表共鳴領域**とする．これに対応する相平面での代表共鳴領域を定義できる．以下で説明しよう．

2.1 節ですでに導入した不安定多様体の弧 Γ_u と安定多様体の弧 Γ_s をしばしば使うので定義を再録しよう．

定義 2.1.2　$\Gamma_u = T[v, Tu]_{W_u}$, $\Gamma_s = T^{-1}[u, v]_{W_s}$．

関係 $\Gamma_u = h\Gamma_s$ が成立する．パラメータ a の値を増やしていくと，Γ_u は基本領域 Z の左から右方向に馬蹄形のまま伸びていく．そして，Γ_u の折れ曲がりの先端が基本領域 Z の右境界を構成する安定多様体の弧 $[u, v]_{W_s}$ に接すると可逆馬蹄の完成となる．馬蹄が存在するとき，Γ_u は記号平面の弧 $\widehat{y} = 1/2$ に対応する．相平面では Γ_u が左境界から右へと伸びていく途中で，その先端はどの回転数 $p/q \leq 1/2$ の共鳴領域にも左境界から侵入し，右境界を突き抜けて出ていく．ただし，回転数 $1/2$ の共鳴領域の右境界は安定多様体の弧 $[u, v]_{W_s}$ であるので，Γ_u が回転数 $1/2$ の共鳴領域の右境界に届いた段階で可逆馬蹄の完成となる．ここで代表共鳴領域の定義を与えておこう．

定義 4.2.4　相平面で回転数 p/q の共鳴領域のうち不安定多様体の弧 Γ_u が突き抜けていく共鳴領域を**代表共鳴領域**とし $Z_{p/q}^0(\cdot)$ と書く．また記号平面で回転数 p/q の共鳴領域のうち不安定多様体の弧 $\widehat{y} = 1/2$ が突き抜けている共鳴領域を**代表共鳴領域**とし $\widehat{Z}_{p/q}^0(\cdot)$ と書く．ただし，カッコ内の $\cdot$ には p/q-S·BE の軌道点，たとえば z_0（記号平面では $\widehat{z}_0$）が入る．

共鳴鎖を構成するために最初に構成した共鳴領域（相平面では $Z_{p/q}^{\text{init}}$，記号平面では $\widehat{Z}_{p/q}^{\text{init}}$）と代表共鳴領域の関係を与えておく．この関係は，共鳴領域

の構成の仕方を観察すれば得られる.

性質 4.2.5 共鳴鎖を構成するために最初に構成した共鳴領域と代表共鳴領域の関係は以下の通りである.
(1) $q = 2k+1$ $(k \geq 1)$. $Z^0_{p/q}(\cdot) = T^{-k+1} Z^{\text{init}}_{p/q}$, $\widehat{Z}^0_{p/q}(\cdot) = \widehat{T}^{-k+1} \widehat{Z}^{\text{init}}_{p/q}$.
(2) $q = 2k$ $(k \geq 1)$. $Z^0_{p/q}(\cdot) = T^{-k+2} Z^{\text{init}}_{p/q}$, $\widehat{Z}^0_{p/q}(\cdot) = \widehat{T}^{-k+2} \widehat{Z}^{\text{init}}_{p/q}$.

性質 4.1.3 と性質 4.2.5 を照らし合わせると, 代表共鳴領域は, 性質 4.1.3 の順序つき共鳴領域の中の左から 2 番目であることがわかる.

相平面における性質 4.1.3 に対応する記号平面の性質を性質 4.2.6 としてまとめておく.

性質 4.2.6
(1) 次の性質が成り立つ.
　　[i] $q = 2k+1$ $(k \geq 1)$ のとき $\widehat{Z}^{\text{init}}_{p/q} = \widehat{h} \widehat{Z}^{\text{init}}_{p/q}$.
　　[ii] $q = 2k$ $(k \geq 1)$ のとき $\widehat{Z}^{\text{init}}_{p/q} = \widehat{g} \widehat{Z}^{\text{init}}_{p/q}$.
(2) 共鳴領域のどの点も写像の下で次々と別の共鳴領域に写され, 1 周期の間, 共鳴鎖 $\langle \widehat{Z}_{p/q} \rangle$ から出ないし, 共鳴鎖の外から入ってくることもない. ただし 1 周期は以下のように定義する.
　　[i] $q = 2k+1$ $(k \geq 1)$.
　　　p が奇数の場合, $\widehat{z}_0 \in \widehat{S}^-_h$, $\widehat{z}_k \in \widehat{S}^+_g$.
　　　p が偶数の場合, $\widehat{z}_0 \in \widehat{S}^+_h$, $\widehat{z}_k \in \widehat{S}^+_g$.

$$\widehat{Z}_{p/q}(\widehat{z}_{-k}), \widehat{Z}^0_{p/q}(\widehat{z}_{-k+1}), \widehat{Z}_{p/q}(\widehat{z}_{-k+2}), \ldots, \widehat{Z}_{p/q}(\widehat{z}_{-1}),$$
$$\widehat{Z}^{\text{init}}_{p/q}, \widehat{Z}_{p/q}(\widehat{z}_1), \ldots, \widehat{Z}_{p/q}(\widehat{z}_k).$$

　　最初の $\widehat{Z}_{p/q}(\widehat{z}_{-k})$ と最後の $\widehat{Z}_{p/q}(\widehat{z}_k)$ はそれぞれ二つの連結成分からなる.
　　[ii] $q = 2k$ $(k \geq 1)$. $\widehat{z}_0 \in \widehat{S}^-_g$, $\widehat{z}_k \in \widehat{S}^+_g$.

$$\widehat{Z}_{p/q}(\widehat{z}_{-k+1}), \widehat{Z}^0_{p/q}(\widehat{z}_{-k+2}), \widehat{Z}_{p/q}(\widehat{z}_{-k+3}), \ldots, \widehat{Z}_{p/q}(\widehat{z}_{-1}),$$
$$\widehat{Z}^{\text{init}}_{p/q}, \widehat{Z}_{p/q}(\widehat{z}_1), \ldots, \widehat{Z}_{p/q}(\widehat{z}_k).$$

代表共鳴領域を列の中に示しておいた．いつも左から2番目にある．相平面の場合（性質4.1.3）も同様である．$q \geq 4$ ($k \geq 2$) の場合，最初の $\widehat{Z}_{p/q}(\widetilde{z}_{-k+1})$ と最後の $\widehat{Z}_{p/q}(\widetilde{z}_k)$ は，それぞれ二つの連結成分からなる．

4.3 最大値表示と最小値表示

コードの最大値表示と最小値表示を導入する．周期軌道が与えられたとき，コードを左右に無限に並べて適当な場所に小数点を入れる．小数点を含めて右側の数を x 座標とし，小数点を含めて左側を鏡で映した数を y 座標とする（2.4節）．小数点をずらすことで周期の数だけの異なる (x, y) 座標が得られる．この x, y を二進数に変換して $(\widehat{x}, \widehat{y})$ とすると，記号平面での座標となる．我々は，記号平面の軌道点のうち，$\widehat{x}$ 座標が最大および最小となる点に興味がある．これらに対応するコードをそれぞれコードの**最大値表示**および**最小値表示**とよぶ．本節では，$\widetilde{E}(2/5)$ を用いて説明するが，一般に規則3.6.5から得られる $\widetilde{E}(p/q)$ が最大値表示であることは4.8節の定理4.2.3の証明のあとで説明する．

以下，$\widetilde{E}(2/5) = 10110$ を考えよう．コードの表示には10110を巡回した

$$01101, \quad 11010, \quad 10101, \quad 01011$$

もある．最初に $x_0 = .(10110)^\infty$ とし，シフト演算子を作用させて $x_1, x_2, \ldots$ を順次決定する．

$$x_0 = .(10110)^\infty, \tag{4.11}$$

$$x_1 = .(01101)^\infty, \tag{4.12}$$

$$x_2 = .(11010)^\infty, \tag{4.13}$$

$$x_3 = .(10101)^\infty, \tag{4.14}$$

$$x_4 = .(01011)^\infty. \tag{4.15}$$

これらを二進法表記に変換すると（変換規則2.4.3参照），記号平面の軌道点の $\widehat{x}$ 座標が決まる．

$$\widehat{x}_0 = .(1101100100)^\infty, \tag{4.16}$$

4.3. 最大値表示と最小値表示

$$\widehat{x_1} = \bullet(0100110110)^\infty, \quad (4.17)$$

$$\widehat{x_2} = \bullet(1001101100)^\infty, \quad (4.18)$$

$$\widehat{x_3} = \bullet(1100100110)^\infty, \quad (4.19)$$

$$\widehat{x_4} = \bullet(0110110010)^\infty. \quad (4.20)$$

$\widehat{x_0}$ が最大で，$\widehat{x_1}$ が最小であることがわかる．$\widehat{z_0} = (\widehat{x_0}, \widehat{y_0})$ は，自分が属する軌道の中で，$\widehat{x}$ 座標が最大の点であり，$\widehat{z_1} = (\widehat{x_1}, \widehat{y_1})$ は最小の点である．最大値表示を $\widetilde{\overline{E}}(p/q)$，最小値表示を $\widetilde{\underline{E}}(p/q)$ と書くと，今の場合，$\widetilde{\overline{E}}(2/5) = 10110$，また $\widetilde{\underline{E}}(2/5) = 01101$ である．特に最大値表示はホール (Toby Hall) によって導入された表示法である [44]．

単峰写像では最大値の像は最小値になる．接続写像は $\widehat{x}$ 成分に関しては単峰写像であるから，可逆馬蹄写像（式 (2.12), (2.13)）でもこれが成り立っている．$\widetilde{\overline{E}}(p/q)$ の最後の記号 0 を 1 に変えると，$\widetilde{S}(p/q)$ の最大値表示が得られる．今後の議論では必要に応じて最大値表示 $\widetilde{\overline{E}}(p/q)$ を利用したり，最小値表示 $\widetilde{\underline{E}}(p/q)$ を利用する．

二つの語の二進数としての大小関係を判定したくなる．その判定方法をホール [44] が開発した．それを紹介しよう．

大小判定法 4.3.1 無限個の記号の並びである $s = s_0 s_1 \cdots$ と $t = t_0 t_1 \cdots$ を比較し，$s_i = t_i$ ($i < k$) で $s_k \neq t_k$ であるとしよう．$\bullet s_0 s_1 \cdots$ と $\bullet t_0 t_1 \cdots$ を二進法表記に変換した $\widehat{x}$ 座標値をそれぞれ $\widehat{x_s}$ および $\widehat{x_t}$ とする．

[1] 和 $\sum_{i=0}^{k} s_i$ が偶数ならば $\widehat{x_s} < \widehat{x_t}$ が成り立つ．
[2] 和 $\sum_{i=0}^{k} s_i$ が奇数ならば $\widehat{x_s} > \widehat{x_t}$ が成り立つ．

証明 ここでは [1] の証明を与える．[2] の証明は問題 4.3.2 を見よ．$s_i = t_i$ ($i < k$) なので，初めて異なる s_k と t_k で大小関係が決まる．変換規則 2.4.3 を使う．今，$\widehat{x_s} = \bullet \widehat{s_0 s_1} \cdots$ および $\widehat{x_t} = \bullet \widehat{t_0 t_1} \cdots$ と書く．

$s_k = 0$ ならば $t_k = 1$ である．和 $\sum_{i=0}^{k} s_i$ が偶数だから，和 $\sum_{i=0}^{k-1} s_i$ も偶数である．変換規則 2.4.3[2](b) より $\widehat{s_k} = 0$ でかつ $\widehat{t_k} = 1$ である．すなわち $\widehat{x_s} < \widehat{x_t}$ である．$s_k = 1$ ならば $t_k = 0$ である．和 $\sum_{i=0}^{k} s_i$ が偶数だから，和 $\sum_{i=0}^{k-1} s_i$ は

奇数である．変換規則 2.4.3[2](a) より $\widehat{s_k} = 0$ でかつ $\widehat{t_k} = 1$ となるから $\widehat{x_s} < \widehat{x_t}$ である．(Q.E.D.)

問題 4.3.2 大小判定法 4.3.1[2] が正しいことを示せ．

解 $s_k = 0$ ならば $t_k = 1$ である．和 $\sum_{i=0}^{k} s_i$ が奇数ということは，和 $\sum_{i=0}^{k-1} s_i$ も奇数である．変換規則 2.4.3[2](a) より $\widehat{s_k} = 1$ でかつ $\widehat{t_k} = 0$ である．だから $\widehat{x_s} > \widehat{x_t}$ である．$s_k = 1$ ならば $t_k = 0$ である．和 $\sum_{i=0}^{k} s_i$ が奇数ということは，和 $\sum_{i=0}^{k-1} s_i$ は偶数である．変換規則 2.4.3[2](b) より $\widehat{s_k} = 1$ でかつ $\widehat{t_k} = 0$ であるから $\widehat{x_s} > \widehat{x_t}$ が得られる．

4.4 代表共鳴領域の中の対称線

本節では二つの例をもとに代表共鳴領域への対称線または対称線の像の入り方を調べる．

回転数 1/3 の場合，性質 4.2.6(2)[i] より，代表共鳴領域内の楕円周期点 z' は S_h^- 上にある．また表 3.1(2) より像 Tz' は S_g^+ にある．よって z' を通過するもう1本の対称線（の像）は $T^{-1}S_g^+$ である．$Z_{1/3}^0(z') = hZ_{1/3}^0(z')$ であることから，代表共鳴領域の左上の点と右下の点を結ぶように，S_h^- の弧が入っている（図 4.7 を参照）．そこで，$S_1(1/3) = Z_{1/3}^0(z') \cap S_h^-$ と定義する．もう一つの対称線 $T^{-1}S_g^+$ は代表共鳴領域の上辺から入り z' を通過して下辺から抜けている．そこで，$S_2(1/3) = Z_{1/3}^0(z') \cap T^{-1}S_g^+$ とする．

$Z_{1/2}^0(z)$ の場合，z は S_g^+ 上にある．ここで $S_1(1/2) = Z_{1/2}^0(z) \cap TS_g^-$, $S_2(1/2) = Z_{1/2}^0(z) \cap S_g^+$ とおく（図 4.7 を参照）．図 4.7 では，$S_1(1/2)$ は2本の弧である．

$S_1(p/q)$ と $S_2(p/q)$ についてまとめておく．

定義 4.4.1 代表共鳴領域 $Z_{p/q}^0(z)$ の中の二つの対称線の弧 $S_1(p/q)$ と弧 $S_2(p/q)$ を以下のように定義する．

(i) q が偶数の場合 ($q = 2k$ ($k \geq 1$))．

$S_1(p/q) = Z_{p/q}^0(z) \cap T^{-k+2}S_g^-$,
$S_2(p/q) = Z_{p/q}^0(z) \cap T^{-2k+2}S_g^+$.

(ii) q が奇数の場合．

(a) p が偶数．ただし $q = 2k + 1$ ($k \geq 2$)．

$S_1(p/q) = Z_{p/q}^0(z) \cap T^{-k+1}S_h^+$,

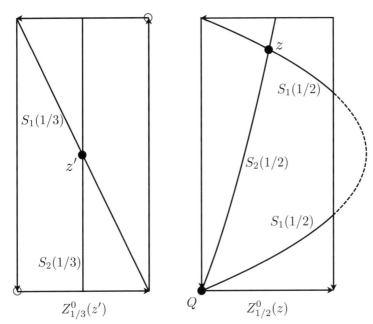

図 4.7 代表共鳴領域 $Z^0_{1/3}(z')$ の中の対称線 $S_1(1/3)$ と $S_2(1/3)$. 白丸は 1/3-S·BS の軌道点. 代表共鳴領域 $Z_{1/2}(z)$ の中の対称線 $S_1(1/2)$（破線部を除いた 2 本の弧）と $S_2(1/2)$.

$$S_2(p/q) = Z^0_{p/q}(z) \cap T^{-2k+1} S^+_g.$$

(b) p が奇数. ただし $q = 2k + 1$ $(k \geq 1)$.

$$S_1(p/q) = Z^0_{p/q}(z) \cap T^{-k+1} S^-_h,$$
$$S_2(p/q) = Z^0_{p/q}(z) \cap T^{-2k+1} S^+_g.$$

注意 1.2.1 によると, T^q は無数の対合表現をもつ. その中で $S_1(p/q)$ と $S_2(p/q)$ を対称軸とするような特別な表現を求めよう. まず, T^q を対合で表す.

$$T^q = H(q) \circ G(q) \tag{4.21}$$

と書いて, $H(q)$ の対称軸が $S_1(p/q)$ であり, $G(q)$ の対称軸が $S_2(p/q)$ であるようにしたい. $q = 2k$ の場合を考える. $q = 2k + 1$ の場合は読者に任せる.

$H(2k)$ が $S_1(p/q) \subset T^{-k+2}S_g^-$ を不変にすることから,

$$H(2k)T^{-k+2}S_g^- = T^{-k+2}S_g^- = T^{-k+2}gS_g^- = gT^{k-2}S_g^-$$

が得られる. $H(2k)$ は作用素として $H(2k)T^{-k+2} = gT^{k-2}$ を満たす. すなわち, $H(q) = gT^{2k-4} = gT^{q-4}$ である. これを式 (4.21) に入れれば $G(q)$ も決まる. $H(q)$ と $G(q)$ を書いておこう.

$$H(q) = gT^{q-4}, \quad G(q) = gT^{2q-4}. \tag{4.22}$$

この $G(q)$ が $S_2(p/q)$ を不変にすることを $q = 2k$ の場合に確かめよう. 実際,

$$G(2k)T^{-2k+2}S_g^+ = gT^{2k-2}S_g^+ = T^{-2k+2}gS_g^+ = T^{-2k+2}S_g^+.$$

問題 4.4.2 $q = 2k + 1 \ (k \geq 2)$ の場合に $G(q) = gT^{2q-4}$ であることを示せ.

性質 4.4.3 対称線 $S_2(p/q)$ を対称線 $S_1(p/q)$ について折り返すと $T^q S_2(p/q)$ となる.

証明 $G(q)S_2(p/q) = S_2(p/q)$ を利用すると, $T^q S_2(p/q) = H(q)G(q)S_2(p/q) = H(q)S_2(p/q)$ が得られる. (Q.E.D.)

$H(q)$ は対称線 $S_1(p/q)$ について点や線を折り返す作用であるから, 対称線 $S_2(p/q)$ を対称線 $S_1(p/q)$ について折り返すと, ほぼ横倒しになることがわかる. これが像 $T^q S_2(p/q)$ である.

性質 4.4.4

(1) 代表共鳴領域 $Z_{p/q}^0(\cdot)$ 内で, $H(q)$ の作用の下で Γ_u の弧と写り合うのは $T^{-q+3}\Gamma_s$ の弧である.

(2) $0 < r/s < p/q \leq 1/2$ とする. $\Gamma_u \cap T^{-q+3}\Gamma_s \neq \emptyset$ ならば, $\Gamma_u \cap T^{-s+3}\Gamma_s \neq \emptyset$ が成り立つ.

証明 (1) $H(q)\Gamma_u = gT^{q-4}\Gamma_u = gT^{q-4}h \circ h\Gamma_u = (gh)T^{-q+4}\Gamma_s = T^{-q+3}\Gamma_s.$

4.4. 代表共鳴領域の中の対称線   113

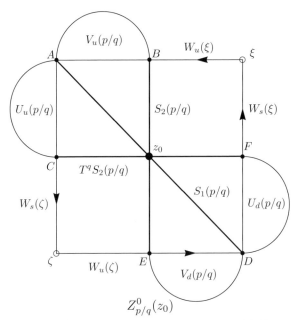

図 4.8 代表共鳴領域 $Z^0_{p/q}(z_0)$ における対称線 $S_1(p/q)$ と対称線 $S_2(p/q)$. 対称線 $S_2(p/q)$ と像 $T^q S_2(p/q)$ の関係. z_0 は p/q-S·BE の軌道点であり，ζ と ξ は p/q-S·BS の軌道点. 領域 $U_{u,d}, V_{u,d}$ はホモクリニックローブ.

(2) 条件より，Γ_u は代表共鳴領域 $Z^0_{r/s}(\cdot)$ を左から右へと突き抜けている．$H(s)\Gamma_u = T^{-s+3}\Gamma_s$ であることを利用すると，$T^{-s+3}\Gamma_s$ は $Z^0_{r/s}(\cdot)$ を上から下へと突き抜けていることが得られる．よって $\Gamma_u \cap T^{-s+3}\Gamma_s \neq \emptyset$ が成り立つ．(Q.E.D.)

代表共鳴領域 $Z^0_{p/q}(\cdot)$ の対称性が性質 4.1.3(1) と性質 4.2.5 より得られる．

性質 4.4.5 $q \geq 3$ の場合，代表共鳴領域 $Z^0_{p/q}(\cdot)$ は対称線 $S_1(p/q)$ に関して対称である．すなわち $H(q)Z^0_{p/q}(\cdot) = Z^0_{p/q}(\cdot)$ が成り立つ．

問題 4.4.6 性質 4.4.5 を証明せよ．

共鳴領域の中で対称線 $S_2(p/q)$ の配置がわかりにくいので，図 4.8 を利用して少し詳しい説明を行う．$Z^0_{p/q}(z_0)$ の左下隅にあるサドル型周期軌道点を ζ

とし，右上隅にあるサドル型周期軌道点を ξ とする．ζ に向かって上から安定多様体 $W_s(\zeta)$ が入り込み，右方向に不安定多様体 $W_u(\zeta)$ が出ていく．ξ に向かって下方から安定多様体 $W_s(\xi)$ が入り込み，左方向に不安定多様体 $W_u(\xi)$ が出ていく．対称線 $S_1(p/q)$ は左上隅の点 A と右下隅の点 D を結んだ対角線として描いた．対称線 $S_2(p/q)$ は z_0 を通り，共鳴領域の上辺と下辺を結ぶ．対称性より $T^q S_2(p/q)$ は z_0 を通り，安定多様体 $W_s(\zeta)$ と安定多様体 $W_s(\xi)$ を結ぶ．対称線 $S_2(p/q)$ は図の B と E を結んだ曲線であり，$T^q S_2(p/q)$ は図の C と F を結んだ曲線であることがわかる．

さて B が対称線 $S_1(p/q)$ より上にあるので，$T^q B$ は対称線 $S_1(p/q)$ より下にある（性質 4.4.3）．$B \in W_u(\xi)$ かつ $C = T^q B \in W_s(\zeta)$ であるから B も C もホモクリニック点である．ここでこれらの点について注意しておく．図 4.8 で ζ と ξ は T^q の下ではそれぞれ別の不動点であるので，これらの安定多様体と不安定多様体の交点はヘテロクリニック点であるが，ζ と ξ はもともと同じ軌道の軌道点である．そこで，これらの安定多様体と不安定多様体の交点はホモクリニック点としてよい．A も明らかに主ホモクリニック点である．B は右から伸びる $W_u(\xi)$ が初めて対称軸 $S_2(p/q)$ と交わる点である．$G(q)$ を使って弧 $[\xi, B]_{W_u(\xi)}$ を $S_2(p/q)$ に関して折り返すと弧 $[B, \zeta]_{W_s(\zeta)}$ となる．この2本の弧は B 以外では交わらないから B は主ホモクリニック点である．したがって C も主ホモクリニック点である．3点 A, B, C を使った**ホモクリニックローブ** $U_u(p/q)$ と $V_u(p/q)$ を図 4.8 内の左上に描いた．同様な議論から，対称線 $S_2(p/q)$ と $Z^0_{p/q}(z_0)$ の下辺との交点 E およびその像 $F = T^q E$ がホモクリニック点であることが出る．三つの主ホモクリニック点 E, D, F を使ったホモクリニックローブ $U_d(p/q)$ と $V_d(p/q)$ を図 4.8 の右下に描いておいた．

第1世代である p/q-S·BE の周りの回転の様子はすでに 3.4 節で説明した．本節では以後，図 4.9 を使って，回転数 p/q ($q \geq 3$) の共鳴領域 $Z_{p/q}(z)$ の内部の運動を説明する．図の左下の点と右上の点は p/q-S·BS の軌道点である．共鳴領域の中心楕円点 z に視点を移す．写像 T^q ごとに，共鳴領域の内部の点は z を中心として反時計回りに回転する．条件 1.1.2(5) より，楕円点 z の近くの点は z の周りを速く回転し，遠くの点はゆっくり回転する．楕円点 z' が対称線 $S_{1,2}(p/q)$ 上にあって，その周期が q を単位として r であるとする．写像

4.4. 代表共鳴領域の中の対称線

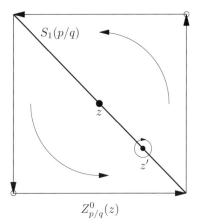

図 4.9 回転数 p/q ($q \geq 3$) の共鳴領域 $Z_{p/q}(z)$. この共鳴領域内の点は写像 T^q によって, z を中心として反時計回りに回転する. z' は共鳴領域の中の対称線上にある楕円点. z' の周期を q を単位として r とすると, 写像 T^{qr} によってこの近傍の点は z' を中心として時計回りに回転する.

T^{qr} によって, $S_{1,2}(p/q)$ 上にある楕円点 z' の周りの回転は時計回りとなる. ここで得られた楕円点 z' についての性質を今後利用するので, 性質 4.4.7 としてまとめておく.

性質 4.4.7 共鳴領域 $Z_{p/q}(z)$ の中の対称線 $S_{1,2}(p/q)$ 上の楕円点 z' ($\neq z$) の周期を q を単位として r とすると, 写像 T^{qr} による z' の周りの回転は時計回りである.

回転数 $p/q : m/n$ の楕円点 z' が z の回転分岐で対称線上に生じたとする. するとサドル点 z'' は別の対称線上に生じる. z' を含む n 個の楕円型周期点と, z'' を含む n 個のサドル型周期点は z の周りに島構造を作る. これは Q の周りの第 2 世代の島構造である. z を第 1 世代の楕円点と名付け, z' を第 2 世代の楕円点と名付ける. 同様にして一般の第 n 世代の楕円点を定義できる.

楕円点から回転数の小さな周期点が先に分岐して楕円点から遠ざかることを考慮して, 性質 4.4.7 を導く手順を繰り返すと, 性質 4.4.8 が得られる.

性質 4.4.8 ([38]) 回転分岐で生じた第 n (≥ 1) 世代の楕円点について下記の性質が成り立つ.

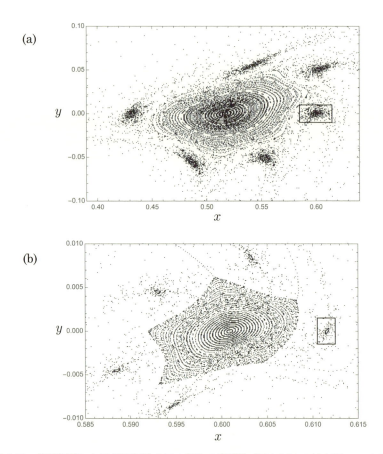

図 4.10 接続写像における回転数 1/5 の周りの島構造 (図 1.1(b) の拡大図, $a = 1.625$). (a) 中央が第 1 世代の島. 1/5-S·BE の軌道点 z がほぼ中央にある. (b) 図 (a) で四角で囲った領域の拡大図. 中央が第 2 世代の島. 1/5 : 1/6-S·BE の軌道点 z' がほぼ中央にある. 図 (b) で四角で囲った領域を含めた五つの島が第 3 世代の島. 1/5 : 1/6 : 1/5-S·BE の軌道点 z'' が四角で囲った領域のほぼ中央にある.

(i) n が奇数ならば, 第 n 世代の楕円点の近傍の点は反時計回りに回転する.
(ii) n が偶数ならば, 第 n 世代の楕円点の近傍の点は時計回りに回転する.

図 4.10 に第 1 世代から第 3 世代までの楕円点の周りの軌道の様子を描いた. 図 4.10(a) の中央にある点 z が 1/5-S·BE の軌道点である. T を z に作用する

ことで, z を出発する軌道が得られる. この軌道は Q の周りを時計回りに回転する. 四角で囲んだ領域の中に 1/5 : 1/6-S·BE の軌道点 z' がある. T^5 を作用して得られた z' の軌道は, z の周りを反時計回りに回転する. 次に, 図 (b) の中央にある点が z' である. 四角で囲んだ領域の中に 1/5 : 1/6 : 1/5-S·BE の軌道点 z'' がある. T^{30} を作用して得られた z'' の軌道は, z' の周りを時計回りに回転する.

4.5 ブロック記号列

写像のパラメータ a を増やしていくと, 不安定多様体の弧 Γ_u および安定多様体の弧 $T^{-q+3}\Gamma_s$ は代表共鳴領域を突き抜ける. 可逆馬蹄が完成した状況では, これらの弧はすべての回転数の代表共鳴領域を突き抜けている. また代表共鳴領域が弧 Γ_u ならびに弧 $T^{-q+3}\Gamma_s$ と交差した状況で, 共鳴鎖の一部が基本領域の外に出ることも注意しておく.

図 4.8 において, Γ_u の先端は弧 $(C,\zeta)_{W_s(\zeta)}$ を左から突き抜け, 弧 $(D,F)_{W_s(\xi)}$ を突き抜けて出ていく. また, 弧 $T^{-q+3}\Gamma_s$ の先端は弧 $(\xi,B)_{W_u(\xi)}$ を上から突き抜け, 弧 $(E,D)_{W_u(\zeta)}$ を突き抜けて出ていく. その結果, 弧 Γ_u と弧 $T^{-q+3}\Gamma_s$ との最初の交点は対称線の弧 $(z_0,D)_{S_1(p/q)}$ 上に生じる.

本節では, 以上の事実を踏まえて, 共鳴領域内のブロックおよびそれに付随する概念を導入する. 話を具体的にするため, 回転数 $1/q$ の代表共鳴領域 $Z^0_{1/q}(z_0)$ を使う. 弧 Γ_u が $Z^0_{1/q}(z_0)$ を左から右に突き抜けたあとの状況を考える. このとき弧 $T^{-q+3}\Gamma_s$ も $Z^0_{1/q}(z_0)$ を上から下へ突き抜けている. あとの便宜のため, さらにパラメータ a を増やして弧 Γ_u が基本領域 Z の右境界と交わっているとする. この状況を図 4.11 に示した. このとき, $Z^0_{1/q}(z_0)$ は弧 Γ_u と弧 $T^{-q+3}\Gamma_s$ によって 9 個の領域に分割される. それらのうち, 弧 Γ_u の左側にある領域は過去に 1 回写像すると基本領域の外に出る. また弧 $T^{-q+3}\Gamma_s$ の左側にある領域も未来に $(q-2)$ 回写像すると基本領域の外に出る. 灰色の四つの領域のみが本書の研究対象である. これらに名前を付けよう. z_0 を含む領域を領域 $\overline{E}(1/q)$, 左下の領域を領域 $\overline{S}(1/q)$, 右上の領域を領域 $\overline{F}(1/q)$, 右下の領域を領域 $\overline{D}(1/q)$ とする.

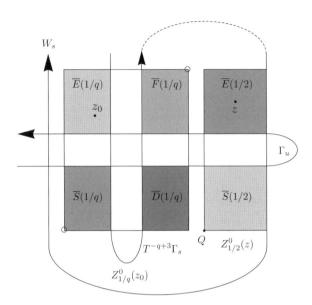

図 4.11 代表共鳴領域内に部分領域を定義する. 代表共鳴領域 $Z^0_{1/q}(z_0)$ 内の四つの領域 $\overline{E}(1/q)$, $\overline{F}(1/q)$, $\overline{D}(1/q)$ と $\overline{S}(1/q)$. 代表共鳴領域 $Z^0_{1/2}(z)$ 内の二つの領域 $\overline{E}(1/2)$ と $\overline{S}(1/2)$. $Z^0_{1/q}(z_0)$ の左下の白丸と右上の白丸は $1/q$-S·BS の軌道点. 左端の W_s は基本領域 Z の左境界である.

すでに定義 2.2.1 で述べたように, 領域 V_0 に入れば記号 0, 領域 V_1 に入れば記号 1 を軌道点に与える. 共鳴領域内の四つの領域の点の記号が周期 q の間にどのように変化するかを求めよう. 簡単のため, 回転数を $1/3$ として, 代表共鳴領域 $Z^0_{1/3}(z_0)$ とこの領域の像 $Z_{1/3}(z_1)$ と逆像 $Z_{1/3}(z_{-1})$ の配置と形状を調べる (図 4.12 参照).

代表共鳴領域 $Z^0_{1/3}(z_0)$ の中の領域 $\overline{E}(1/3)$ と $\overline{S}(1/3)$ は V_0 に属するので, 軌道点に記号 0 を与える. 領域 $\overline{F}(1/3)$ と $\overline{D}(1/3)$ は V_1 に属するので, 軌道点に記号 1 を与える.

次に $Z^0_{1/3}(z_0)$ の像は T によって Q の周りを時計回りに回転する. サドル点 ζ_{-1} (白丸) の像は ζ_0 である. 点 ζ_1 を $Z_{1/3}(z_1) = TZ^0_{1/3}(z_0)$ と $Z^0_{1/3}(z_0)$ が共有する. $Z^0_{1/3}(z_0)$ は上方に圧縮され右に引き伸ばされて二つに折り曲げられる. Γ_s の 2 本の弧と $Z^0_{1/3}(z_0)$ の上下の境界に囲まれた空白領域は, T によって基

4.5. ブロック記号列　　　　　　　　　　　　　　　　　　　　　　　　　　　119

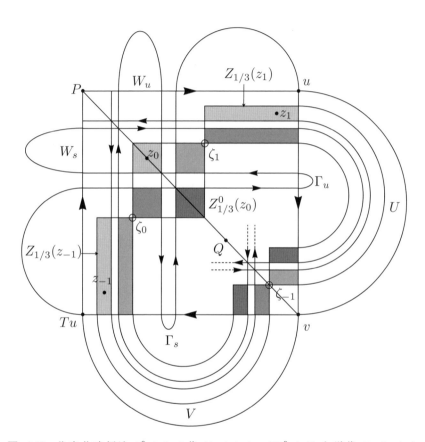

図 4.12 代表共鳴領域 $Z^0_{1/3}(z_0)$ の像 $Z_{1/3}(z_1)$ ($= TZ^0_{1/3}(z_0)$) と逆像 $Z_{1/3}(z_{-1})$ ($= T^{-1}Z^0_{1/3}(z_0)$). 対角線が x 軸であり，対称線 S_h でもある．黒丸で描かれた z_{-1}, z_0, z_1 が 1/3-S·BE の軌道点で，白丸で描かれた $\zeta_{-1}, \zeta_0, \zeta_1$ が 1/3-S·BS の軌道点．ホモクリニックループ U と V も描いてある．

本領域 Z の外に出る.出た領域はホモクリニックローブ U に含まれる.弧 $T\Gamma_s$ は基本領域 Z の右境界だからほぼまっすぐである.だから領域 $T\overline{E}(1/3)$,$T\overline{F}(1/3)$,$T\overline{D}(1/3)$ と $T\overline{S}(1/3)$ は領域 V_1 内にある.よって記号は 1 である(図 4.12).

次に代表共鳴領域 $Z^0_{1/3}(z_0)$ の過去の像 $Z_{1/3}(z_{-1})$ を調べる.代表共鳴領域 $Z^0_{1/3}(z_0)$ は T^{-1} によって Q の周りを反時計回りに回転する.T^{-1} によって $Z^0_{1/3}(z_0)$ は左に圧縮され下に引き伸ばされ二つに折り曲げられる.点 ζ_0 を $Z_{1/3}(z_{-1}) = T^{-1}Z^0_{1/3}(z_0)$ と $Z^0_{1/3}(z_0)$ が共有する.Γ_u の 2 本の弧と $Z^0_{1/3}(z_0)$ の左右の境界に囲まれた空白領域は,T^{-1} によって基本領域 Z の外に出る.出た領域はホモクリニックローブ V に含まれる.弧 $T^{-1}\Gamma_u$ は基本領域 Z の下境界であるから,ほぼまっすぐである.結果として領域 $\overline{E}(1/3)$ と領域 $\overline{F}(1/3)$ の逆像は領域 V_0 にある.よって記号は 0 である.領域 $\overline{D}(1/3)$ と領域 $\overline{S}(1/3)$ の逆像は領域 V_1 にあることがわかる.よって記号は 1 である(図 4.12).

代表共鳴領域 $Z^0_{1/3}(z_0)$ の領域 $\overline{E}(1/3)$ に入った軌道点の記号は 0,未来の記号は 1 で過去の記号は 0 である.よって,領域 $\overline{E}(1/3)$ に入った軌道は 001 と記述される.これはすでに導入した 1/3-S·BE の記号である $E(1/3)$ に等しい.領域 $\overline{S}(1/3)$ に入った軌道は 101 で記述される.これはすでに導入した 1/3-S·BS の記号である $S(1/3)$ に等しい.領域 $\overline{F}(1/3)$ に入った軌道は 011 で記述される.そこで新しい記号 $F(1/3) = 011$ を導入する.領域 $\overline{D}(1/3)$ に入った軌道は 111 で記述される.これについても新しい記号 $D(1/3) = 111$ を導入する.そして記号 0 と 1 の集まり $E(1/3), S(1/3), F(1/3), D(1/3)$ を回転数 1/3 の**ブロック記号**と名付ける.領域名はブロック記号に上棒を付けて導入したが,今後はこの棒を取り去って同じ記号を使うことにする.誤解が生じないように,領域を表すときは領域 $E(1/3)$ のように表現する.ブロック記号として使うときには単に $E(1/3)$ と書く.以後,ブロック記号を単に**ブロック**とよぶ.

上記の方法で,任意の既約分数 p/q $(0 < p/q < 1/2)$ のブロック

$$E(p/q), \quad S(p/q), \quad F(p/q), \quad D(p/q)$$

が導入できる.回転数は記号中に含まれるので,以後は「回転数 p/q の」を

4.5. ブロック記号列

表 4.1 $\widetilde{S}(p/q)$ より順次 $S(p/q)$, $E(p/q)$, $F(p/q)$, $D(p/q)$ を構成する規則.

$\widetilde{S}(p/q)$	$S(p/q)$	$E(p/q)$	$F(p/q)$	$D(p/q)$
$11d0$	$1d01$	$0d01$	$0d11$	$1d11$

省いて，単にブロックとよぶ．ブロックの有限個のつらなりをブロック語とよぶ．

$p/q = 1/2$ の場合は特別なので，ブロックを別途導入しよう．Γ_u が $Z^0_{1/2}(z)$ の右の境界（安定多様体の弧 $T\Gamma_s$）と接触し交差すると $Z^0_{1/2}(z)$ は Γ_u によって上下に 3 分割される（図 4.11）．われわれにとって意味のある領域は上の灰色領域と下の淡い灰色領域である．z を含む上の領域を領域 $\overline{E}(1/2)$ とし，下の領域を領域 $\overline{S}(1/2)$ とする．対応して二つのブロック $E(1/2) = 01$ と $S(1/2) = 11$ を導入する．前と同様，領域の名前の上の棒を省略する．これですべての既約回転数のブロックが定義できた．図 4.11 に対応する記号平面での領域も図 4.13 に示しておこう．図 4.13 において，記号平面を左に半分に押しつぶし，下に 2 倍に引き伸ばす．すると領域 $E(1/2)$ の像は領域 V_0 に残る．引き伸ばして記号平面から出た部分を折り返して右半分に重ねる．すると領域 $S(1/2)$ の像は領域 V_1 に入る．以上が T^{-1} の働きである．

ここでブロック記号列の有用性を述べておく．不安定多様体の弧 Γ_u が回転数 p/q の代表共鳴領域を突抜けていれば，回転数 p/q 以下の回転数のブロックは定義できる．軌道に 0,1 の記号列が与えられるのは可逆馬蹄の完成後であるが，軌道にブロック記号列が与えられるのは可逆馬蹄の完成前であるので，馬蹄完成前に部分的に記号力学を使った議論ができる．

四つのブロックの構成規則を以下に与える．これらの関係を表 4.1 にまとめておこう．また，よく利用するブロックを表 4.2 にまとめておく．

構成規則 4.5.1 $q \geq 3$ とする．回転数 $p/q\,(0 < p/q < 1/2)$ の $\widetilde{S}(p/q) = 11d0$ が得られているとする（性質 3.6.7 参照）．ここで d は長さ $q-3$ の語である（$q=3$ のときは空）．

(i) $\widetilde{S}(p/q)$ の先頭の 1 を末尾に移動して，$S(p/q) = 1d01$ が決まる．

(ii) $S(p/q)$ の先頭の 1 を 0 に換えると，$E(p/q) = 0d01$ が決まる．

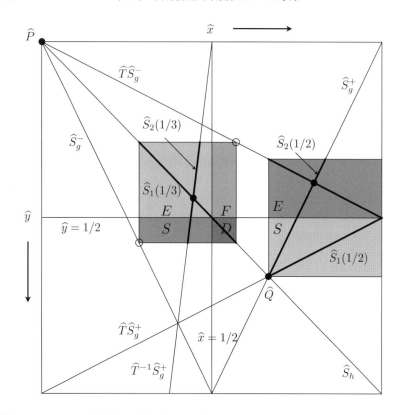

図 4.13 図 4.11 に対応する記号平面での領域. 回転数 1/3 の共鳴領域の黒丸は $E(1/3)$ で記述される周期軌道点で, 白丸は $S(1/3)$ で記述される周期軌道点. 回転数 1/2 の共鳴領域の黒丸は $E(1/2)$ で記述される周期軌道点.

(iii) $E(p/q)$ の末尾から二つ目の 0 を 1 に換えると, $F(p/q) = 0d11$ が決まる.

(iv) $F(p/q)$ の先頭の 0 を 1 に換えると, $D(p/q) = 1d11$ が決まる.

問題 4.5.2

(1) 回転数が $1/q$ の場合, 四つのブロックが

$$S(1/q) = 10^{q-2}1 \quad (q \geq 2), \qquad E(1/q) = 0^{q-1}1 \quad (q \geq 2),$$
$$F(1/q) = 0^{q-2}11 \quad (q \geq 3), \qquad D(1/q) = 10^{q-3}11 \quad (q \geq 3)$$

と書けることを示せ.

4.5. ブロック記号列

表 4.2 四つのブロックの 0 と 1 による表現.

$\frac{p}{q}$	$S(p/q)$	$E(p/q)$	$F(p/q)$	$D(p/q)$
$\frac{0}{1}$	0	1	-	-
$\frac{1}{6}$	100001	000001	000011	100011
$\frac{1}{5}$	10001	00001	00011	10011
$\frac{2}{9}$	100110001	000110001	000110011	100110011
$\frac{1}{4}$	1001	0001	0011	1011
$\frac{3}{11}$	10110011001	00110011001	00110011011	10110011011
$\frac{2}{7}$	1011001	0011001	0011011	1011011
$\frac{3}{10}$	1011011001	0011011001	0011011011	1011011011
$\frac{1}{3}$	101	001	011	111
$\frac{4}{11}$	11101101101	01101101101	01101101111	11101101111
$\frac{3}{8}$	11101101	01101101	01101111	11101111
$\frac{5}{13}$	1110111101101	0110111101101	0110111101111	1110111101111
$\frac{2}{5}$	11101	01101	01111	11111
$\frac{5}{12}$	111110111101	011110111101	011110111111	111110111111
$\frac{3}{7}$	1111101	0111101	0111111	1111111
$\frac{4}{9}$	111111101	011111101	011111111	111111111
$\frac{1}{2}$	11	01	-	-

(2) 既約分数 p/q ($p \geq 2, q \geq 5$) のファレイ分割を $\mathrm{FP}[p/q] = \{p_l/q_l, p_r/q_r\}$ とする. 四つのブロックが

$$S(p/q) = S(p_r/q_r)S(p_l/q_l), \quad E(p/q) = E(p_r/q_r)S(p_l/q_l),$$
$$F(p/q) = F(p_l/q_l)F(p_r/q_r), \quad D(p/q) = S(p_r/q_r)D(p_l/q_l) = D(p_l/q_l)F(p_r/q_r)$$

を満たすことを示せ.

操作 4.5.3（ブロックの時間反転） 与えられたブロックの 0, 1 語を前後反転する. この操作をブロックの時間反転とよぶ. $S(p/q)$, $E(p/q)$, $F(p/q)$, および $D(p/q)$ の時間反転ブロックを

$$S^{-1}(p/q), \quad E^{-1}(p/q), \quad F^{-1}(p/q), \quad D^{-1}(p/q)$$

と書く．また $E(1/2)$ と $S(1/2)$ の時間反転ブロックを

$$E^{-1}(1/2), \quad S^{-1}(1/2)$$

と書く．

$S(p/q)$, $E(p/q)$, $F(p/q)$, および $D(p/q)$ などを X と描いて，時間反転したブロック X^{-1} がもとのブロック X と巡回置換の下で一致するとき，X は時間反転対称であるといい，$X^{-1} \sim X$ と表す．

性質 4.5.4（ブロックの時間反転対称性）
(1) $q \geq 3$.

$$E^{-1}(p/q) \sim E(p/q), \quad D^{-1}(p/q) \sim D(p/q), \quad S^{-1}(p/q) \sim F(p/q). \quad (4.23)$$

(2) $q = 2$.
$$E^{-1}(1/2) \sim E(1/2), \quad S^{-1}(1/2) \sim S(1/2). \quad (4.24)$$

構成規則 4.5.1 で導入した語 d の性質をまとめておこう．

性質 4.5.5
(1) 語 d は時間反転対称性をもつ．
(2) 語 d の偶奇性は偶である．

証明 (1) $E(p/q)$ が対称であることを利用する．$E(p/q) = 0d01$ の末尾の 1 は孤立 1 である．だから性質 3.6.9(ii) より，語 d は孤立 1 を含まない．$E^{-1}(p/q) = 10d^{-1}0$ である．巡回すると $0d^{-1}01$ である．この表式の末尾の 1 は孤立 1 である．$E(p/q)$ の対称性より，孤立 1 を末尾に置いた $0d01$ と $0d^{-1}01$ は等しい．これより，$d = d^{-1}$ が得られる．

(2) 規則 3.6.5 より，$\widetilde{S}(p/q)$ は $\widetilde{S}(1/2)$ と $\widetilde{S}(0/1)$ をいくつか並べて得られる．どちらも偶であるから $\widetilde{S}(p/q)$ も偶である．$\widetilde{S}(p/q)$ を巡回置換して $S(p/q) = 1d01$ の表現が得られる．$S(p/q)$ の先頭の 1 と末尾の 01 を削除すると語 d が得られるから，語 d の偶奇性は偶である．(Q.E.D.)

ブロック語の反転に関しては性質 4.5.6 が成り立つ．

4.5. ブロック記号列

性質 4.5.6 $X_k(p_k/q_k)$ を X_k と簡略化して書く。$X_1, X_2, \ldots, X_n$ をブロックとして

$$(X_1 X_2 \cdots X_n)^{-1} \sim X_n^{-1} \cdots X_2^{-1} X_1^{-1}.$$

証明 $q \geq 3$ の場合、$X_k(p_k/q_k) = \alpha_k d_k \beta_k 1$ と書ける。ただし、$\alpha_k \in \{0, 1\}$, $\beta_k \in \{0, 1\}$。$q = 3$ の場合、d_k は空である。また $q = 2$ の場合、d_k と β_k は空である。$E(p/q)$ の場合、$\alpha = \beta = 0$、$S(p/q)$ の場合、$\alpha = 1, \beta = 0$、$F(p/q)$ の場合、$\alpha = 0, \beta = 1$、$D(p/q)$ の場合、$\alpha = \beta = 1$ である。$d_k = d_k^{-1}$ を利用すると、$X_k(p/q)^{-1} = 1\beta_k d_k^{-1} \alpha_k = 1\beta_k d_k \alpha_k \sim \beta_k d_k \alpha_k 1$ が得られる。これを使って、

$$\begin{aligned}(X_1 X_2 \cdots X_n)^{-1} &= (1\beta_n d_n \alpha_n)(1\beta_{n-1} d_{n-1} \beta_{n-1}) \cdots (1\beta_1 d_1 \alpha_1) \\ &= 1(\beta_n d_n \alpha_n 1)(\beta_{n-1} d_{n-1} \beta_{n-1} 1) \cdots (\beta_1 d_1 \alpha_1) \\ &\sim (\beta_n d_n \alpha_n 1)(\beta_{n-1} d_{n-1} \beta_{n-1} 1) \cdots (\beta_1 d_1 \alpha_1 1)\end{aligned}$$

最後の右辺は $X_n^{-1} \cdots X_2^{-1} X_1^{-1}$ である。(Q.E.D.)

例を示そう。$E(1/3)F(1/4)E(1/5) = 001001100001$ を時間反転を行うと、100001100100 が得られる。周期軌道を考えているので、先頭の 1 を末尾に移動する操作は許される。よって、00001·1001·001 が得られる。これをブロックで表示すると $E(1/5)S(1/4)E(1/3)$ が得られる。式 (4.23) の $S^{-1}(p/q) \sim F(p/q)$ を考慮すると、性質 4.5.6 が成り立つことがわかる。

ブロックの対称性は領域の対称性としても表現できる。すなわち、式 (4.21) で定義された対合 $H(q)$ ($q \geq 2$) の対称線に関する反転対称性が以下のように成り立つ。

性質 4.5.7（分割領域の対称性）

(1) $q \geq 3$.

$$E(p/q) = H(q)E(p/q), \quad D(p/q) = H(q)D(p/q), \quad S(p/q) = H(q)F(p/q). \tag{4.25}$$

(2) $q = 2$.

$$E(1/2) = H(2)E(1/2), \quad S(1/2) = H(2)S(1/2). \tag{4.26}$$

問題 4.5.8

(1) 回転数 p/q $(q \geq 3)$ の代表共鳴領域を考える．代表共鳴領域に四つの領域 $E(p/q), F(p/q), S(p/q), D(p/q)$ が定義されている場合，対称線 $S_1(p/q)$ は領域 $E(p/q)$ と領域 $D(p/q)$ を通過し，対称線 $S_2(p/q)$ は領域 $E(p/q)$ と領域 $S(p/q)$ を通過していることを示せ．

(2) 回転数 $1/2$ の代表共鳴領域において領域 $E(1/2)$ と領域 $S(1/2)$ が定義されている場合，二つの対称線 $S_1(1/2)$ と $S_2(p/q)$ はともに領域 $E(1/2)$ と領域 $S(1/2)$ を通過していることを示せ．

4.6 領域間の遷移

ブロックコードを考える際に，次のような問題が生じる．軌道点は領域 $D(1/4)$ から領域 $E(1/3)$ へ遷移できるのだろうか．可能であれば，$D(1/4)$ と $E(1/3)$ を連結したブロック語 $D(1/4)E(1/3)$ が可能となる．もし不可能であればブロック語 $D(1/4)E(1/3)$ は禁止される．このような問題を考えるために，写像 T^q による代表共鳴領域 $Z^0_{p/q}(z_0)$ の像を考える必要がある．ただし，$0 < p/q < 1/2$ とする．

最初に T^q の下での代表共鳴領域 $Z^0_{p/q}(z_0)$ の像を調べる．代表共鳴領域の左下と右上の角（かど）には p/q-S·BS の軌道点がある．これらの点からの不安定多様体の出方と，これらの点への安定多様体の入り方を見て，代表共鳴領域の中の点が楕円点 z_0 を中心として反時計回りに回転することがわかる．このことを念頭において，これから四つの領域の像について調べる．四つの像を図 4.14 に描いた．

最初に領域 $F(p/q)$ の像 $T^q F(p/q)$ を調べよう．領域 $F(p/q)$ はまず安定多様体に沿って上方向に圧縮され，次に不安定多様体に沿って左方向に伸ばされる．像 $T^q F(p/q)$ の左端はちょうど基本領域 Z の左境界 W_s に達する．だから領域 $F(p/q)$ から遷移が可能な領域は $0 < r/s \leq p/q$ を満たす $E(r/s)$ と $F(r/s)$ である．領域 $D(p/q)$ から遷移が可能な領域は領域 $F(p/q)$ の場合とまったく同じである．領域 $F(p/q)$ と領域 $D(p/q)$ から回転数の大きい共鳴領域への遷移はない．

4.6. 領域間の遷移   127

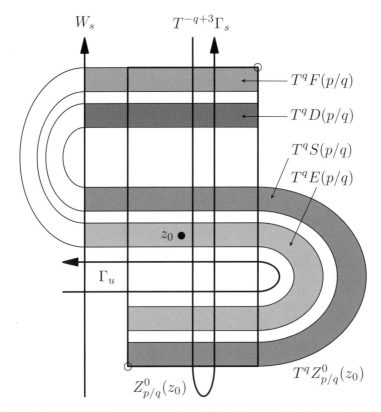

図 4.14 代表共鳴領域 $Z_{p/q}^0(z_0)$ の中の四つの領域の像. 白丸は p/q-S·BS の軌道点である.

次に領域 $E(p/q)$ の像 $T^q E(p/q)$ の行き先を調べる. 領域 $E(p/q)$ の右境界は $T^{-q+3}\Gamma_s$ の弧である. T^q を作用すると, $T^3 \Gamma_s$ の弧となって基本領域 Z の左境界に来る. 領域 $E(p/q)$ の左境界は $Z_{p/q}^0(z_0)$ の左下の頂点 p/q-S·BS の安定多様体上にあるから T^q の作用のもとで, $Z_{p/q}^0(z_0)$ の左境界を下に動く. したがって, $T^q E(p/q)$ は基本領域 Z の左境界から出発して, $Z_{p/q}^0(z_0)$ の左境界に達する細い帯である. 領域 $E(p/q)$ は不動点 z_0 を含むから, $T^q E(p/q)$ も z_0 を含む. z_0 は反転サドルであるから, 周りの点は T^q の作用によりほぼ 180 度回転する. 次に, $T^q E(p/q)$ は左から Γ_u に押されて凹む. その結果, 像 $T^q E(p/q)$

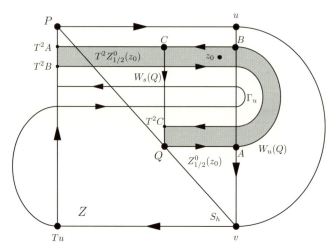

図 4.15 不安定多様体の弧 Γ_u が基本領域 Z の右境界と交差している状況における，代表共鳴領域 $Z^0_{1/2}(z_0)$ の像 $T^2 Z^0_{1/2}(z_0)$ の模式図．代表共鳴領域 $Z^0_{1/2}(z_0)$ は四角 $QABC$ として描かれている．2 点 T^2A と T^2B が基本領域の左境界上にある．灰色で描かれた領域は，$T^2 Z^0_{1/2}(z_0)$ であり，$Z^0_{1/2}(z_0)$ との共通部分は二つに分かれる．

は記号 'つ' に似た形状になる．Γ_u はパラメータ a の増大とともに大きな回転数の代表共鳴領域を突き抜けるから，それを迂回する $T^q E(p/q)$ は，これらの代表共鳴領域を通る．だから領域 $E(p/q)$ から回転数の大きな領域への遷移が可能である．遷移が可能な領域は $E(r/s), S(r/s), F(r/s), D(r/s)$ である．馬蹄が完成していれば，$p/q \leq r/s \leq 1/2$ である．$r/s = 1/2$ では $F(1/2)$ と $D(1/2)$ は存在しないことを注意しておく．領域 $E(p/q)$ から回転数の小さな領域への遷移としては，$0 < r/s \leq p/q$ を満たす $E(r/s)$ と $F(r/s)$ である．領域 $S(p/q)$ から遷移が可能な領域は領域 $E(p/q)$ の場合とまったく同じである．以上の考察から，$T^q Z^0_{p/q}(z_0)$ は **S 字形**であることがわかる（図 4.14）．

最後に代表共鳴領域 $Z^0_{1/2}(z_0)$ の像 $T^2 Z^0_{1/2}(z_0)$ の形状を調べる．図 4.15 において，$Z^0_{1/2}(z_0)$ は四角形 $QABC$ である．この領域は Q の安定多様体 $W_s(Q)$ の方向（下方向）に圧縮され，不安定多様体 $W_u(Q)$ の方向（右方向）に引き伸ばされる．不安定多様体が反時計回りに曲げられているので，右方向に引き伸ばされた領域はほぼ 180 度反時計回りに回転し折り曲げられ，さらに引き伸

ばされる．$Z_{1/2}(z_0)$ の右境界（弧 $[B, A]_{W_s}$）は基本領域 Z の右境界上にあるので，T^2 で写像された像（弧 $[T^2B, T^2A]_{W_s}$）は，基本領域 Z の左境界上にある．つまり，$T^2 Z_{1/2}^0(z_0)$ は記号 'つ' に似た形状になる．

像 $T^2 Z_{1/2}^0(z_0)$ の形状を考慮すると，領域 $E(1/2)$ と $S(1/2)$ から遷移できる領域は $E(1/2), S(1/2)$ と $E(p/q), F(p/q)$ $(0 < p/q < 1/2)$ であることがわかる．

代表共鳴領域 $Z_{p/q}^0(p/q)$ $(0 < p/q < 1/2)$ の中の対称線 $S_2(p/q)$ の像については性質 4.4.3 で述べた．$S_1(p/q)$ の T^q による像は上に述べたことから以下の性質が出る．また同じ方法で $T^q S_2(p/q)$ の T^q による像 $T^{2q} S_2(p/q)$ についても同様の性質を導ける．

性質 4.6.1　p/q は $0 < p/q < 1/2$ を満たすとする．$T^q S_1(p/q)$ は S 字形である．また $T^{2q} S_2(p/q)$ も S 字形である．

問題 4.6.2　$T^{2q} S_2(p/q)$ が S 字形になることを示せ．

$q \geq 3$ の場合の注意を述べる．図 4.14 からわかるように，代表共鳴領域 $Z_{p/q}^0(z_0)$ と像 $T^q Z_{p/q}^0(z_0)$ は三つの領域を共有することがある．共鳴領域に三つ折れ馬蹄が現れるのである．一方，図 4.15 で示したように，代表共鳴領域 $Z_{1/2}^0(z_0)$ と像 $T^2 Z_{1/2}^0(z_0)$ は二つの領域を共有することがある．この場合，共鳴領域に通常の馬蹄が現れる．代表共鳴領域に生じる馬蹄の性質の違いが，共鳴領域に存在する周期軌道の性質に大きな影響を与える．これについては参考文献 [105, 107] を参考にしてほしい．

4.7　領域間の遷移行列

4.6 節で得られた領域間の遷移の仕方を遷移行列としてまとめることができる．小さな回転数 p/q の領域から大きな回転数 r/s への遷移の行列を $M(p/q, r/s)$ と書き，大きな回転数 r/s の領域から小さな回転数 p/q の領域への遷移の行列を $N(r/s, p/q)$ と書く．さらに，同じ回転数 p/q の領域内での遷移の行列を $J(p/q, p/q)$ と書く．

以下が遷移行列のリストである．要素が 1 の場合は遷移可能であるが，0 の場合は遷移できない．

i) $0 < p/q < r/s < 1/2$:

$$M(p/q, r/s) = \left(\begin{array}{c|cccc} & E(r/s) & S(r/s) & F(r/s) & D(r/s) \\ \hline E(p/q) & 1 & 1 & 1 & 1 \\ S(p/q) & 1 & 1 & 1 & 1 \\ F(p/q) & 0 & 0 & 0 & 0 \\ D(p/q) & 0 & 0 & 0 & 0 \end{array} \right). \quad (4.27)$$

ii) $0 < p/q < 1/2$:

$$M(p/q, 1/2) = \left(\begin{array}{c|cccc} & E(1/2) & S(1/2) & F(1/2) & D(1/2) \\ \hline E(p/q) & 1 & 1 & 0 & 0 \\ S(p/q) & 1 & 1 & 0 & 0 \\ F(p/q) & 0 & 0 & 0 & 0 \\ D(p/q) & 0 & 0 & 0 & 0 \end{array} \right). \quad (4.28)$$

iii) $0 < p/q < r/s < 1/2$:

$$N(r/s, p/q) = \left(\begin{array}{c|cccc} & E(p/q) & S(p/q) & F(p/q) & D(p/q) \\ \hline E(r/s) & 1 & 0 & 1 & 0 \\ S(r/s) & 1 & 0 & 1 & 0 \\ F(r/s) & 1 & 0 & 1 & 0 \\ D(r/s) & 1 & 0 & 1 & 0 \end{array} \right). \quad (4.29)$$

iv) $0 < p/q < 1/2$:

$$N(1/2, p/q) = \left(\begin{array}{c|cccc} & E(p/q) & S(p/q) & F(p/q) & D(p/q) \\ \hline E(1/2) & 1 & 0 & 1 & 0 \\ S(1/2) & 1 & 0 & 1 & 0 \\ F(1/2) & 0 & 0 & 0 & 0 \\ D(1/2) & 0 & 0 & 0 & 0 \end{array} \right). \quad (4.30)$$

4.7. 領域間の遷移行列

v) $0 < p/q < 1/2$:

$$J(p/q, p/q) = \left(\begin{array}{c|cccc} & E(p/q) & S(p/q) & F(p/q) & D(p/q) \\ \hline E(p/q) & 1 & 1 & 1 & 1 \\ S(p/q) & 1 & 1 & 1 & 1 \\ F(p/q) & 1 & 0 & 1 & 0 \\ D(p/q) & 1 & 0 & 1 & 0 \end{array} \right), \quad (4.31)$$

vi)

$$J(1/2, 1/2) = \left(\begin{array}{c|cc} & E(1/2) & S(1/2) \\ \hline E(1/2) & 1 & 1 \\ S(1/2) & 1 & 1 \end{array} \right). \quad (4.32)$$

4×4-行列形式にするため $M(p/q, 1/2)$ と $N(1/2, p/q)$ にはダミーブロック $F(1/2)$ と $D(1/2)$ を追加した.これらに相当する領域は存在しない.

遷移行列から直接得られる結果を遷移規則 4.7.1 にまとめておく. 4.6 節で述べたことの再確認でもある.

遷移規則 4.7.1

(i) $r/s > p/q$ のとき,$F(p/q)$ や $D(p/q)$ から領域 $E(r/s), F(r/s), S(r/q), D(r/s)$ への遷移はない.

(ii) $r/s > p/q$ のとき,$E(r/s), F(r/s), S(r/q)$ や $D(r/s)$ から,$S(p/q)$ または $D(p/q)$ への遷移はない.

(iii) $F(p/q)$ や $D(p/q)$ から,$S(p/q)$ への遷移はない.

(iv) $0 < p/q < 1/2, 0 < r/s < 1/2$ として,$D(p/q)$ から $D(r/s)$ への遷移はない.特に $D(p/q)$ から $D(p/q)$ への遷移はない.だから $D(p/q)$ 一つからなる周期軌道は存在しない.

(v) その他の遷移はすべて可能である.

可逆馬蹄が存在する場合,複数の共鳴鎖に軌道点をもつ周期軌道の個数を求めることができる.例として,回転数 $1/4, 1/5, 1/3$ を経て $1/4$ に戻るという順で共鳴鎖を経巡る周期軌道の個数を求めよう.まず遷移行列 $K =$

$N(1/4, 1/5)M(1/5, 1/3)N(1/3, 1/4)$ を求めてみよう．

$$K = \begin{pmatrix} & E(1/4) & S(1/4) & F(1/4) & D(1/4) \\ \hline E(1/4) & 4 & 0 & 4 & 0 \\ S(1/4) & 4 & 0 & 4 & 0 \\ F(1/4) & 4 & 0 & 4 & 0 \\ D(1/4) & 4 & 0 & 4 & 0 \end{pmatrix}.$$

K の対角成分に注目しよう．そうすると領域 $E(1/4)$ を出発し領域 $E(1/4)$ に戻る周期軌道が 4 個あり，領域 $F(1/4)$ を出発し領域 $F(1/4)$ に戻る周期軌道も 4 個あることがわかる．周期軌道数の合計は 8 である．つまり，対角要素の和 $\mathrm{Tr}\,K$ が周期軌道の個数を与えることがわかる．これを命題 4.7.2 としておく．

命題 4.7.2 複数の共鳴鎖に軌道点をもつ周期軌道を記述する遷移行列の積を K とすると，これらの周期軌道の個数は $\mathrm{Tr}\,K$ で得られる．

最後に可逆馬蹄が未完成のときの遷移行列を求める．$0 < r/s < 1/2$ として，不安定多様体の弧 Γ_u が代表共鳴領域 $Z_{r/s}^0(\cdot)$ を左境界から右境界へと突き抜けているとする．この状況は図 4.16 に描かれている．領域 $E(r/s), F(r/s), D(r/s)$, $S(r/s)$ が定義できる．この場合，$0 < p/q < r/s$ を満たす回転数をもつ領域 $E(p/q), F(p/q), D(p/q), S(p/q)$ も定義できる．代表共鳴領域 $Z_{r/s}^0(\cdot)$ の領域 $E(r/s)$ および $F(r/s)$ の下辺は弧 Γ_u の一部である．これらを弧 γ_E および弧 γ_F と書くことにする．また領域 $D(r/s)$ および $S(r/s)$ の上辺も弧 Γ_u の一部であるので，これらを弧 γ_D および弧 γ_S と書く．代表共鳴領域 $Z_{r/s}^0(\cdot)$ の領域 $E(r/s)$ から代表共鳴領域 $Z_{p/q}^0(\cdot)$ への遷移を考えよう．そのために弧 γ_E の像 $T^s \gamma_E$ を調べる．像 $T^s \gamma_E$ は，4.6 節で述べたように，領域 $S(r/s)$ の左辺と領域 Z の左辺 (W_s の弧) を結ぶ馬蹄型 (⊃) 曲線であって，⊃ の上の分枝が領域 $E(p/q)$ と領域 $F(p/q)$ を通り抜けている (図 4.16)．よって，領域 $E(r/s)$ から領域 $E(p/q)$ と領域 $F(p/q)$ に遷移できることが導かれる．同様にして，領域 $S(r/s)$ から領域 $E(p/q)$ と領域 $F(p/q)$ に遷移できることがわかる．$T^s \gamma_F$ は $F(r/s)$ の右辺と領域 Z の左辺を結ぶ線分なので，領域 $E(p/q)$ と領域 $F(p/q)$ を通り抜ける．$T^s \gamma_D$

4.7. 領域間の遷移行列

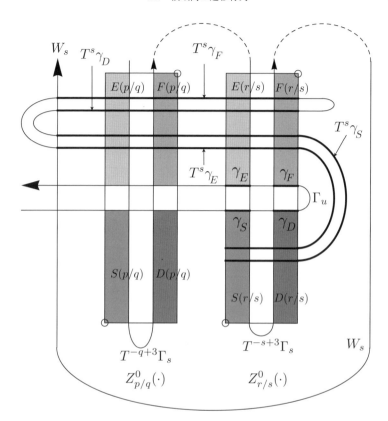

図 4.16 代表共鳴領域 $Z^0_{r/s}(z)$ における四つの弧 $\gamma_E, \gamma_F, \gamma_D, \gamma_S$ の定義と，像 $T^s\gamma_E$, $T^s\gamma_F, T^s\gamma_D, T^s\gamma_S$ の形状．これらを太線で描いた．$E(r/s)$ などは領域の名称．

も同様である．以上をまとめて遷移行列 $N(r/s, p/q)$ が得られる．残りの遷移行列 $M(r/s, p/q), J(r/s, r/s), J(p/q, p/q)$ も同様の方法で導くことができる．以下でこれらの遷移行列をまとめておく．ここで $0 < p/q < r/s < 1/2$ とする．

$$M(p/q, r/s) = \begin{pmatrix} & E(r/s) & S(r/s) & F(r/s) & D(r/s) \\ \hline E(p/q) & 1 & 1 & 1 & 1 \\ S(p/q) & 1 & 1 & 1 & 1 \\ F(p/q) & 0 & 0 & 0 & 0 \\ D(p/q) & 0 & 0 & 0 & 0 \end{pmatrix}, \quad (4.33)$$

$$N(r/s, p/q) = \left(\begin{array}{c|cccc} & E(p/q) & S(p/q) & F(p/q) & D(p/q) \\ \hline E(r/s) & 1 & 0 & 1 & 0 \\ S(r/s) & 1 & 0 & 1 & 0 \\ F(r/s) & 1 & 0 & 1 & 0 \\ D(r/s) & 1 & 0 & 1 & 0 \end{array}\right), \quad (4.34)$$

$$J(r/s, r/s) = \left(\begin{array}{c|cccc} & E(r/s) & S(r/s) & F(r/s) & D(r/s) \\ \hline E(r/s) & 1 & 1 & 1 & 1 \\ S(r/s) & 1 & 1 & 1 & 1 \\ F(r/s) & 1 & 0 & 1 & 0 \\ D(r/s) & 1 & 0 & 1 & 0 \end{array}\right), \quad (4.35)$$

$$J(p/q, p/q) = \left(\begin{array}{c|cccc} & E(p/q) & S(p/q) & F(p/q) & D(p/q) \\ \hline E(p/q) & 1 & 1 & 1 & 1 \\ S(p/q) & 1 & 1 & 1 & 1 \\ F(p/q) & 1 & 0 & 1 & 0 \\ D(p/q) & 1 & 0 & 1 & 0 \end{array}\right). \quad (4.36)$$

ここで示したように可逆馬蹄が完成していなくても上記の遷移行列は使用できる．

4.8 ブロックコード

一般に，周期軌道のコードはブロックで表示できる．これを**ブロックコード**と名付ける．たとえば領域 $E(1/4)$ から出発し領域 $E(1/3)$ に入り，領域 $E(1/4)$ に戻る周期軌道があったとする．この周期軌道は $E(1/4)E(1/3)$ と二つのブロックで表示される．ブロック表示に関する以下の命題 4.8.1 は基本的である．

命題 4.8.1 周期軌道のブロックコード表示は一意である．この表示は遷移規則を満たす．

証明 命題 2.2.5 より，$0, 1$ の記号列と周期軌道の対応は一対一である．$0, 1$

の記号列とブロック記号列の対応が一対一なら主張は正しい．軌道の幾何学から，周期軌道にはブロック記号列が対応する．この対応が一対一であることは以下の「ブロック分割アルゴリズム 4.8.6」で保証される．(Q.E.D.)

一意性に関して例をもとに説明しよう．コード 0110101 を考える．01・101・01 と分割しよう．・で区切れを表している．これをブロック語で表示すると，$E(1/2)S(1/3)E(1/2)$ である．別の分割 01101・01 を考える．これは $E(2/5)E(1/2)$ である．$E(1/2)S(1/3)E(1/2)$ と $E(2/5)E(1/2)$ は全く別の周期軌道である．コード 0110101 で表示される周期軌道は一つであるから，二つのブロックコード表示のいずれかが間違いである．$E(1/2)S(1/3)E(1/2)$ が間違っている．なぜなら領域 $E(1/2)$ から領域 $S(1/3)$ へは遷移がないからである．$E(1/2)S(1/3) = E(2/5)$ と合体した 2 番目の分割が正しい．

命題 4.8.2 二つ以上のブロックからなるブロックコードの最小回転数を p/q とすると，このブロックコードは必ず $E(p/q)$ を含む．

証明 回転数 $r/s\ (>p/q)$ の共鳴領域から回転数 p/q の共鳴領域に遷移したとする．行き先は領域 $F(p/q)$ または領域 $E(p/q)$ である（式 (4.29)）．一方，回転数 p/q の共鳴領域から回転数 $m/n\ (>p/q)$ の共鳴領域に遷移できるのは領域 $E(p/q)$ または領域 $S(p/q)$ である（式 (4.27)）．領域 $F(p/q)$ から領域 $S(p/q)$ への遷移は禁止されている（式 (4.31)）から，ブロックコードが $E(p/q)$ を含まないとすると 1 周期分のコードが完成しない．

次にブロックコードの回転数がすべて p/q の場合を考える．領域 $F(p/q)$ と領域 $D(p/q)$ から領域 $S(p/q)$ への遷移は禁止されている（式 (4.31)）．また領域 $F(p/q)$ から領域 $D(p/q)$ への遷移も禁止されている（同上）．よって，ブロックコードが $E(p/q)$ を含まないとすると 1 周期分のコードが完成しない．(Q.E.D.)

命題 4.8.3 ブロックコード内のブロックの個数は 2 個以上とし，ブロックコードが含む最小の回転数を p/q とする．コードの最小値表示 (4.3 節参照) に対応するブロックコードは $E(p/q)$ で始まる．

証明 $S(p/q)$ と $D(p/q)$ は記号 1 から始まるので最小値表示の条件を満たさない．最小値表示は $E(p/q)$ または $F(p/q)$ で始まる．$E(p/q) = 0d01$ と書くと，$F(p/q) = 0d11$ と書ける（表 4.1）．性質 4.5.5(2) より，語 d の偶奇性は偶である．

$._0d01\cdots$ と $._0d11\cdots$ を二進法表現に変換すると $._0\widehat{d}01\cdots$ と $._0\widehat{d}11\cdots$ が得られる．$\widehat{d}$ は，d を二進法表現にした表記である．変換せずに大小関係の判定は大小判定法 4.3.1 を利用してもよい．

$$._0\widehat{d}01\cdots < ._0\widehat{d}11\cdots$$

であるから，最小値表示の先頭が $E(p/q)$ であることが示された． (Q.E.D.)

ホールは必ずしも可逆性をもたない系に対して"高さ"なる概念を導入した．本書の最小値表示コードの先頭のブロック $E(p/q)$ の回転数 p/q は，"高さ"に対応する．周期軌道の高さを求める手順である「高さアルゴリズム」[44] は付録 D で紹介する．

与えられた周期軌道のコードをブロックコードに変換するブロック分割アルゴリズムを以下で述べる．このアルゴリズムを実行する際に役に立つ性質 4.8.4 を紹介しよう．これはブロックの構造からほぼ自明である．

性質 4.8.4 $0 < p/q < 1/2$ とし，$p \geq 2$ とする．四つのブロック $E(p/q), S(p/q), F(p/q), D(p/q)$ は，どれも回転回数 1 の複数のブロックに分けることができる．得られたブロック語はコードとしてはどれも実現されない．この分割では一意性は必ずしも成り立たない．

実現されないブロックコードを**禁止ブロックコード**，実現されないブロック語を**禁止ブロック語**とよぶことにする．$E(2/5) = 01101$ は $F(1/3)S(1/2)$ とも分割でき，$E(1/2)S(1/3)$ とも分割できる．$D(2/5) = 11111$ は，$D(1/3)S(1/2)$ とも $S(1/2)D(1/3)$ と分割できる．これらはすべて禁止ブロック語である．

ここで二つのアルゴリズムを紹介する．最初に，最小回転数を決めるアルゴリズムを紹介する．最小回転数を決めるために，命題 4.8.3 と問題 4.5.2(2) の結果を利用する．例を用いてアルゴリズムを説明しよう．コード $s = 0110110111$ は最小値表現になっている．このコードの最小回転数を求めよう．コードの

4.8. ブロックコード

先頭から E の候補を探索する．そうすると $01 = E(1/2)$ が見つかる．最小回転数の候補は $1/2$ である．次に s から 01 を除いた 10110111 からブロック S を探索する．これは問題 4.5.2(2) の結果より $E(p/q) = E(p_r/q_r)S(p_l/q_l)$ ($FI[p/q] = \{p_r/q_r, p_l/q_l\}$) を満たす $S(p_l/q_l)$ を見つけることができれば，新しい $E(p/q)$ が得られるからである．もしこのような条件を満たす $S(p_l/q_l)$ が見つかれば，p/q はもとの候補 p_r/q_r より小さくなる．よって新しい最小回転数の候補は p/q となる．ここでは $101 = S(1/3)$ が見つかる．$1/2 > 1/3$ を満たしているので，$E(1/2)S(1/3) = E(2/5)$ が得られる．$1/2 > 2/5$ であるから，最小回転数の候補は $2/5$ となる．残りの 10111 において，$101 = S(1/3)$ が見つかるので，$E(2/5)S(1/3) = E(3/8)$ が得られる．$2/5 > 3/8$ であるから，最小回転数の候補は $3/8$ となる．SB樹のノードの $2/5$ から左分枝を経て $3/8$ へと登っていることがわかる．ノードから右分枝を経て SB 樹を登ることはない．さて，残りの 11 は $S(1/2)$ である．しかし，$3/8 < 1/2$ であるので新しい E を構成できない．よってここでアルゴリズムは終了し，最小回転数は $3/8$ と決まる．与えられたコードの語数は有限であるから，上記の手順は必ず終了する．以上のアルゴリズムを最小回転数決定アルゴリズム 4.8.5 としてまとめた．

最小回転数決定アルゴリズム 4.8.5　与えられたコード s は最小値表現とする．

[P1] $n = 1$．コード s の先頭から E の候補を探索し $E(p_n/q_n)$ を決める．

[P2] $s = E(p_n/q_n)$ の場合，p_n/q_n を最小回転数としてアルゴリズムを終了する．そうでないとき [P3] へ進む．

[P3] s から $E(p_n/q_n)$ を除いた残りの語の先頭から記号をいくつか選んで，条件 $E(p_{n+1}/q_{n+1}) = E(p_n/q_n)S(r_n/s_n)$ を満たすブロック $S(r_n/s_n)$ が決められる場合，新しい $E(p_{n+1}/q_{n+1})$ が得られる．この場合，[P4] へ進む．ここで，回転数 p_{n+1}/q_{n+1} は

$$p_{n+1}/q_{n+1} = (p_n + r_n)/(q_n + s_n).$$

ブロック $S(r_n/s_n)$ が決められない場合，最小回転数として p_n/q_n を出力し終了する．

[P4] n の値を 1 増やして，[P2] へ戻る．

次に，最小値表現 s をブロック表示に変換するブロック分割アルゴリズムを紹介する．このアルゴリズムを実行する前に，回転回数アルゴリズム 2.5.2 を利用して与えられたコードの回転数 p/q を求めておく．また，最小回転数 p_0/q_0 ($p_0/q_0 \leq p/q$) も，最小回転数決定アルゴリズム 4.8.5 で決定しておく．コードのブロック表示は $E(p_0/q_0)$ で始まる．$p_0/q_0 = p/q$ の場合は容易なので，ブロック分割アルゴリズムでは $p_0/q_0 < p/q$ の場合のみ取り扱う．

ブロック分割アルゴリズム 4.8.6

[P1] コードのブロックコードを $E(p_0/q_0)X_1(1/q_1)\cdots X_n(1/q_n)$ と表示しよう（性質 4.8.4 を見よ）．ここで $q = \sum_{k=0}^{n} q_k$, $p = p_0 + n$ である．また $X_k \in \{E, S, F, D\}$ である．$X_1(1/q_1)\cdots X_n(1/q_n)$ を $1/q$-ブロック表示と名付ける．

[P2] $X_1(1/q_1)\cdots X_n(1/q_n)$ を左から順に禁止ブロック語があるかどうか確認する．禁止遷移があれば [P3] へ進む．隣接するブロック間に禁止遷移がなければ，分割は終了である．例として $000100101 = E(1/4)E(1/3)E(1/2)$ の場合はこれで終了である．

[P3] $X_j(1/q_j)X_{j+1}(1/q_{j+1})$ が禁止ブロック語ならば，これらを一つのブロックにまとめることができる．これを融合と名付ける．融合の結果に対応するブロック記号がない場合がある．例を示す．001111011 を $F(1/4)S(1/2)F(1/3)$ と分割する．$F(1/4)S(1/2)$ は禁止ブロック語である．融合した 001111 に対応するブロックがない．このような場合，001111011 を $S(1/3)D(1/3)F(1/3)$ と分割し直す．これは許されたブロック語である．$1/q$-ブロック表示には一意性がないために，このように $1/q$-ブロック表示の一部を書き換える必要がある．融合後 [P4] へ進む．

[P4] 融合されたブロックを $X'_j(2/(q_j + q_{j+1}))$ と書く．全体の表示を

$$E(p_0/q_0)X_1(1/q_1)\cdots X_j(2/(q_j + q_{j+1}))\cdots X_m(1/q_m)$$

と書き直す．順番の添字を付け直した．$m = n-1$ である．また，$X'_j(2/(q_j + q_{j+1}))$ のダッシュ記号は省略した．新しい $X_1(1/q_1)\cdots X_j(2/(q_j + q_{j+1}))\cdots X_m(1/q_m)$ に，[P2] からの手順を繰り返す．ブロックコードが禁止語を含まなくなるまで融合手順を繰り返す．

例として最小値表示 $00001s' = E(1/5)s'$ を考える．最小の回転数（高さ）は $1/5$ である．

$$s' = 000110001011111101$$

としてブロック分割アルゴリズムを説明する．s' を $00011 \cdot 0001 \cdot 01 \cdot 11 \cdot 11 \cdot 101 = F(1/5)E(1/4)E(1/2)S(1/2)S(1/2)S(1/3)$ と分割する．先頭から見ていくと $F(1/5)E(1/4)$ が禁止語であることがわかる．最初に 00011 と 0001 を融合し $000110001 = E(2/9)$ が得られる．次に $S(1/2)S(1/3)$ が禁止語であるので，11 と 101 を融合し $110101 = S(2/5)$ が得られる．ここまでで，$E(2/9)E(1/2)S(1/2)S(2/5)$ が得られる．$S(1/2)S(2/5)$ が禁止語であるので融合すると $S(3/7)$ が得られ，$E(2/9)E(1/2)S(3/7)$ となる．$E(1/2)S(3/7)$ が禁止語であるので，融合し $E(4/9)$ が得られる．以上で，$s' = E(2/9)E(4/9)$ が得られる．最終的なブロック表示は $E(1/5)E(2/9)E(4/9)$ である．これは禁止語を含まない．よって，アルゴリズムは終了する．

周期軌道はブロック表示で記述できることがわかった．付録 H に，周期数が 2 から 9 までの周期軌道のブロック表示を載せておいた．

コードの偶奇性（定義 2.4.4）を定義 4.8.7 のように書き直せる．これにより，ブロックコードのままで偶奇性を決めることができる．

定義 4.8.7 ブロックコードに含まれる E の個数を n_E とし，D の個数を n_D とする．ブロックコードの偶奇性を $n_E + n_D$ の偶奇性で定義する．

性質 4.8.8 馬蹄が存在するとき，ブロックコードの偶奇性とコードの偶奇性は一致する．

証明 馬蹄が存在するならば，四つのブロックは 0 と 1 で記述される．E と D の偶奇性は奇であり，S と F の偶奇性は偶である．よって，全体の偶奇性は $n_E + n_D$ の偶奇性で決まる．(Q.E.D.)

準備ができたので定理 4.2.3 の証明を行う．

定理 4.2.3 の証明 最初に $q \geq 3$ の場合の証明を与える．構成規則 4.5.1 より，$E(p/q) = 0d01$ と書ける．$q = 3$ の場合，語 d は空である．$E(p/q)$ の表式の

最後の 1 は孤立 1 である（性質 3.6.9(ii)）．この周期軌道の記号列を孤立 1 の前に小数点を配置して書く．

$$\cdots 0d010d0 \bullet 10d010d0 \cdots$$

小数点のすぐ右の記号を s_0 とし，記号平面の軌道点を $\widehat{z_0}$ とする．s_0 の右の記号を s_1 とし，その軌道点を $\widehat{z_1}$ と書く．同じく s_0 の左の記号を s_{-1} とし，その軌道点を $\widehat{z_{-1}}$ と書く．残りも同様に記号と軌道点の名称を決める．$d = d^{-1}$ より，$s_{-k} = s_k$ が得られる．命題 3.3.3 から $\widehat{z_0}$ は対称線 $\widehat{S_g}$ 上にあることが得られる．$\widehat{z_0}$ が $\widehat{S_g^+}$ 上にあることは次のようにしてわかる．$\widehat{z_0} = (\widehat{x_0}, \widehat{y_0})$ と書く．$x_0 = \bullet(10d0)^\infty$ である．この表式を二進法表記に変換すると $\widehat{x_0} = \bullet 11 \cdots > 3/4 > 2/3$ が得られる．

次に $q = 2$ の場合の証明を与える．上記と同じようにして $z_0 = (x_0, y_0)$ とすると $x_0 = \bullet(10)^\infty$, $y_0 = \bullet(01)^\infty$ が得られる．これらより $\widehat{x_0} = \bullet(1100)^\infty = 4/5$, $\widehat{y_0} = \bullet(0110)^\infty = 2/5$ が得られる．よって，$\widehat{z_0}$ は対称線 $\widehat{S_g^+}$ 上にある．(Q.E.D.)

$\widetilde{E}(p/q)$（規則 3.6.5 参照）が最大値表示であることを説明するための準備として性質 4.8.9 が必要である．

性質 4.8.9 p/q-S·BE の対称線 $\widehat{S_g^+}$ 上の軌道点 $\widehat{z_0}$ の $\widehat{x}$ 座標は，この周期軌道の軌道点の $\widehat{x}$ 座標の中で最大である．また $\widehat{z_1} (= \widehat{h z_0} = \widehat{T z_0})$ の $\widehat{x}$ 座標が最小である．

証明 性質 4.2.5 および 4.2.6(2) より，共鳴領域 $\widehat{Z}_{p/q}(\widehat{z_0})$ は二つの領域に分かれていることがわかる．$\widehat{z_0}$ を含む領域を領域 R とし，含まない領域を領域 R' としよう．領域 R' はもともと領域 R の右側にあってつながっていたが，折りたたまれて領域 R より下に（$\widehat{y}$ 座標で言えば「上に」）写されたものである（図 4.6）．この性質より記号平面で $\widehat{y}$ 座標に関して $\widehat{z_0}$ を含む領域より下に，この周期軌道の共鳴領域はない．だから，$\widehat{z_0}$ の $\widehat{y}$ 座標は最小（$y_{\min}$）である．

$\widehat{h}$ が $\widehat{x}$ 座標と $\widehat{y}$ 座標を入れ換える作用であることと，$\widehat{z_0}$ の $\widehat{y}$ 座標が最小であることより，$\widehat{z_1} (= \widehat{T z_0} = \widehat{h z_0})$ の $\widehat{x}$ 座標は最小（$x_{\min} = y_{\min}$）である．同様に，$\widehat{z_0}$ の $\widehat{x}$ 座標が最大（$x_{\max}$），$\widehat{z_1}$ の $\widehat{y}$ 座標が最大で $x_{\max}$ に等しい．(Q.E.D.)

4.8. ブロックコード

馬蹄写像 $\widehat{T}$ は x 座標に関してはテント写像である．ここで，テント写像の周期軌道の場合，最大座標の軌道点は最小座標の軌道点に写るという性質を思い出そう．$\widetilde{E}(p/q)$ は $\widetilde{E}(p/q) = 10d0$ と書ける．ここで記号列 $(10d0)^\infty \bullet (10d0)^\infty$ を考える．小数点 $\bullet$ の右側から $\widehat{x}$ 座標 ($\widehat{x_0}$) が得られ，左側を反転して $\widehat{y}$ 座標 ($\widehat{y_0}$) が得られる．定理 4.2.3 の証明より $\widehat{z_0} = (\widehat{x_0}, \widehat{y_0})$ は対称線 $\widehat{S}_g^+$ 上にある．また性質 4.8.9 より，$\widehat{x_0}$ はこの周期軌道の軌道点の $\widehat{x}$ 座標についての最大値であるので，$\widetilde{E}(p/q)$ は最大値表示である．$\widetilde{E}(p/q)$ の先頭の 1 を末尾に移動した表示である $E(p/q)$ は最小値表示である．これを性質 4.8.10 とする．

性質 4.8.10 $E(p/q)$ は最小値表示である．

第5章
ホモクリニック軌道の基本的性質

サドル型不動点の安定多様体と不安定多様体の交点をホモクリニック点といい,ホモクリニック点の軌道をホモクリニック軌道という.ホモクリニック軌道には主ホモクリニック軌道と2次のホモクリニック軌道がある.

最初に,主ホモクリニック軌道の横断的交差についての結果をまとめ,主ホモクリニック軌道の性質を紹介する.ホモクリニック軌道の記号列について説明する.記号列の中で,ホモクリニック軌道を特徴付ける重要な部分として核と内核を定義する.またデコレーションも導入する.

次に,主ホモクリニック軌道と2次のホモクリニック軌道の違いを議論する.核と内核の性質を紹介し,内核がブロックで記述できることを示す.また核のデコレーションについても説明する.最後に,方向指数を利用して対称ホモクリニック軌道の分岐を説明する.

5.1 主ホモクリニック軌道と横断的交差

ホモクリニック点とホモクリニック軌道については1.6節(定義1.6.1と定義1.6.2を参照)で説明した.今後の議論のために必要な定義を与えておく.

定義5.1.1 サドル型不動点の安定多様体と不安定多様体の(不動点以外の)交点をホモクリニック点とよぶ.交わり方が横断的のとき交点を横断的ホモクリニック点とよぶ.ホモクリニック点の軌道をホモクリニック軌道とよぶ.

本節では,サドル型不動点 P の安定多様体と不安定多様体の交点として得られるホモクリニック点のみを対象とする.1.5節で,P から右上に出ていく不安定多様体の分枝を W_u と書き,P に右下から入ってくる安定多様体の分枝を W_s と書いた.今後もこの約束に従う.

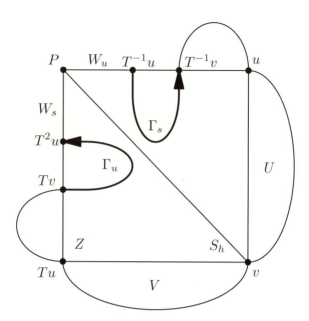

図 5.1 サドル不動点 P の安定多様体の分枝 W_s と不安定多様体の分枝 W_u. 交点 u と v は主ホモクリニック点. 不安定多様体上で太く描かれた弧が Γ_u で, 安定多様体上で太く描かれた弧が Γ_s である. Z は基本領域を表し, S_h は対称線を表す. U と V はホモクリニックローブ.

　分枝 W_u と W_s については, 図 5.1 を見れば確認できる. 図 5.1 には主ホモクリニック点 u と v も描いておいた.

　横断的ホモクリニック点が存在すればその系の中にカオスが存在することを発見したのはポアンカレである [71]. あとで紹介する命題 5.1.4 の証明にあるように, 高次の馬蹄が存在し, 安定多様体および不安定多様体の無限の折りたたみが存在するのである. 主ホモクリニック点 u と v において安定多様体と不安定多様体が交わることは, 1.6 節の命題 1.6.3 で示した. しかし, 横断性はパラメータ a がある程度大きい場合 ([21, 36, 命題 5.1.3]) と, a が 0 に近い場合 [89] しか証明されていない. この横断的交差を理解するために有用な結果をまとめておく.

[1] 宇敷の定理 [92].

平面 R^2 から R^2 への解析的微分同相写像 f が複素 2 次元空間 C^2 から C^2 への自己同型写像に拡張可能であれば，f はサドルコネクションをもたない．

本書で使用している接続写像 T は宇敷の定理の条件を満たす．二つのサドル (P, P') をつなぐ滑らかな曲線 γ があって写像 f のもとで不変のとき，曲線 γ をサドルコネクションという．$P = P'$ の場合，サドルコネクションはホモクリニックコネクションと言い換えられる．この定理によって，接続写像 T にはホモクリニックコネクションが存在しないことが保証される．すなわち，主ホモクリニック点で安定多様体と不安定多様体は横断的または非横断的に交差する．横断的であることの証明は別途行う必要がある．

[2] ブラウンの定理 [21].

エノン写像
$$x_{n+1} = 1 - bx_n^2 + y_n, \quad y_{n+1} = -x_n \tag{5.1}$$

では，$b > 0$ で主ホモクリニック点において安定多様体と不安定多様体は横断的に交差する．ブラウンの手法は幾何学的である．

[3] トービス・土屋・ジャフェの結果 [89].

写像
$$y_{n+1} = y_n + \sigma^2(x_n^2 - 2x_n), \quad x_{n+1} = x_n + y_{n+1}. \tag{5.2}$$

において，σ が無限小の場合に，主ホモクリニック点における安定多様体と不安定多様体の交差角度は $O(\exp(-C/\sigma))$ と書ける．ただし，C は定数．写像は比較のため接続写像と同じ形式に書き直した．

ここで本書の方針を示しておこう．主ホモクリニック点で安定多様体と不安定多様体が交差していることが保証されているならば，別な言葉で言えば，ホモクリニックローブ U と V が有限の面積をもてば，横断的であるか非横断的であるかは問題とならない．つまり，主ホモクリニック点 u と v において非横断的な交差であっても基本領域 Z を構成できるし，馬蹄が存在する．ま

た，ホモクリニック軌道の記号列は横断的交点であるかどうかに依存しない．よって，本書で得た結果は交差の仕方に依存しない．以下では簡単のため横断的であるとして議論を進める．ここではパラメータの値が大きい場合に横断性を証明する．

定理 5.1.2 $a \geq 1 + \sqrt{2}/2$ では，主ホモクリニック点 v において安定多様体 W_s と不安定多様体 W_u は横断的に交わる．

以下ではブラウンの方法 [21] を利用する．参考文献 [21, 36] の証明も参考になる．これから使用する記号と関係式をまとめておく．$v \in S_h$ より，$v = hv$ が成り立つ．$T^{-1}v = ghv = gv$ であるから，交点 $T^{-1}v$ の x 座標は，交点 v の x 座標と同じである．このことを踏まえ，v の座標を $(x_v, 0)$ $(x_v > 1)$ と書くと，$T^{-1}v$ の座標は $(x_v, -f(x_v))$ である．v を通る安定多様体が $y = F_s(x)$ なので，その傾きを $\xi_s^F(x_v)$ と書く．また $T^{-1}v$ を通る不安定多様体は $y = F_u(x)$ なので，その不安定多様体の傾きを $\xi_u^F(x_v)$ とする．また交点 v を通る不安定多様体は $y = G_u(x)$ なので，その傾きを $\xi_u^G(x_v)$ とする．

サドル点 P を出て不安定多様体上を移動すると点 $T^{-1}v$ と出会い，次に点 u と出会う．これは u と v の間で W_s の傾きが正であることからわかる．だから，弧 $[P, t]_{w_u}$ 上に点 $T^{-1}v$ があることがわかる．性質 1.5.3 より，

$$\xi_u(0) = (-a + \sqrt{a^2 + 4a})/2 > \xi_u^F(x_v) \tag{5.3}$$

が得られる．

式 (1.50) より，$\xi_u^F(x_v)$ と $\xi_s^F(x_v)$ との間に

$$\xi_s^F(x_v) = -\xi_u^F(x_v) - f'(x_v) \tag{5.4}$$

が成り立つ．式 (1.54) より，点 v における $\xi_s^F(x_v)$ と $\xi_u^G(x_v)$ とは下記の関係を満たす．

$$\xi_s^F(x_v) = \xi_u^G(x_v)/(\xi_u^G(x_v) - 1). \tag{5.5}$$

命題 5.1.3 $a \geq 3/2$ のとき $x_v > x_0 \equiv 1 + 1/(2a)$ である．

5.1. 主ホモクリニック軌道と横断的交差

証明 $z_0 = (x_0, 0)$ とおく．z_0 から出発した軌道点を追いかける．軌道点が $x > 0$ かつ $y \geq 0$ の領域に入ると z_0 は基本領域 Z に含まれていたことがわかる．つまり，$x_0 < x_v$ が成立する．このことを踏まえ，軌道点 $z_n = T^n z_0$ $(n \geq 1)$ の位置を調べる．

最初に，$z_1 = (x_1, y_1)$ の位置を調べる．

$$x_1 = \frac{2a+1}{4a}, \quad y_1 = -\frac{2a+1}{4a}. \tag{5.6}$$

よって，点 z_1 は，$x > 0$ かつ $y < 0$ の領域にある．

次に $z_2 = (x_2, y_2)$ の位置を調べる．

$$x_2 = \frac{(2a-1)(2a+1)}{16a}, \quad y_2 = \frac{(2a-5)(2a+1)}{16a}. \tag{5.7}$$

$a \geq 5/2$ ならば，点 z_2 は $x > 0$ かつ $y \geq 0$ を満たす領域にある．よって，$a \geq 5/2$ ならば $x_v > x_0$ が成り立つ．

z_3 の位置を調べる．

$$x_3 = \frac{-(2a+1)(8a^3 - 36a^2 - 50a + 97)}{256a}, y_3 = \frac{(2a-3)(2a+3)(2a+1)(9-2a)}{256a}. \tag{5.8}$$

$3/2 \leq a \leq 5/2$ において，点 z_3 が $x > 0$ かつ $y \geq 0$ を満たす領域にあることは簡単に示せる．以上をまとめて，$a \geq 3/2$ において，$x_v > x_0$ が成立する．(Q.E.D.)

定理 5.1.2 の証明 $a \geq 1 + \sqrt{2}/2$ のときに，関係式 $\xi_s^F(x_v) > 2 > \xi_u^G(x_v)$ が成り立つこと，すなわち，W_s と W_u が v で横断的に交わることを示す．

命題 5.1.3 の x_0 を使う．二つの関係式 $\xi_u(0) > \xi_u^F(x_v)$ と $-f'(x_0) < -f'(x_v)$ を利用する．後者は $x_0 < x_v$ から出る．式 (5.4) は

$$\begin{aligned}\xi_s^F(x_v) &= -f'(x_v) - \xi_u^F(x_v) > -f'(x_v) - \xi_u(0) \\ &> -f'(x_0) - \xi_u(0) = (a+1) - (-a + \sqrt{a^2+4a})/2\end{aligned} \tag{5.9}$$

と書き換えられる．簡単な計算から $a \geq 1 + \sqrt{2}/2$ ならば，

$$(a+1) - (-a + \sqrt{a^2+4a})/2 \geq 2 \tag{5.10}$$

が得られる．$1+\sqrt{2}/2 > 3/2$である．よって，$\xi_s^F(x_v) > 2$が示された．式(5.5)より，$\xi_u^G(x_v) < 2$が得られ，証明が終わる．(Q.E.D.)

命題5.1.3で天下り的に導入したx_0について補足しておく．この特殊な位置はブラウンの証明で利用された．その意味を説明しよう．1/4-S·BSが$a=2$で生じる．aを増やすと，x軸上に生まれた軌道点がQから遠ざかり，$a=5/2$になって$x=x_0$に到達する．1/6-S·BSが$a=1$で生じる．aを増やすと，x軸上に生じた軌道点がやはりQから遠ざかり，$a=3/2$になって$x=x_0$に到達する．だから$a \geq 3/2$において，$x_0 < x_v$が成り立つことは明らかである．aをさらに小さくするとx_0の値は大きくなり，命題5.1.3が成り立たなくなる．

今までは写像Tのもとでの馬蹄を考えた．写像T^n ($n \geq 1$)のもとでの馬蹄も考えられる．写像T^n ($n \geq 2$)のもとでの馬蹄を高次の馬蹄とよぶことにする．

命題 5.1.4 横断的主ホモクリニック点が存在すれば馬蹄または高次の馬蹄が存在する．

証明 すでに注意したように，非横断的なホモクリニック点の場合もあり得るが，ここでは相隣る主ホモクリニック点u, vがどちらも横断的であるとする．すると安定多様体の弧$\Gamma_s = T^{-1}[u,v]_{W_s}$と不安定多様体の弧$\Gamma_u = T[v,Tu]_{W_u}$が定義できる（図5.1を見よ）．$T^k \Gamma_u$は$k$とともに$Z$内で横長になり$Z$の上辺に近づき，$T^{-k}\Gamma_s$は$k$とともに$Z$内で縦長になり$Z$の左辺に近づく．その結果，$k$を十分大きくとると，$T^{k-1}\Gamma_u \cap T^{-k+1}\Gamma_s \neq \emptyset$となる．

$A = T^{-k}u$, $C = hA = hT^{-k}u = T^khu = T^khgu = T^{k+1}u$と書く．ここで$u = gu$を利用した．$A$から下に向かう$T^{-k+1}\Gamma_s$の弧と$C$から右に向かう$T^{k-1}\Gamma_u$の弧が初めて出会う点を$B$とする．$B \in S_h$である．弧$PA$，弧$AB$，弧$BC$，弧$CP$で囲まれた領域を$Z_{2k+1}$とする．$Z_{2k+1} \cap T^{2k+1}Z_{2k+1}$は二つの領域となる．特に$T^{2k+1}A = T^{k+1}u = C$であることがわかる．$k=1$の場合の二つの領域を図5.2に描いた．対称性より，$Z_{2k+1} \cap T^{-2k-1}Z_{2k+1}$も二つの領域となる．これらの共通部分は四つの領域となる．つまり，Z_{2k+1}には，写像T^{2k+1}のもとでの可逆馬蹄が存在する．(Q.E.D.)

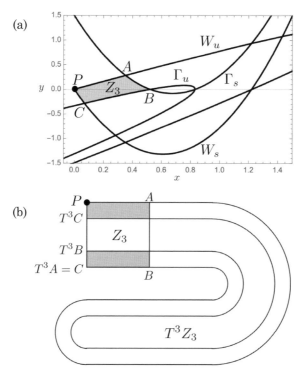

図 5.2 (a) $k = 1$ の例.不安定多様体の弧 Γ_u と安定多様体の弧 Γ_s が交差する状況における基本領域 Z_3.(b) $Z_3 \cap T^3 Z_3$ は二つの領域(灰色の領域)になる.

最後に,ポアンカレのホモクリニック定理を紹介しよう.

定理 5.1.5(ポアンカレのホモクリニック定理 [71]) 横断的ホモクリニック点は,横断的ホモクリニック点の極限である.

参考文献 [71] の第 33 章 395 節と 396 節に定理 5.1.5 の詳細が述べられている.写像 T^3 を繰り返し作用すると,図 5.2 の Z_3 には折り曲げられた不安定多様体の弧が入り込み,これらの弧は弧 $(A, B)_{W_s}$ と交わる.結果として,弧 $(A, B)_{W_s}$ 上の横断的交点 A の近傍には無数の横断的交点が存在することが導かれる.

5.2 ホモクリニック軌道の記号列

主ホモクリニック軌道および 2 次のホモクリニック軌道の記号列を議論するので，定義 1.6.1 を再度掲載しておこう．

定義 1.6.1 W_u と W_s の交点を z とする．$(P, z)_{W_u} \cap (z, P)_{W_s} = \emptyset$ のとき，z は主ホモクリニック点とよばれる．そうでないとき，z は 2 次のホモクリニック点とよばれる．軌道はそれぞれ主ホモクリニック軌道および 2 次のホモクリニック軌道とよばれる．

ホモクリニック軌道の場合も，2.1 節で導入した基本領域 Z の中の領域 V_0 と領域 V_1 を使って記号列を決める．40 ページの図 2.2 を参照にしながら議論を進める．最初に主ホモクリニック点 u の軌道の記号列を求めよう．$u \in V_1$ であるから u の記号は 1，また，$n \geq 1$ として $T^n u \in V_0, T^{-n} u \in V_0$ であるから u の軌道の記号列は

$$0^\infty 1 0^\infty \tag{5.11}$$

である．

次に主ホモクリニック点 v の軌道の記号列を求める．$v \in V_1$ であるから，v の記号は 1，また $T^{-1} v \in V_1$ であるから，$T^{-1} v$ の記号も 1 である．残りの軌道点はすべて V_0 に属するので，v の軌道の記号列は

$$0^\infty 1 1 0^\infty \tag{5.12}$$

である．主ホモクリニック軌道はこれら二つのみである．

2 次のホモクリニック軌道の記号列の一般形を求めよう．まず一般に，安定多様体上の任意の軌道は弧 $(T^{-1}v, v]_{W_s}$ に必ず軌道点をもつ．また不安定多様体上の任意の軌道は弧 $(u, Tu]_{W_u}$ に必ず軌道点をもつ．ところが $(T^{-1}v, u)_{W_s}$ も $(u, v)_{W_u}$ も基本領域 Z の外にあり，ホモクリニック点を含まない．したがって，任意のホモクリニック軌道は弧 $[u, v]_{W_s}$ と弧 $[v, Tu]_{W_u}$ に軌道点をもつ．すると，u, v 以外の任意のホモクリニック点，つまり 2 次のホモクリニック点の軌道は弧 $(T^{-1}v, u)_{W_u} \subset [P, u]_{W_u}$ に軌道点をもつ．そのような軌道点を一つとって z_0 と書く．この点は 1 と記号化される．過去の点の記号はすべて 0 である．

5.2. ホモクリニック軌道の記号列

次に軌道点 $z_1 = Tz_0$ は弧 $(v, Tu)_{W_u}$ 上にある．点 z_1 の記号は 0 または 1 である．ホモクリニック軌道の点は，いずれは弧 $(u, v)_{W_s}$ 上に到着する．その点を z_n とする．記号は 1 である．次の軌道点 z_{n+1} は弧 $(Tu, Tv)_{W_s} \subset [Tu, P]_{W_s}$ にあり，記号は 0 である．これ以後の軌道点はすべて 0 と記号化される．まとめると，2 次のホモクリニック軌道の記号列は $t = t_1 t_2 \cdots t_{n-1}$ ($t_i \in \{0, 1\}, n \geq 2$) を使って下のように書ける．

$$0^\infty 1 t 10^\infty. \tag{5.13}$$

2 次のホモクリニック軌道を二つのタイプに分けることから始める．

タイプ I：基本領域 Z の境界にのみ軌道点をもつホモクリニック軌道．

タイプ II：基本領域 Z の境界と内部に軌道点をもつホモクリニック軌道．

基本領域の右境界の端点 u, v は主ホモクリニック点である．そこで，右境界の上下の端点を除いた開境界を開右境界とする．同様に開上境界，開下境界，開左境界を定義する．開下境界の過去は開上境界に含まれる．また開右境界の未来は開左境界に含まれる．これらの事実より，開境界のみに軌道点をもつホモクリニック軌道は，開上境界から開下境界へ，次に開右境界へ，最後に開左境界へ遷移する．そうすると可能なコードは，$0^\infty 1010^\infty$ と $0^\infty 1110^\infty$ の二つのみである．この記号列で $0^\infty 1$ は開上境界の点列を表し，次の 0 または 1 は開下境界の点，最後の 1 は開右境界の点，そして 0^∞ は開左境界の点列を表す．

図 2.2 を見ると，弧 Γ_s は基本領域 Z の下境界と 2 点 t_l と t_r で交差している．これらは対称線 S_g^- に乗っている．また弧 Γ_u は基本領域 Z の右境界と 2 点で交差している．これらの 2 点は Tt_l と Tt_r である．2 点 t_l と t_r の逆像 $T^{-1}t_l$ と $T^{-1}t_r$ は，弧 $(T^{-1}v, u)_{W_u}$ 上にある．そうすると $T^{-1}t_l$ から出発した軌道は Q を 1 回と少し回転して Tt_l に到達する．同様に $T^{-1}t_r$ から出発した軌道は Q を 1 回と少し回転して Tt_r に到達する．よってこれら二つのホモクリニック軌道は Q を 2 回転していることがわかる．基本領域 Z の内部には軌道点をもたないから，これらはタイプ I のホモクリニック軌道である．タイプ I の軌道はこれら以外にない．図 2.2 からも明らかなようにこれらの二つのホモクリニック軌道が出現すると可逆馬蹄は完成である．

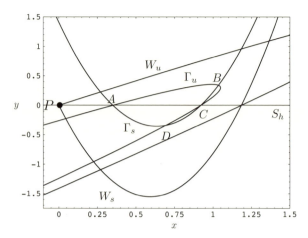

図 5.3 タイプ II の例. A と C が対称線 S_h^- 上にあり, $D = hB$ を満たす.

定義 5.2.1 2 次のホモクリニック軌道の記号列を $0^\infty 1t10^\infty$ と書く. ここで t は長さ 1 以上の有限の語である. $1t1$ を 2 次のホモクリニック軌道の**核**とよび, $t1$ を 2 次のホモクリニック軌道の**内核**とよぶ.

t_r の軌道の記号列は $0^\infty 1110^\infty$ であり, t_l の軌道の記号列は $0^\infty 1010^\infty$ である. だから, 核は 111 と 101 で内核は 11 と 01 である. タイプ I には内核 11 と 01 をもつホモクリニック軌道のみが含まれる.

タイプ II の例を図 5.3 に示す. 4 個 (A, B, C, D) のホモクリニック点が描かれている. A と C が対称線 S_h^- 上にあり, B と D は $D = hB$ の関係にある. このようにタイプ II に含まれるホモクリニック軌道は四つが組になるのは, っ型で水平方向に伸びる W_u と ∪型で鉛直方向に伸びる W_s が互いに交わると, 交点が 4 個生じるからである. この 4 点の軌道の記号列を以下に書いておく.

$$A: 0^\infty 10010^\infty, \quad B: 0^\infty 10110^\infty, \quad C: 0^\infty 11110^\infty, \quad D: 0^\infty 11010^\infty.$$

これらの内核表示は以下のようになる.

$$A: 001, \quad B: 011, \quad C: 111, \quad D: 101.$$

5.2. ホモクリニック軌道の記号列

2次のホモクリニック軌道を記述するためにホールによって導入されたデコレーションについて説明する [44].

定義 5.2.2 ホモクリニック軌道のデコレーションを以下のように定義する.
(i) 内核 01 と 11 のデコレーションは★とする.
(ii) 内核 001, 011, 111, 101 のデコレーションは・とする.
(iii) 内核の長さが 4 以上ならば内核は $0d01, 0d11, 1d11, 1d01$ と表現できる. この場合のデコレーションは d とする.

デコレーションは四つの内核を一つにまとめるための道具である. 4.2 節で述べたように,相平面の折りたたまれた安定多様体や不安定多様体の弧は,記号平面ではそれぞれ 1 本の線分になってしまう. だから, 相平面の四つ組ホモクリニック点は記号平面では 1 点に縮退してしまう. このことが記号列に現われるはずなので, 定義 5.2.2(iii) の四つの内核を使って確かめてみよう. 四つのホモクリニック軌道の記号列を

$$0^\infty 1_0^1 \boldsymbol{.} d_0^1 10^\infty$$

とまとめて書く. $y = \boldsymbol{.}010^\infty$ または $y = \boldsymbol{.}110^\infty$ を二進法表記に変えると, どちらも

$$\widehat{y} = \boldsymbol{.}01^\infty = \boldsymbol{.}1,$$

となる. また $x = \boldsymbol{.}d010^\infty$ または $x = \boldsymbol{.}d110^\infty$ を二進法表記に変えると, どちらも

$$\widehat{x} = \left\{ \begin{array}{c} \boldsymbol{.}\widehat{d}01^\infty \\ \text{または} \\ \boldsymbol{.}\widehat{d}10^\infty \end{array} \right\} = \boldsymbol{.}\widehat{d}1.$$

となる (d の偶奇性によって $\widehat{d}$ の値は異なることに注意). 以上で, 4 個の内核に対応する記号平面の軌道は同一であること, すなわち縮退していることが言えた.

5.3 主ホモクリニック軌道と2次のホモクリニック軌道の違い

最初に順序保存性について主ホモクリニック軌道と2次のホモクリニック軌道の違いを述べよう.

命題 5.3.1 主ホモクリニック軌道は順序保存である.

証明 主ホモクリニック軌道の回転回数が1であることから,周期軌道に関する性質 2.6.2 の証明と同様の方法で主張を導くことができる. (Q.E.D.)

命題 5.3.2 2次のホモクリニック軌道は順序保存でない.

証明 内核 01, 11 の場合に証明する. 前節で示したように,これらは記号平面上で一つの軌道になる. 図 5.4 に軌道点 $\widehat{z}_k$ ($k = 0, 1, \ldots, 4$) を描いた.

$\widehat{Q}$ を中心とした極座標表示を普遍被覆面に持ち上げて,軌道を描く. 記号平面の $\widehat{z}_0$ の普遍被覆面上の位置を $(\widehat{\theta}_0, \widehat{r}_0)$ とする. 図 5.5 では変数 $\widehat{\theta}$ の添字だ

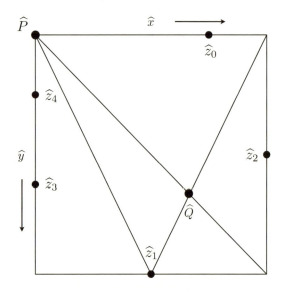

図 5.4 内核 11, 01 の記号平面上の軌道点 $\widehat{z}_0$ から $\widehat{z}_4$ までの位置. $\widehat{z}_0 = (3/4, 0)$, $\widehat{z}_1 = (1/2, 1)$, $\widehat{z}_2 = (1, 1/2)$, $\widehat{z}_3 = (0, 3/4)$, $\widehat{z}_4 = (0, 3/8)$.

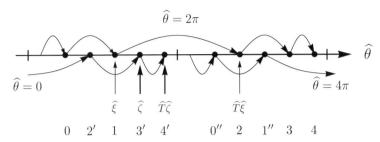

図 5.5 図 5.4 に描いた内核 11, 01 の軌道点 $\widehat{z_0}$ から $\widehat{z_4}$ の普遍被覆面上の軌道. 動径方向は無視した図.

け描いた．動径方向の情報は無視する．図 5.5 に三つの軌道を描いた．添字 0 を通る軌道は $0 \Rightarrow 1 \Rightarrow 2 \Rightarrow 3 \Rightarrow 4 \Rightarrow \cdots$ と進み，1 周期の間に 4π の近くまで行く．添字 $2'$ を通る軌道は $2' \Rightarrow 3' \Rightarrow 4' \Rightarrow \cdots$ と進み，2π の近くへ行く．添字 $0''$ を通る軌道は $0'' \Rightarrow 1'' \Rightarrow \cdots$ と進み，6π の近くへ行く．$\xi = \widehat{\theta}_1$ とし，$\zeta = \widehat{\theta}_{3'}$ とすると，$T\xi = \widehat{\theta}_2$, $T\zeta = \widehat{\theta}_{4'}$ が得られる．図 5.5 から明らかなように順序保存性が破れている．一般の 2 次のホモクリニック軌道の場合，$\widehat{Q}$ の周りを 2 回以上回転する．角度が 2π を越える前後で順序保存性が破れる．(Q.E.D.)

2 次のホモクリニック点はホモクリニック接触を経て現れる．対称ホモクリニック軌道のホモクリニック接触に関して以下の性質 5.3.3 が成り立つ．

性質 5.3.3
(i) 不安定多様体の弧 $T^k \Gamma_u$ が対称線 S_h と接触すると，接触点において安定多様体の弧 $T^{-k} \Gamma_s$ も S_h と接触する．ただし，$k \geq 0$.
(ii) 不安定多様体の弧 $T^k \Gamma_u$ が対称線 S_g と接触すると，接触点において安定多様体の弧 $T^{-k-1} \Gamma_s$ も S_g と接触する．ただし，$k \geq 0$.

証明 $h\Gamma_u = \Gamma_s$ を利用する．
(i) $z = T^k \Gamma_u \cap S_h$ とすると，

$$z = hz = hT^k \Gamma_u \cap hS_h = T^{-k} h\Gamma_u \cap S_h = T^{-k} \Gamma_s \cap S_h.$$

$w \neq z$ を $T^k \Gamma_u$ 上, z の近傍の点とする.仮定より,$w \notin S_h$.よって $hw \notin hS_h = S_h$.また $hw \in T^{-k}\Gamma_s$ であるから,z は $T^{-k}\Gamma_s$ と S_h の接点でもある.

(ii) 証明は (i) と同様である.(Q.E.D.)

問題 5.3.4 性質 5.3.3(ii) を証明せよ.

ここで横断的ホモクリニック点と周期点の関係を与える定理 5.3.5 を紹介する.バーコフ [13] によって証明され,スメール [81] によって一般化された.

定理 5.3.5(バーコフ・スメールの定理) f は平面の微分同相写像でサドル不動点 P をもつとする.P の安定多様体と不安定多様体が点 z で横断的に交差すれば,点 z の任意の近傍に周期点がある.

横断的ホモクリニック点の近傍にある周期軌道はサドル型(反転を伴うサドル型も含む)である [4].定理 5.3.5 は横断的ホモクリニック点に周期点が集積することを主張する.どのような周期点が集積するのか調べよう.最初に,主ホモクリニック点 u, v と $1/q$-SB·E, $1/q$-SB·S の関係を調べよう.$1/q$-SB·E は対称線 S_g^+ の上に軌道点をもつ.軌道のコードは $0^{q-1}1$ である.$k \geq 1$ として,このコードを,$q = 2k+1$ なら $0^k 10^k$ と孤立 1 を中央におく表示に変え,$q = 2k$ なら $0^{k-1}10^k$ と書くことにする.記号列は $\cdots 0^k \cdot 10^k \cdots$ または $\cdots 0^{k-1} \cdot 10^k \cdots$ となる.ここで $k \to \infty$ とすると,共に $0^\infty \cdot 10^\infty$ が得られる.これは主ホモクリニック点 u の軌道の記号列である.$1/q$-SB·S のコードは $0^{q-1}11$ である.この場合,孤立 11 を中央に置く表示に変える.$q \to \infty$ とすると,$0^\infty 1 \cdot 10^\infty$ が得られる.これは主ホモクリニック点 v の軌道の記号列である.よってどちらの場合も,主ホモクリニック点にバーコフ型の周期軌道が集積することがわかる.

問題 5.3.6 $E(2/(2k+1))$ $(k \geq 3)$ で記述される周期軌道の場合,$k \to \infty$ としたとき軌道点が主ホモクリニック点 u と v に集積することを示せ.

命題 5.3.2 よりただちに命題 5.3.7 が得られる.

命題 5.3.7 2 次のホモクリニック点には順序保存性を満たす周期軌道は集積できない.

5.4 核と内核の性質

最初に核の性質を紹介する.

定義 5.4.1 核が時間反転対称性をもつならば,この核を対称核とよぶ.対称核をもつホモクリニック軌道を対称ホモクリニック軌道とよぶ.ただし,周期軌道のコードの場合と違って,核の時間反転操作には巡回置換を含めない.

例を紹介する.核 1001 と核 1111 は対称である.核 1011 は対称ではない.時間反転すると 1101 である.核が時間反転対称性をもつならばホモクリニック軌道の記号列は時間反転対称性をもつ.よって,定理 1.2.4 より下記の性質 5.4.2 が得られる.

性質 5.4.2 対称ホモクリニック軌道は対称線上に軌道点を一つもつ.

対称線上に軌道点を 2 点もつと対称周期軌道となる.ホモクリニック軌道は周期軌道でないから,対称線上にある点は一つである.ただし,周期無限大の周期軌道とみなせば,二つ目の対称線上の点は不動点 P である.

2 次のホモクリニック軌道をさらに分類する.

分類 5.4.3 起源を同じくする 4 個の 2 次のホモクリニック軌道を以下のように 2 種類に分ける.
 (i) 4 個のうち 2 個が対称のとき,対称四つ組とよぶ.
 (ii) 4 個がどれも対称でないとき,非対称四つ組とよぶ.

性質 5.4.4
 (i) 記号平面内部のホモクリニック点はすべて四つ組軌道に属する.
 (ii) 記号平面内部で対称軸 S_g あるいは S_h 上にあるホモクリニック点はすべて対称四つ組軌道に属する.

記号平面の境界のみに軌道点をもつ主ホモクリニック軌道を一つ組とよぶ.一つ組は $\widehat{u} = (1, 0)$ を通る軌道と $\widehat{v} = (1, 1)$ を通る軌道の二つだけである.記号平面の境界のみに軌道点をもつ 2 次のホモクリニック軌道は二つ組とよぶ.二つ組も軌道は二つだけである.点 $(1, 1/2)$ を通るホモクリニック軌道はそのうちの一つである.

核のデコレーションについての有用な性質 5.4.5 を紹介する．性質 5.4.5 はデコレーションの定義 5.2.2 と分類 5.4.3 より得られる．

性質 5.4.5 4 個で構成される 2 次のホモクリニック軌道の核のデコレーション d について (i) と (ii) が成立する．

(i) 対称四つ組に含まれる核の場合．$d = d^{-1}$．

(ii) 非対称四つ組に含まれる核の場合．$d \neq d^{-1}$．

次に内核の性質を議論する．記号平面で，$\widehat{x} = 0$ は安定多様体の弧である．安定多様体のその他の弧は $\widehat{x} = 0$ の逆像として得られる．その座標は，既約分数 $\widehat{x} = i/2^n$ の形に書ける．ただし，$0 < i \leq 2^n, n \geq 1$ である．記号平面で，$\widehat{y} = 1/2$ は不安定多様体の弧であるから，$(i/2^n, 1/2)$ はホモクリニック点である．$i/2^n$ は有理数であるから，この点はいずれかの回転数の代表共鳴領域の中に入っている．なぜなら，SB 樹に含まれる回転数の代表共鳴領域の弧を線分 $\widehat{y} = 1/2$ から取り去ると，長さ 0 の区間が残り，残った点の座標は無理数だからである．例として $(3/2^2, 1/2)$ は回転数 $1/2$ の代表共鳴領域の中にあり，$(1/2, 1/2)$ は回転数 $1/3$ の代表共鳴領域の中にある．

すでに，性質 4.1.3 で述べたように，点が共鳴鎖に入ると，共鳴鎖の周期の間，その共鳴鎖に属する共鳴領域を一つ一つ渡り歩く．未来に無限遠に去らない軌道の場合，軌道点は共鳴鎖から出ると，別の共鳴鎖に入るか，無理数回転数の場所に移る．後者の場合，二度と共鳴鎖に戻ってこない．共鳴鎖に入る場合でも注意が必要である．共鳴鎖の境界の一部を構成している p/q-SB·S の安定多様体上に軌道点が乗ると，軌道点は p/q-SB·S に向かい共鳴鎖から出られなくなる．

ホモクリニック軌道の場合には，共鳴鎖の内部から出て他の共鳴鎖の内部に入らないなら，基本領域の境界に移動し，そのまま不動点 P に向かう．過去も同様である．別の言い方をすると，ホモクリニック軌道は基本領域（または記号平面）の上境界から共鳴鎖の内部へ飛び込み，共鳴鎖を渡り歩いて最後に基本領域（または記号平面）の左境界へ飛び出す．共鳴鎖を移り歩く段階では，各共鳴鎖内での点の動きの一般則（4.7 節を見よ）に従う．このことから性質 5.4.6 が得られる．

性質 5.4.6 内核はブロック語で書ける.

記号平面でホモクリニック点の座標を $(\widehat{x}, \widehat{y})$ と書くと,座標の分母は 2 の冪乗である.2 の冪を大きくすることで,ホモクリニック点は記号平面において稠密に分布することが言える.このことから記号平面の周期軌道点の任意の近傍にホモクリニック点があることがわかる.可逆馬蹄が存在するならば,この性質は相平面でも成立する.

記号 0 と 1 で表示された内核について,ブロック表示を決めるためにブロック分割アルゴリズム 4.8.6 を利用する.ホモクリニック軌道は周期軌道でないから,ブロック分割アルゴリズム 4.8.6 における最小値表示にする手順を行なってはいけない.例を示そう.内核 01101001 の表示は最小値表示ではない.これを $01 \cdot 101 \cdot 001$ と分割する.これのブロック表示は $E(1/2)S(1/3)E(1/3)$ である.領域 $E(1/2)$ から領域 $S(1/3)$ は禁止されている.これらを融合し $01101 \cdot 001$ と分割すると,$E(2/5)E(1/3)$ が得られる.領域 $E(2/5)$ から領域 $E(1/3)$ への遷移は可能である.よって内核のブロック表示は $E(2/5)E(1/3)$ である.

相平面でホモクリニック軌道は不安定多様体の弧 Γ_u 上に軌道点を必ずもつ (5.2 節参照).弧 Γ_u と基本領域 Z の左境界との交点は $T^2 u$ と Tv である.これは主ホモクリニック点である.二つの端点を除いた弧 Γ_u の開弧上に 2 次のホモクリニック点がある.つまり,記号空間ではホモクリニック軌道は代表共鳴領域の中を貫く $\widehat{y} = 1/2$ の上に軌道点を必ずもつ.このような理由から,問題 5.4.7 のプログラムを作成しておくと便利である.問題の解答例を付録 I に載せておいた.

問題 5.4.7 以下の機能をもつプログラムを作成せよ

(1) 記号平面の点 $(i/2^n, j/2^m)$ を入力すると,$\widehat{y} = 1/2$ 上の軌道点の $\widehat{x}$-座標値を出力する.入力点は記号平面の境界になく,また $\widehat{y} = 1/2$ 上にもないとする.

(2) $\widehat{y} = 1/2$ 上の軌道点の $\widehat{x}$-座標値 ($0 < \widehat{x} = i/2^n < 1$) を入力すると,対称ホモクリニック軌道かどうかを判定する.

(3) $\widehat{y} = 1/2$ 上の軌道点の $\widehat{x}$-座標値 ($0 < \widehat{x} = i/2^n < 1$) を入力すると,四つの

核を出力する．逆に核を入力すると $\widehat{y} = 1/2$ 上の軌道点の $\widehat{x}$-座標値を出力する．

5.5　対称ホモクリニック軌道の分岐

ホモクリニック点の分類 5.4.3 の意味を理解するために**方向指数**を導入する．1.5 節で安定多様体と不安定多様体上に向きを導入した．その向きに関して左側と右側が定義できる．以下の定義では，この左右の概念を使う．

定義 5.5.1[1]
(i) ホモクリニック点 z において不安定多様体を安定多様体が左から右へと通過している場合，z の方向指数を $(+1)$ とする．
(ii) ホモクリニック点 z において不安定多様体を安定多様体が右から左へと通過している場合，z の方向指数を (-1) とする．

ホモクリニック点 z の方向指数が $(+1)$ なら，写像の向き保存性より z の未来ならびに過去の軌道点の方向指数も $(+1)$ である．このことより，ホモクリニック点 z の方向指数を，ホモクリニック軌道 $O(z)$ の方向指数とする．ここで，ホモクリニック軌道の方向指数と記号列の関係を与えておこう．

性質 5.5.2　ホモクリニック軌道の記号列に含まれる 1 の総数を n とする．ホモクリニック軌道の方向指数は $(-1)^{n+1}$ である [83]．

証明　ホモクリニック軌道の点 z を馬蹄の上辺にとる．この点に右向き（不安定多様体の向き）の単位ベクトルを付随させる．z に何回か写像をほどこすと，馬蹄の左辺に到着し，あとは何回写像をほどこしても左辺に留まる．はじめて左辺に到着した z の像を z' とする．初期に設定した単位ベクトルは z' において右向きか左向きのどちらかである．性質 2.5.4 が適用できて，1 の総数 n が偶数ならばベクトルは右向き，n が奇数ならばベクトルは左向きである．安定多様体は上向きであるから，n が偶数ならば方向指数は (-1)，n が奇数ならば方向指数は $(+1)$ である．(Q.E.D.)

---

[1] 参考文献 [27] では (i) の場合を $(-)$ と定義し，(ii) の場合を $(+)$ と定義している．ポアンカレ指数との対応から定義 5.5.1 の定義を採用した．

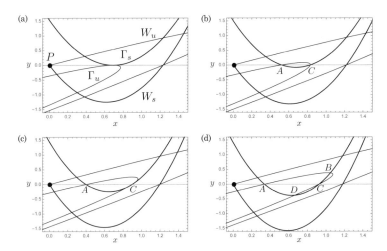

図 5.6 (a) 最初の 2 次関数接触状況 ($a = 3.2420$). (b) $a = 3.5$ における二つの交点 A と C の配置. (c) 2 回目の 3 次関数接触状況 ($a = 4.0453$). (d) $a = 4.5$ における四つの交点 A, B, C, D の配置.

性質 5.5.2 より決まる方向指数は，可逆馬蹄が完成したあとのホモクリニック軌道の方向指数であり，ホモクリニック点の方向指数でもある．生じたときに方向指数が (+1) であって，可逆馬蹄が完成したあとに (−1) になるホモクリニック点が存在する．パラメータ a を増加させたときホモクリニック点の方向指数が変化したのである．このような現象をホモクリニック軌道の分岐現象という．以下でこの分岐現象を調べよう．

最初の例として，不安定多様体の弧 Γ_u と安定多様体の弧 Γ_s が $a = 3.2420$ で接触（図 5.6(a) を見よ）したあと 2 点 A, C で交わる状況（図 5.6(b)）を考えよう．接触直後は，点 C を弧 Γ_s が Γ_u の左から右へと通過しているので点 C の方向指数は (+1) である．一方，A を弧 Γ_s が Γ_u の右から左へと通過しているので，点 A の方向指数は (−1) である．接触の前後で方向指数の和は以下のように保存される．

$$(0) = (+1) + (-1). \tag{5.14}$$

2 次関数接触で分岐した二つのホモクリニック点の方向指数とサドルノード分岐で生じた二つの周期点のポアンカレ指数が対応していることがわかる．

この分岐を**ホモクリニック点のサドルノード分岐**と名付ける．

パラメータを $a = 4.0453$ まで増やすと点 C において安定多様体の弧 Γ_s が不安定多様体の弧 Γ_u に対して3次関数接触する状況が現れる．図5.6(c) が3次関数的接触状況である．図5.6(d) では点 C で弧 Γ_s が弧 Γ_u の右側から左側へと通過している．つまり方向指数が図5.6(b) の (+1) から図5.6(d) の (−1) へ変化した．点 C の左右に生じた点 B と点 D の方向指数は (+1) である．以下の保存則が成立する．

$$(+1) = (-1) + 2 \times (+1). \tag{5.15}$$

生じた点 B と点 D の核の長さは点 C の核の長さと同じであることは確認できる．また点 B と点 D は対称線上にない．よってこれらは非対称ホモクリニック点である．周期点の分岐との類推で言うと，この分岐は同周期分岐である（式 (1.29) を参照）．そこでこの分岐を**ホモクリニック点の同周期分岐**と名付ける[2]．

この例では，内核は次のように表示できる．

$$A : E(1/3), \quad B : F(1/3), \quad C : D(1/3), \quad D : S(1/3).$$

二つ目の例として不安定多様体の弧 Γ_u と安定多様体の弧 $T^{-1}\Gamma_s$ が接触した配置を考える（図5.7）．接触点は対称線 S_g 上にある．この接触点の近くを拡大して図5.8(a) に示す．次に接触後，2点 A と C で交差している状況（図5.8(b)）を考えよう．点 C において弧 Γ_s が弧 Γ_u を右側から左側へと通過するので点 C の方向指数は (−1) である．また点 A において弧 Γ_s が弧 Γ_u を左側から右側へと通過するので点 A の方向指数は (+1) である．3次関数接触状況を図5.8(c) に描いた．図5.8(d) が四つの交点が揃った状況である．この図では点 C において弧 Γ_s が弧 Γ_u を左側から右側へと通過している．だから，方向指数は (+1) である．点 C の左右に生じた点 B と点 D の方向指数は (−1) である．下記の保存則が成立する．

$$(-1) = (+1) + 2 \times (-1). \tag{5.16}$$

---

[2] 参考文献 [83] ではこの分岐を周期倍分岐とよんだが，同周期分岐と理解する方が適切である．

5.5. 対称ホモクリニック軌道の分岐　　163

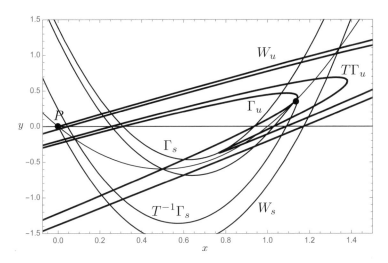

図 5.7　不安定多様体の弧 Γ_u と安定多様体の弧 $T^{-1}\Gamma_s$ が 2 次関数接触した状況. $a = 4.777$.

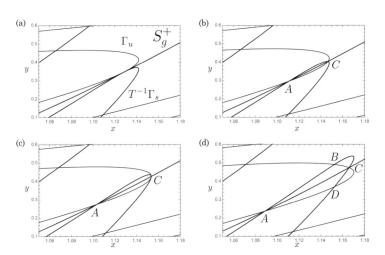

図 5.8　図 5.7 の拡大図. (a) 2 次関数接触状況. $a = 4.777$. (b) $a = 4.8$. (c) 3 次関数接触状況. $a = 4.823$. (d) $a = 4.89$. 対称線 S_g^+ も描いた.

この分岐は周期軌道の反同周期分岐に対応する（式 (1.30) を参照）．この分岐を**ホモクリニック点の反同周期分岐**と名付ける．内核は次のように表示される．

$$A : S(1/2)S(1/2), \quad B : E(1/2)S(1/2),$$
$$C : E(1/2)E(1/2), \quad D : S(1/2)E(1/2).$$

第6章

系の複雑さを測る

　接続写像ではパラメータの増大とともに複雑さが増大する．このような系の複雑さを測るために位相的エントロピーを用いる．

　6.1節では，位相的エントロピーの概念を簡単に説明する．特に周期軌道数の周期についての発散率が位相的エントロピーの下界を与えるというボウエンの定理は重要である．6.2節では，ニールセン・サーストンの定理を紹介する．

　6.3節では，最初に周期軌道の軌道のふるまいより組みひもを作る方法を紹介する．次に，ニールセン・サーストンの定理より，組みひもで記述される力学系が，周期型，可約型，擬アノソフ型の3種類に分類されることを例を用いて説明する．

　ホモクリニック交差の仕方を利用し位相的エントロピーを求める手法がコリンズによって開発された．この手法は安定多様体の弧と不安定多様体の弧で構成されたトレリスを利用するので，この手法をトレリス法と名付ける．6.4節でトレリス法を紹介する．

6.1　位相的エントロピー

　複雑さの度合いを測るために位相的エントロピーを用いる．位相的エントロピーが用いられる主たる理由は，その下界が計算できることであろう．位相的エントロピーを用いたカオスの特徴付けが数学的視点からは一番満足いくとの見方もある [74]．まず，ボウエン [15] が周期解の数の増え方が計算できれば位相的エントロピーの下界が計算できることを示した（定理6.1.2）．そして，6.2節で紹介するニールセン・サーストンの理論が周期解の増え方の

求め方を教えてくれる [69, 88]．ベストヴィナとハンデル [9]，そして松岡隆 [60] によって，実際にニールセン・サーストンの理論を計算する手順が開発されている．

　カオスを特徴付ける量としては，他にリャプノフ指数や測度論的エントロピーがある．リャプノフ指数は数値的に簡便に求めることができる．相空間で相隣る場所から出発する二つの軌道の相空間内での距離を追い，その指数関数的増大の指数部分をリャプノフ指数とする．リャプノフ指数はしばしば力学系がカオス系か否かの判定に使われるが，カオス度を精密に測ることを目的とする本書には適さないように思われる．一方，測度論的エントロピーは面積（測度）で平均したエントロピーである．系のふるまいが複雑な場合，相空間を被覆するために必要な集合のサイズは小さくなり，その集合の数はどんどん増える．以下で説明する位相的エントロピーの場合，集合の数の増え方を数える．一方，測度論的エントロピーの場合は集合の測度の増え方を数える．測度論的エントロピーを実際の系で求める簡便な方法はないようだ．これに比較して，位相的エントロピーは相空間内の複雑さが最大の場所のカオス度（あらっぽく言えば，写像による引き伸ばし，折りたたみの回数）を表すので捉えやすい．位相的エントロピーの値が測度論的エントロピーの上限であることが示されている [39]．

　位相的エントロピーは，アドラー・コンハイム・マカンドルー [1] によって，空間を被覆するという考えで 1965 年に導入された．位相的エントロピーに関する詳しい解説は参考文献 [2, 3, 5, 39, 93] を見ていただきたい．ここではボウエン [15] による定義を紹介する．

　X をコンパクト距離空間，d をそこでの距離とする．T を X の連続写像とする．n を自然数 ($n \geq 1$) として X 内の異なった 2 点 x, y に対し距離 $d_n(x, y)$ を導入する．

$$d_n(x, y) = \max_{0 \leq k < n} d(T^k x, T^k y). \tag{6.1}$$

この距離を使って (n, ϵ)-分離集合と (n, ϵ)-充填集合を定義する．

　$\epsilon > 0$ とし，コンパクト集合 $S \subset X$ が (n, ϵ)-分離である，あるいは (n, ϵ)-分離集合 ((n, ϵ)-separated set) であるとは，S 内の異なる任意の 2 点 x, y に対し

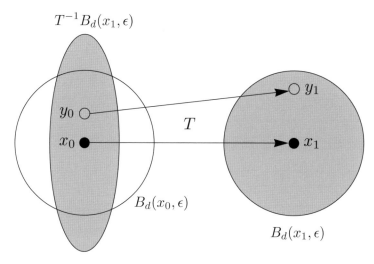

図 6.1 二つのボール $B_d(x_0, \epsilon)$ と $B_d(x_1, \epsilon)$ の配置と，ボール $B_d(x_0, \epsilon)$ と $T^{-1}(B_d(x_1, \epsilon))$ の関係．

$d_n(x, y) \geq \epsilon$ のときである．

次に，(n, ϵ)-充填集合を導入するために，x を中心とする半径 ϵ の球を用意する．

$$B_d(x, \epsilon) = \{y \in X : d(x, y) < \epsilon\}. \tag{6.2}$$

ここで $B_d(x, \epsilon) \cap T^{-1}(B_d(Tx, \epsilon))$ の意味を考えよう（図 6.1）．この領域に y をとると $d(x, y) < \epsilon$ は自動的に満たされ，かつ $d(Tx, Ty) < \epsilon$ も満たされる．これを一般化して $B_{d_n}(x, \epsilon)$ を以下のように定義する．

$$B_{d_n}(x, \epsilon) = B_d(x, \epsilon) \cap T^{-1}(B_d(Tx, \epsilon)) \cap \cdots \cap T^{-n+1}(B_d(T^{n-1}x, \epsilon)). \tag{6.3}$$

これは次のように書くこともできる．

$$B_{d_n}(x, \epsilon) = \{y \in X : d_n(x, y) < \epsilon\} \tag{6.4}$$

これを（x を中心とする）(n, ϵ)-球とよぶ．

$\epsilon > 0$ とし，n は自然数とする．$S \subset X$ が (n, ϵ)-**充填**である，あるいは (n, ϵ)-**充填集合**[1]（(n, ϵ)-spanning set）であるとは，S が X 内のどの (n, ϵ)-球とも交わ

---

[1] 集約集合との訳語もある [3, 5]．

るときである [74].

　さて，上で導入した (n, ϵ)-分離集合と (n, ϵ)-充填集合を使ってそれぞれ位相的エントロピーを定義する．その前にこの二つの集合の意味を考えてみよう．任意の点 x の十分小さな近傍をとると，近傍内の任意の2点は写像を $n-1$ 回まで作用しても互いに ϵ 以上離れない．すなわち，小さな近傍内のどの2点も (n, ϵ)-分離集合に属さない．各点から近傍を取り除くので，(n, ϵ)-分離集合は離散的である．最小の (n, ϵ)-分離集合は2点からなる．最大の分離集合に意味があることが予想できる．最小の分離集合に次々と点を加えていくと，いずれ，どれか2点が近くなりすぎて加えることができなくなる．だから (n, ϵ)-分離集合は有限集合である．これら1点1点が自分を含む近傍の代表点であるとすると，この種の近傍で X を有限被覆することができる．最大の (n, ϵ)-分離集合は有限部分開被覆の各開集合から1点ずつとってきた集合と考えることができる．次に，最大の充填集合は X 自身である．だから最小の充填集合に意味があることが予想できる．今，$(n, \epsilon/2)$-球で X を被覆する．この場合も有限部分開被覆が存在する．この被覆中の各 $(n, \epsilon/2)$-球の中心点を一つずつとって集合 S' とする．勝手な (n, ϵ)-球をとったとき，S' の中にそれに含まれる点が存在する．だから，S' は最小ではないかもしれないが，(n, ϵ)-充填集合である．

　X における (n, ϵ)-分離集合の最大の濃度 (cardinality) を $s(T, n, \epsilon)$ とする．これは開被覆を構成する集合の数であり，各集合の中心に点がある．隣り合う点同士は n 回の写像の下で距離が ϵ より大きくなる．軌道の離れ方が写像の回数に指数関数的に依存する場合，n を大きくすると，初期の集合は指数関数的に小さくなる．これに応じて，被覆に必要な集合の数は指数関数的に増える．そこで，$s(T, n, \epsilon)$ の n に関する指数関数的増大率に意味がある．$\epsilon > 0$ を固定して写像 T のエントロピーを以下の式で定義する．

$$h_{top}(T, \epsilon) = \limsup_{n \to \infty} \frac{\ln s(T, n, \epsilon)}{n}. \tag{6.5}$$

極限が存在するかどうかわからないので上極限 (limsup) をとった．ϵ への依存性はさておき，$s(T, n, \epsilon) = e^{n\tau}$ と書くと $h_{top}(T, \epsilon) = \tau$ である．だから $h_{top}(T, \epsilon)$ は $s(T, n, \epsilon)$ を指数関数で表現したときの指数である．

式 (6.5) の意味を考えてみよう．コンパクト相空間 X 内で，ϵ 以上離れると 2 点が識別できるとする．(n,ϵ)-分離集合は $n-1$ 回写像を繰り返す間に識別できる軌道の集合であり，$s(T,n,\epsilon)$ は識別可能な軌道の最大数である．だから $h_{top}(T,\epsilon)$ は ϵ の精度で識別可能な**軌道の数の指数関数的増大率**，あるいは，情報の数の指数関数的生成率である．

次に $\epsilon_1 < \epsilon$ として，$s(T,n,\epsilon_1)$ と $s(T,n,\epsilon)$ の大小を比較してみよう．n 回の写像後に距離 $\epsilon_1 < \epsilon$ だけ離れればいいので，初期の距離は ϵ_1 の場合小さくてよい．だから被覆に関与する開集合も小さくてよい．つまり被覆に必要な開集合の数は大きくなる．すなわち，$\epsilon_1 < \epsilon$ なら $s(T,n,\epsilon_1) \geq s(T,n,\epsilon)$ である．言い換えると，ϵ への依存性は単調である．単調関数は極限をもつことより，位相的エントロピーを下記のように定義する．

$$h_{top}(T) = \lim_{\epsilon \to 0} \limsup_{n \to \infty} \frac{\ln s(T,n,\epsilon)}{n}. \tag{6.6}$$

T による，(n,ϵ)-充填集合の最小濃度を $b(T,n,\epsilon)$ とする．この濃度は (n,ϵ)-球による X の開被覆を構成する集合の数であるから，(n,ϵ)-分離集合の場合と同様，n に依存して指数関数的に増大する可能性がある．そこでまず $\epsilon > 0$ を固定して写像 T のエントロピーを定義する．$\epsilon > 0$ を小さくすると，(n,ϵ)-球は小さくなるので，被覆に必要な集合の数が増える．これは (n,ϵ)-分離集合の場合と同じである．エントロピーの定義式は以下の通りである．

$$h_{top}(T) = \lim_{\epsilon \to 0} \limsup_{n \to \infty} \frac{\ln b(T,n,\epsilon)}{n}. \tag{6.7}$$

定理 6.1.1

$$\lim_{\epsilon \to 0} \limsup_{n \to \infty} \frac{\ln s(T,n,\epsilon)}{n} = \lim_{\epsilon \to 0} \limsup_{n \to \infty} \frac{\ln b(T,n,\epsilon)}{n}. \tag{6.8}$$

証明 ここで

$$s(T,n,2\epsilon) \leq b(T,n,\epsilon) \leq s(T,n,\epsilon) < \infty \tag{6.9}$$

が成立することを示す．$b(T,n,\epsilon)$ が有限であることはすでに述べた．

$b(T,n,\epsilon) \leq s(T,n,\epsilon)$ を示そう．S を最大の (n,ϵ)-分離集合とする．任意に $x \notin S$ をとる．集合 $S \cup \{x\}$ は (n,ϵ)-分離集合でない．だから $d_n(x,y) \leq \epsilon$ を満

たす $y \in S$ が存在する．これは S が (n, ϵ)-充填集合であるための条件そのものである．この集合が (n, ϵ)-充填集合として最小であるとは限らない．最小の充填集合の濃度を $b(T, n, \epsilon)$ とすれば $b(T, n, \epsilon) \leq s(T, n, \epsilon)$ が得られる．

$s(T, n, 2\epsilon) \leq b(T, n, \epsilon)$ を示す．S' を最大の $(n, 2\epsilon)$-分離集合とし，S を最小の (n, ϵ)-充填集合とする．x_1 と x_2 を S' に含まれる異なった点とする．$y \in S$ とし，$x_1, x_2 \in B_{d_n}(y, \epsilon)$ とすると，

$$d_n(x_1, x_2) \leq d_n(x_1, y) + d_n(x_2, y) < \epsilon + \epsilon = 2\epsilon$$

が得られる．これは S' が $(n, 2\epsilon)$-分離集合であったことに矛盾する．だから，x_1 と x_2 がともに $B_{d_n}(y, \epsilon)$ に含まれることはない．すなわち，x_1 と x_2 が S' の異なる点ならば，S でも異なる点である．これは S' の濃度が S の濃度より大きくならないことを意味する．よって

$$s(T, n, 2\epsilon) \leq b(T, n, \epsilon)$$

が得られる．

最後に $s(T, n, \epsilon) \leq b(T, n, \epsilon/2)$ であることより，$s(T, n, \epsilon)$ が有限であることが導かれ式 (6.9) の証明が終わる．

式 (6.9) より

$$\lim_{\epsilon \to 0} \limsup_{n \to \infty} \frac{\ln s(T, n, 2\epsilon)}{n} \leq \lim_{\epsilon \to 0} \limsup_{n \to \infty} \frac{\ln b(T, n, \epsilon)}{n} \leq \lim_{\epsilon \to 0} \limsup_{n \to \infty} \frac{\ln s(T, n, \epsilon)}{n}$$

が成立する．左と右の項は $h_{top}(T)$ に収束するから，中央の項も $h_{top}(T)$ に収束する．(Q.E.D.)

簡単な例として二進法写像 $f(x) = 2x \pmod 1$ の系で，(n, ϵ)-分離集合と (n, ϵ)-充填集合を与えよう．下記の集合 S_n を考える．$X = [0, 1]$ である．

$$S_n = \left\{ \frac{m}{2^n},\ 0 \leq m \leq 2^n - 1 \right\}.$$

ここで精度 ϵ を $\epsilon = 1/2^k$ と設定する．集合 S_{n+k-2} から任意に二つの要素 $m_1/2^{n+k-2}$ と $m_2/2^{n+k-2}$ を取り出す ($m_1 \neq m_2$)．

$$d_{n-1}(m_1/2^{n+k-2}, m_2/2^{n+k-2}) = d(m_1/2^{k-1}, m_2/2^{k-1}) \geq 1/2^{k-1} > \epsilon$$

よって集合 S_{n+k-2} は (n,ϵ)-分離集合である．集合 S_{n+k-2} の要素数は少なくとも 2^{n+k-2} 個ある．よって $s(f,n,\epsilon) = 2^{n+k-2}$ である．これより，$h_{top}(f) \geq \ln 2$ が得られる．

二つの軌道点の距離が，時間 $n-1$ まで ϵ 以下であるためには初期点 x_0 と y_0 が $|x_0 - y_0| \leq \epsilon/2^{n-1}$ を満たすことが必要十分条件である．$[0,1]$ の区間に $\epsilon/2^{n-1}$ だけ離れた点を配置すると点数は高々 $[2^{n-1}/\epsilon]$ である（$[a]$ は a の整数部分を表す）．つまり $b(f,n,\epsilon) = 2^{n+k-1}$ である．これより，$h_{top}(f) \leq \ln 2$ が得られる．以上の結果をまとめて $h_{top}(f) = \ln 2$ が得られる．

この例からもわかるように位相的エントロピーの下界を与える場合に (n,ϵ)-分離集合は便利である．一方，位相的エントロピーの上界を与える場合に (n,ϵ)-充填集合は便利である．両者が一致すれば，共通の値が位相的エントロピーである．

我々が考えている接続写像には遊走的な軌道も存在する．しかし，エントロピーのすべては非遊走集合に含まれている [15]．このことより，我々は可逆馬蹄に含まれる軌道のみを考えればよい．

考えている力学系で (n,ϵ)-分離集合や (n,ϵ)-充填集合を見つけることは非常に困難な課題であるが，系の真の位相的エントロピーを求めることはできなくても下界を求めることは可能である．ここではボウエンによる次の定理が基本的である．指数関数的な軌道の広がりをもたらす機構が存在する写像は「分離的である」(expansive)[2] ということにする ([74])．

定理 6.1.2（ボウエン [15]） X をコンパクト距離空間，T を分離的な同相写像とすると，$P_n(T)$ を T^n の不動点の個数として，位相的エントロピー $h(T)$ は下記の関係を満たす．

$$h(T) \geq \limsup_{n\to\infty} \frac{\ln P_n(T)}{n}. \tag{6.10}$$

この定理の意味を考えるために，回転数 2/5 の周期軌道が二つ共存する系を例にとる．第 2 章では，軌道点の動きを円周の普遍被覆（直線）上に描いた（図 2.7(a) と図 2.7(b)）．本節では，Q を中心にして軌道点を円周上に配置し，写像の下での区間の被覆状況から遷移行列を作って位相的エントロピー

---

[2] 「拡大的」とする教科書もある．

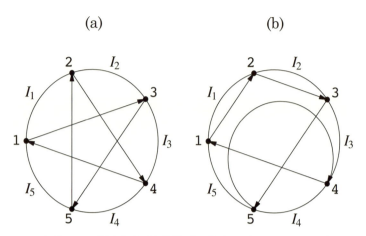

図 6.2 (a) 回転数 2/5 の順序保存型周期軌道の模式図（原図は図 2.7(a)）．(b) 回転数 2/5 の順序を保存しない周期軌道の模式図（原図は図 2.7(b)）．

を求める．まず図 2.7(a) に対応するのが図 6.2(a) である．この図では円周上に等間隔に並ぶ軌道点を順に $1, 2, \ldots, 5$ と名付ける．軌道点の移動順は矢印で示す．点 1 と 2 の間の開区間を I_1 とし，同様に I_k ($2 \leq k \leq 5$) を定義する．各区間の長さを 1 とする．また図 2.7(b) に対応して図 6.2(b) が得られる．点 5 から 4 へは一回り近く回転する．

図 6.2(a) について，軌道の順番より，以下のような単純な被覆関係が得られる．

$$I_1 \to I_3, \quad I_3 \to I_5, \quad I_5 \to I_2, \quad I_2 \to I_4, \quad I_4 \to I_1. \tag{6.11}$$

ここで記号 $I_1 \to I_3$ は区間 I_1 の像は区間 I_3 を被覆すると読む．どの区間も 5 回写像して戻ってきたときに引き伸ばしが生じない．単純な巡回的運動である．つまりここで用いた周期軌道を利用しても系の中に指数関数的な軌道の広がりをもたらす機構を示すことはできない．だから位相的エントロピーは 0 と判断できる．

図 6.2(b) の場合，軌道点の順番より，やや複雑な被覆関係が得られる．

$$I_1 \to I_2, \quad I_2 \to I_3 \cup I_4, \quad I_3 \to I_5, \quad I_4 \to I_1 \cup I_2 \cup I_3, \quad I_5 \to I_2 \cup I_3. \tag{6.12}$$

I_1 を出発して I_2 と I_4 と経て，I_1 に戻る軌道を考える．そうすると，I_1 から I_2 に写像されるときは，引き伸ばしは起きない．I_2 から I_4 に写像されるときは，2倍に引き伸ばされる．I_4 から I_1 に写像されるときは，3倍に引き伸ばされる．3回写像後，I_1 の像は I_1 の6倍の長さになっている．つまり1回の写像では平均的に $6^{1/3}$ 倍ほど引き伸ばされている．他の区間にも引き伸ばしが生じることが確認できる．ここで用いた周期軌道を利用すると，系の中に指数関数的な軌道の広がりをもたらす機構が存在することを示せる．次に，系の位相的エントロピーの下界を求めよう．被覆関係から遷移行列が得られる．例として第1行は区間 I_1 が区間 I_2 を被覆することを示す．

$$\begin{pmatrix} & I_1 & I_2 & I_3 & I_4 & I_5 \\ I_1 & 0 & 1 & 0 & 0 & 0 \\ I_2 & 0 & 0 & 1 & 1 & 0 \\ I_3 & 0 & 0 & 0 & 0 & 1 \\ I_4 & 1 & 1 & 1 & 0 & 0 \\ I_5 & 0 & 1 & 1 & 0 & 0 \end{pmatrix}. \tag{6.13}$$

固有方程式は

$$(\lambda^3 - 2)(\lambda^2 - 2) = 3 \tag{6.14}$$

であり，固有値の最大値は $\lambda_{\max} = 1.7220$ である．周期軌道数 P_n の n についての増大率に寄与するのは $\lambda_{\max}$ である．よって位相的エントロピーの下界は $\ln 1.7220$ である．

6.2 ニールセン・サーストンの定理

ニールセン (J. Nielsen) とサーストン (W. Thurston) はそれぞれ独自に曲面上の写像の分類を行った．二人の名を冠した定理を初めに紹介しよう [69, 88, 26, 48]．

定理 6.2.1 M をコンパクトな曲面とし，M 内の有限点集合を A とする．$f: (M, A) \to (M, A)$ は微分同相写像であって，$f(A) = A$ を満たすとする．f は

下記のいずれかの性質をもつ微分同相写像 $g : (M, A) \to (M, A)$ と同位（イソトープ）である．

(i) 周期型．ある自然数 p が存在して，g^p が恒等写像に一致する．つまり，周期軌道は剛体回転に同相である．

(ii) 可約型．M 上で互いに交差しない単純閉曲線の和集合 $C \subset M \backslash A$ が存在して $g(C) = C$ が成り立つ．

(iii) 擬アノソフ型．系の中には伸びる方向と縮む方向があり，系は双曲的な性質をもつ．伸び率は $\lambda = \lambda(g) > 1$ で，縮み率は $1/\lambda$ である．

この定理は，初等的な以下の定理の拡張になっている．

定理 6.2.2 f はトーラスの向きを保つ微分同相写像とする．イソトピーの不定性を除いて，f の固有値 λ_1 と λ_2 の値の可能性として三つの場合がある．

(a) λ_1 と λ_2 は複素数 ($\lambda_1 = \overline{\lambda_2}, \lambda_1 \neq \lambda_2, |\lambda_1| = |\lambda_2| = 1$)．この場合，$f$ は有限階数 (finite order) である．

(b) $\lambda_1 = \lambda_2 = 1$（あるいは $\lambda_1 = \lambda_2 = -1$）．座標変換の不定性を除いて，

$$f = \begin{pmatrix} 1 & a \\ 0 & 1 \end{pmatrix} \quad \left[\text{あるいは } f = \begin{pmatrix} -1 & a \\ 0 & -1 \end{pmatrix} \right]$$

どちらの場合も，f は単純曲線を不変に保つ．

(c) λ_1 と λ_2 は異なる実数．このとき f はアノソフ微分同相である．

写像 f が曲面 M の写像であって，有限集合 A を不変にするとき，$f : (M, A) \to (M, A)$ と書く．あらっぽく言えば，集合 A で表される周期軌道をもつ写像 f の複雑さの程度を分類するのが定理 6.2.1 である．写像 f をつねに同相写像となるように連続的に変形して別の写像 g にできる場合，f と g は同位（イソトープ）であるという．「イソトピーの不定性を除いて」とは，イソトピーで写り合うような写像を同じ写像であるとみなしてとの意である．f とイソトープな g が周期的ならば，f のニールセン・サーストン型は周期型という．同様に，可約型，擬アノソフ型という．擬アノソフ型は周期型にも可約型にもなりえない．

ニールセン・サーストンの定理はきわめて一般的な設定の下で証明された定理である．対象となる曲面 M_{hbc} は，球面 S^2 に h 個のトーラスをつなぎ，

b 個の円盤をつなぎ，c 個の射影空間をつないだものである．「つなぐ」とは，二つの曲面からそれぞれ円盤を取り去って，両者を境界の円周に沿って貼り合わせる操作のことである．本書の場合，トーラスも射影空間も使わないので，対象は曲面 M_{0b0} である．球面に円盤を一つつなぐと円盤になる．これに n 個の円盤をつなぐと，n 個の穴のあいた円盤 $M_{0,n+1,0}$ になる．曲面 $M_{0,n+1,0}$ の微分同相写像は円盤上に周期 n 個の周期軌道をもつ微分同相写像と見ることができる．ニールセン・サーストンの定理は，この微分同相写像のふるまいが，3 種類に分類できること，その中でも擬アノソフ写像であることが一般的であることを教えてくれる．

ニールセン・サーストンの定理を適用するための手順は次のようになる．最初に周期軌道を見つけ，この周期軌道の情報から組みひも型を決定する．次に組みひも型にニールセン・サーストンの定理を適用する．

周期軌道の情報から組みひもを構成する方法は 6.3 節で説明する．ニールセン・サーストンの分類を実施する手順がコレフや松岡隆やベストビナとハンデルによって与えられた．コレフ [51] と松岡隆 [60, 61] による手順はビューロー (Burau) 行列法とよばれ，ベストビナとハンデル [8, 9] による手順は線路算法とよばれる．与えられた周期軌道の性質を利用しこれらの手順を実行すると系は三つの型に分類され，かつ擬アノソフ系の場合は位相的エントロピーの下界が求まる．付録 F において，簡単な例を利用した線路算法を紹介する．これに関する詳細は参考文献 [17] を見ていただきたい．

ホモクリニック交差の仕方を利用し位相的エントロピーの下界を求める手法がコリンズによって開発された．この手法は安定多様体の弧と不安定多様体の弧で構成されたトレリスを利用するので，トレリス法と名付ける．トレリス法の出発点もニールセン・サーストンの定理であることを注意しておく．トレリス法については 6.4 節で説明する．トレリス法の詳細は参考文献 [27, 28, 29, 30] を参照してほしい．

6.3　3種類の組みひも

本節では周期軌道の組みひもの構成法を説明する [62]．その際，ニールセン・サーストンの定理における三つのタイプの組みひもの例を紹介する．組みひもを作るために必要な情報は二つある．一つ目は，相平面で楕円型不動点 Q（または記号平面で $\widehat{Q}$）に視点をおいた場合の軌道点の配置である．二つ目は，ある軌道点から次の軌道点へ遷移する間に軌道点をいくつ追い抜くかという情報である．

組みひもを構成する方法は二通りある．幾何学的な方法と代数的な方法である．相平面または記号平面における軌道の運動の仕方を図に描いて組みひもを構成する方法が幾何学的な方法である．この方法が一般的であるので以下で紹介する．馬蹄の中の周期軌道の場合，軌道の運動の仕方を図に描かずに代数的な方法で組みひもを構成することができる．詳細は付録 E を参考にしてほしい．

相平面での軌道点の配置（図 6.3(a)）を利用しても記号平面に軌道点の配置（図 6.3(b)）を利用しても組みひもは構成できる．ここでは記号平面の軌道点を利用する．例としてブロック $E(1/5) = 00001$ で与えられる周期軌道（図 6.3(b) 参照）を考えよう．

図 6.3(b) と図 6.4 を見ながら組みひもの構成方法を説明しよう．記号平面を上と下に用意する．上の記号平面が現在の時刻を表していて，時間が 1 だけ進んだ面が下の記号平面である．つまり，上にある $\widehat{z_1}$ は下にある $\widehat{z_2}$ に写る．この間の軌跡を表現しているのがひもである．このひもは上から下へと伸びる．軌道が不動点 $\widehat{Q}$ の周りを時計回りに回転していることをわかりやすくするために，上下の不動点 $\widehat{Q}$ をつないだひもも描いた．特に注意すべきは $\widehat{z_5}$ から $\widehat{z_1}$ へのひもである．上から見て，軌道が時計回りに回転しているから，このひもは他のすべてのひもの前を通過する．最後に，不動点 $\widehat{Q}$ をつないだ太いひもを取り除くと組みひもは完成である（図 6.8）．

次に，得られた組みひもを記述するために生成元を導入する．生成元 σ_k と σ_k^{-1} は図 6.5 で定義されている．添字 k は左から k 番目のひもを表す．ひもが 5 本ならば添字 k は 1 から 4 までである．

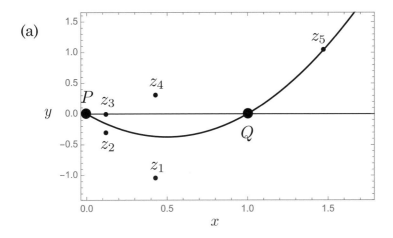

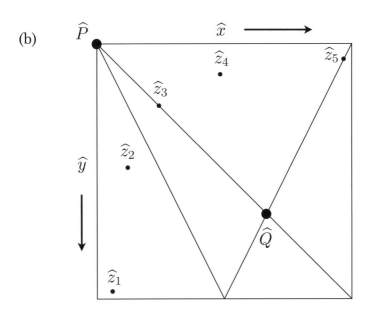

図 6.3 ブロック $E(1/5) = 00001$ で記述される周期軌道. (a) 相平面での運動. (b) 記号平面での運動.

178　第 6 章　系の複雑さを測る

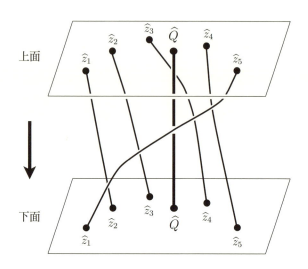

図 6.4　組みひもの構成方法．細いひもは太いひもの周りを右に回転しながら上面から下面へ降ろす．

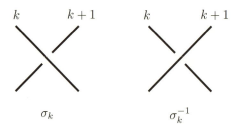

図 6.5　組みひもを表現する生成元 σ_k と σ_k^{-1} の定義．添字 k は，左から k 番目のひもを表している．

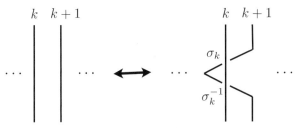

図 6.6 ライデマイスター移動 II. $\sigma_k \sigma_{-k} = Id$.

組みひもを構成する基本規則 [67] を以下にまとめておく.

規則 6.3.1
(1) 上の面から下の面に向かってひもを伸ばす．これは上の面から下の面へと時間が進行していることを表現する．よってひもが途中で上方に向かい再度下降することはない．
(2) 組みひもを横から見て，鉛直平面に射影する．下の面からの高さが等しい交点が複数個ある場合，(1) の規則に反しないようにひもをずらして交点の高さを変える．
(3) 交点を上から順に生成元で表現する．
(4) ライデマイスター移動 II と III を利用して局所的にひもを変形してよい．
(5) マルコフ操作を利用してひもを変形してよい．

次にライデマイスター移動 II, III とマルコフ操作について述べよう.

定義 6.3.2 ライデマイスター移動 II, III を以下のように定義する.
II. 片方のひもをもう一つのひもの下に潜らせる．またはその逆の操作（図 6.6）．
III. 交点の上または下を横切るように別のひもを滑らせる（図 6.7）．

ライデマイスター移動 I（ひもをねじってループを作る，または外す）は，本書では使わない．移動 II は，例で示すと

$$\sigma_4\sigma_3\sigma_2\sigma_1\sigma_4\sigma_3 = \sigma_4\sigma_3\sigma_2\sigma_1\sigma_4\sigma_3\sigma_2\sigma_1\sigma_1^{-1}\sigma_2^{-1}. \tag{6.15}$$

移動 III は，$\sigma_k\sigma_{k+1}\sigma_k = \sigma_{k+1}\sigma_k\sigma_{k+1}$ と書ける.

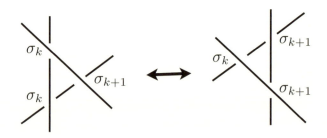

図 6.7 ライデマイスター移動 III. $\sigma_k \sigma_{k+1} \sigma_k = \sigma_{k+1} \sigma_k \sigma_{k+1}$.

生成元 σ_i の間で成り立つ基本関係式をまとめておこう.

基本関係式 6.3.3

$$\sigma_i \sigma_i^{-1} = \mathrm{Id}, \tag{6.16}$$

$$\sigma_i \sigma_j = \sigma_j \sigma_i \quad (|i-j| > 1), \tag{6.17}$$

$$\sigma_i \sigma_{i+1} \sigma_i = \sigma_{i+1} \sigma_i \sigma_{i+1}. \tag{6.18}$$

定義 6.3.4 マルコフ操作とは積 $b_1 b_2$ の形で書かれている組みひもを $b_2 b_1$ に変形することである.

マルコフ操作の例を示す. $\sigma_3^{-1} \sigma_2^{-1} \sigma_1^{-1}$ は, $\sigma_2^{-1} \sigma_1^{-1} \sigma_3^{-1}$ と変形される. 周期軌道を扱っているのでこのような巡回を行うことができる.

定義 6.3.5
(i) 組みひも b と b' が連続変形 (ライデマイスター移動 II, III) で移りあうならば, 組みひも b と b' は等しい ($b = b'$).
(ii) 組みひも b と b' が始点と終点を同時に動かす連続変形 (マルコフ操作) で移りあうならば, 組みひも b と b' のタイプが等しい ($b \sim b'$).
(iii) タイプが等しい組みひもの集合を組みひも型という.

定義 6.3.5(ii) について補足する. 始点と終点を同時に動かす連続変形は具体的には, $\sigma_3^{-1} \sigma_2^{-1} \sigma_1^{-1}$ の左に σ_3 を作用し, 右に σ_3^{-1} を作用することである.

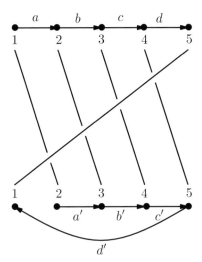

図 6.8 組みひも $\sigma_4^{-1}\sigma_3^{-1}\sigma_2^{-1}\sigma_1^{-1}$. 初期の配置として四つのベクトル a,b,c,d を組みひもの上部に置く. $\sigma_4^{-1}\sigma_3^{-1}\sigma_2^{-1}\sigma_1^{-1}$ をこれらのベクトルに作用したあとの像ベクトル a',b',c',d' を組みひもの下端に描いた.

つまり, $\sigma_3\sigma_3^{-1}\sigma_2^{-1}\sigma_1^{-1}\sigma_3^{-1}$ が得られ, これはマルコフ操作を行った結果である $\sigma_2^{-1}\sigma_1^{-1}\sigma_3^{-1}$ と一致する.

組みひもの交点は上から下へと並んでいる. 生成元を用いた組みひもの表現では, 交点は左から右へと並べる. よって図 6.4 で得られた組みひもは生成元を用いると以下のように書ける.

$$\sigma_4^{-1}\sigma_3^{-1}\sigma_2^{-1}\sigma_1^{-1} \tag{6.19}$$

ここで $\rho_{1/q}$ と $\rho_{p/q}$ を導入する.

$$\rho_{1/q} = \sigma_{q-1}^{-1}\sigma_{q-2}^{-1}\cdots\sigma_2^{-1}\sigma_1^{-1}, \tag{6.20}$$

$$\rho_{p/q} = (\rho_{1/q})^p. \tag{6.21}$$

式 (6.19) は簡単に $\rho_{1/5}$ と書ける.

式 (6.19) で記述される組みひもは定理 6.2.1 の周期型に分類されることを示す. 図 6.8 の組みひもの上端に四つのベクトル a,b,c,d を描いた. これら

の長さはすべて 1 であるとする．これらのベクトルはひもの動きにしたがって変形する．変形後のベクトル a', b', c', d' を組みひもの下端に描いた．ベクトル d' は図では便宜的に曲線で描いてある．上の面から下の面へのベクトル a の変形作用を $a' = \mathcal{G}(a)$ と書く．他のベクトルについても同様に記述する．四つのベクトルについての作用は，上の面と下の面のベクトルが同一視できることを考慮して，

$$a' = \mathcal{G}(a) = b, \tag{6.22}$$

$$b' = \mathcal{G}(b) = c, \tag{6.23}$$

$$c' = \mathcal{G}(c) = d, \tag{6.24}$$

$$d' = \mathcal{G}(d) = \bar{d}\bar{c}\bar{b}\bar{a} \tag{6.25}$$

と得られる．ここで $\bar{a}$ は a の逆向きのベクトルを表し，$a\bar{a} = \mathrm{Id}$ である．ベクトル d の像はベクトル d, c, b, a をこの順に逆向きに進むので式 (6.25) が得られる．

以下の関係が成立する：

$$a = \mathcal{G}^5(a), \quad b = \mathcal{G}^5(b), \quad c = \mathcal{G}^5(c), \quad d = \mathcal{G}^5(d). \tag{6.26}$$

例として $a = \mathcal{G}^5(a)$ を示す．簡単な計算より，$\mathcal{G}^3(a) = d$ が得られ，これを利用すると $\mathcal{G}^5(a) = \mathcal{G}^2(d)$ と書ける．

$$\mathcal{G}^2(d) = \mathcal{G}(\mathcal{G}(d)) = \mathcal{G}(\bar{d}\bar{c}\bar{b}\bar{a}) = \mathcal{G}(\bar{d})G(\bar{c})\mathcal{G}(\bar{b})\mathcal{G}(\bar{a}) = abcd \cdot \bar{d} \cdot \bar{c} \cdot \bar{b} = a. \tag{6.27}$$

辺の総和を $L (= 4)$ とすると，L は $\mathcal{G}^5$ に関して不変である．このような性質をもつ組みひもは，周期型組みひもに分類される．

次に $00101 = E(1/3)E(1/2)$ の組みひもを構成しよう．この周期軌道は図 6.9 に描かれている．幾何学的な方法で得られた組みひもは図 6.10 に描かれている．生成元を利用して組みひもは次のように書ける（図 6.11 も見よ）．

$$\sigma_4^{-1}\sigma_3^{-1}\sigma_2^{-1}\sigma_1^{-1}\sigma_4^{-1}\sigma_3^{-1}. \tag{6.28}$$

ここで $\sigma_k^{-1}\sigma_k = \sigma_k\sigma_k^{-1} = \mathrm{Id}$ を利用すると，式 (6.28) は

$$\sigma_4^{-1}\sigma_3^{-1}\sigma_2^{-1}\sigma_1^{-1}\sigma_4^{-1}\sigma_3^{-1}\sigma_2^{-1}\sigma_1^{-1}\sigma_1\sigma_2 = \rho_{2/5}\sigma_1\sigma_2$$

6.3. 3 種類の組みひも 183

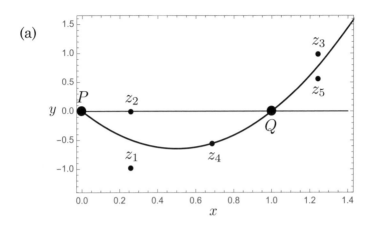

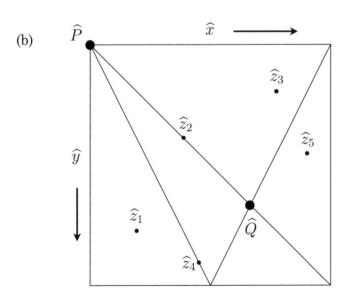

図 6.9 ブロック $E(1/3)E(1/2) = 00101$ で記述される周期軌道. (a) 相平面での運動. (b) 記号平面での運動.

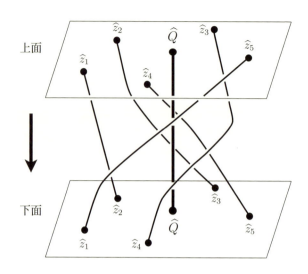

図 6.10 ブロック $E(1/3)E(1/2) = 00101$ の組みひもの構成法.

とも書ける. 組みひも $\rho_{1/5}$ は周期型組みひもであった. 同様に組みひも $\rho_{2/5}$ も周期型組みひもである. しかし, 00101 の組みひもは $\rho_{2/5}$ に $\sigma_1\sigma_2$ が追加されている. この部分の存在のために, 組みひもを $\rho_{2/5}\sigma_1\sigma_2$ とする周期軌道をもつ系は, 組みひもを $\rho_{2/5}$ とする周期軌道をもつ系とはまったく異なる性質をもつ.

式 (6.28) で記述される組みひもが擬アノソフ型組みひもに分類されることを証明するためには線路算法を利用する必要がある. ここでは簡単な方法で示す. 図 6.11 の組みひもの上端に四つのベクトル a, b, c, d を描いた. これらの長さはすべて 1 であるとする. これらのベクトルに組みひもの動きを適用する($\mathcal{G}$ を作用させる). 適用後のベクトル a', b', c', d' を組みひもの下端に描いた. 以下が適用結果である.

$$a' = \mathcal{G}(a) = bc, \tag{6.29}$$

$$b' = \mathcal{G}(b) = d, \tag{6.30}$$

$$c' = \mathcal{G}(c) = \bar{d}\bar{c}, \tag{6.31}$$

$$d' = \mathcal{G}(d) = \bar{b}\bar{a}. \tag{6.32}$$

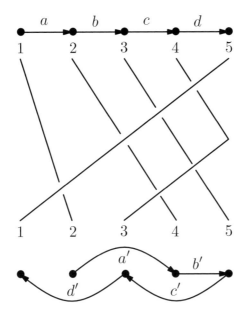

図 6.11 組みひもの上下の $1, 2, 3, 4, 5$ は軌道点が並んでいる $\hat{x}$ 軸上での順序．ちなみに 1 は $\widehat{x_1}$ を，2 は $\widehat{x_2}$ を，3 は $\widehat{x_4}$ を，4 は $\widehat{x_3}$ を，5 は $\widehat{x_5}$ を表現している．この組みひもは，$\sigma_4^{-1}\sigma_3^{-1}\sigma_2^{-1}\sigma_1^{-1}\sigma_4^{-1}\sigma_3^{-1}$ と記述される．組みひもの上部に置いた四つのベクトル a, b, c, d に，組みひもを作用した像 a', b', c', d' は組みひもの下部に描いてある．

さらに $\mathcal{G}$ を作用してみる．$\mathcal{G}^2$ による像は図 6.12 に描いた．$\|\mathcal{G}^n(L)\|$ は L に $\mathcal{G}$ を n 回作用したあとの長さとする．ここでベクトルの伸び率を，$(\|\mathcal{G}^n(L)\|/L)^{1/n}$ と定義しよう．ここで，L は初期の長さで 4 である．伸び率は $\sqrt{12/4} = \sqrt{3} = 1.732\cdots$ と得られる．つまりベクトルの長さは $\mathcal{G}$ を作用するたびに約 1.73 倍に伸ばされる．指数関数的な伸びであることがわかる．$\sqrt{3}$ は，線路算法で得られる伸び率 $1.7220\cdots$ に非常に近いことを指摘しておく．

この系では組みひもを作用するにつれて引き伸ばしが生じ長さが指数関数的にどんどん長くなる．系の中に引き伸ばしを引き起こす何らかのメカニズムが潜んでいる．このような系には擬アノソフ型の不変集合が存在する．実際，この不変集合の周りでは引き伸ばしが生じる．擬アノソフ型の不変集合によって強制されるカオスは位相カオスとよばれる [19]．位相カオスは組み

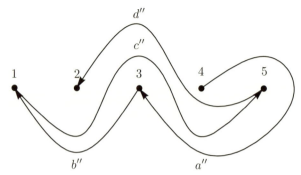

図 6.12 $\mathcal{G}^2$ による像. $a'' = \mathcal{G}^2(a)$ である. 他の記号も同様.

ひもによって決まる複雑さであるから，普遍的な複雑さである．図 6.12 にさらに $\mathcal{G}$ を作用するとどのような図形になるのか興味がわく．このような図形はかく拌図形とよばれている．詳細は参考文献 [98] を見てほしい．

最後に可約型の例を紹介する．$a = 4$ で Q が周期倍分岐を起こす．a をさらに増加すると，生じた娘周期軌道も周期倍分岐を生じ周期 4 の周期軌道が生じる．ここで周期 2 の娘周期軌道のコードは 01 で，周期 4 の周期軌道のコードは 0111 である．図 6.13 では，周期 4 と周期 2 の周期軌道を相平面と記号平面で描いた．これらの組みひもを図 6.14 に描いた．この周期 4 の周期軌道の組みひもは

$$\sigma_3^{-1}\sigma_2^{-1}\sigma_1^{-1}\sigma_2^{-1}\sigma_1^{-1} \tag{6.33}$$

である [61]．周期 4 の周期軌道の組みひもで 1 から 3 に向かうひもと，2 から 4 に向かうひもを一つのチューブで囲むことができる（図 6.15(a)）．同様に 3 から 2 に向かうひもと，4 から 1 に向かうひもを一つのチューブで囲める．ここでチューブを一つのひもと考えると 4 本のひもを 2 本で記述できる．これらは生成元で σ_1^{-1} と記述される（図 6.15(b)）．これは周期 4 の周期軌道の母親の周期 2 の周期軌道の組みひもである．右上から左下に降りていくチューブの中に 2 本のひもがあり，これらは交差している．生成元で記述すると σ_1^{-1} となる．つまり，$\sigma_3^{-1}\sigma_2^{-1}\sigma_1^{-1}\sigma_2^{-1}\sigma_1^{-1}$ は組みひも型 σ_1^{-1} と簡単になる．

二つのチューブの上下の面は曲線で囲まれている．相平面では，二つの軌

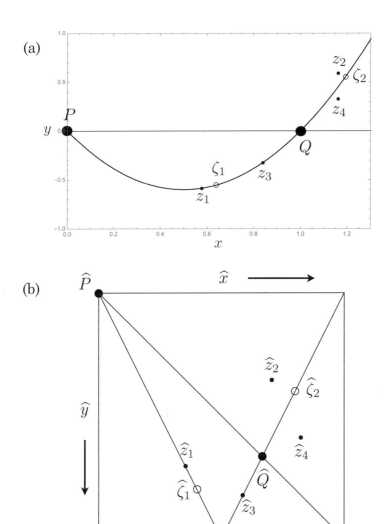

図 6.13 大きな黒丸はブロック $E(1/2) = 01$ で記述される母周期軌道．小さい黒丸はブロック $E(1/2)S(1/2) = 0111$ で記述される周期軌道．この周期軌道は，母周期軌道が周期倍分岐を起こして生じた娘周期軌道．(a) 相平面での運動．(b) 記号平面での運動．

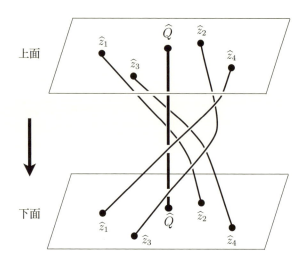

図 6.14 ブロック $E(1/2)S(1/2) = 0111$ の組みひもの構成法.

(a)　　　　　　　　　　　　　　　　　　(b)

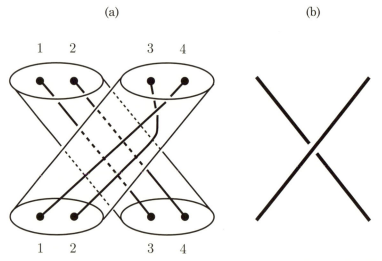

図 6.15 (a) $E(1/2)S(1/2) = 0111$ の組みひも. 1 は $\widehat{x_1}$ を, 2 は $\widehat{x_3}$ を, 3 は $\widehat{x_2}$ を, 4 は $\widehat{x_4}$ を表現している. (b) $E(1/2) = 01$ の組みひも. 母不動点 Q が周期倍分岐を起こして生じた娘周期軌道が $E(1/2)$. この娘周期軌道が母周期軌道としてさらに周期倍分岐を起こして生じた娘周期軌道が $E(1/2)S(1/2)$ である.

道点を含む曲線が2個存在することがわかる．これらが定理 6.2.1(ii) における単純閉曲線の集合 C である．一般に，与えられた組みひもの本数を $n (\geq 2)$ とする．この組みひもが，n より小さい本数の組みひもに分解できるならば，この組みひもは可約型に分類される．ここでの例は，$n = 4$ であるが2本の組みひもに分解できた可約型の例である．分解された組みひもが擬アノソフ型になる場合もある．ここで紹介した周期2の娘周期軌道と周期4の娘周期軌道には，ともに回転数 1/2 の共鳴鎖の中に軌道点をもつという特徴がある．

6.4 トレリス法

最初に，我々が使用している接続写像 T のもとで生成されるトレリス $\mathcal{T}$ を定義する．必要な概念をいくつか導入する．不安定多様体と安定多様体についてはすでに導入し，これらの性質を利用しているが再度定義する．

定義 6.4.1 平面 M の写像 T のサドル不動点の集合を $\mathcal{P}$ とする．$\mathcal{P}$ の安定集合を $W_s(\mathcal{P})$ とし不安定集合を $W_u(\mathcal{P})$ とする．$W = W_u(\mathcal{P}) \cup W_s(\mathcal{P})$ を写像 T の**もつれ（タングル）**という．$\mathcal{P}$ が1点の場合，W は**ホモクリニックなもつれ（タングル）**という．$\mathcal{P}$ が複数個の場合，W は**ヘテロクリニックなもつれ（タングル）**という．

サドル不動点 P は $\mathcal{P}$ の点である．P の安定多様体のうち $x > 0$ の領域から入る分枝を W_s とし，不安定多様体のうち $x > 0$ の領域へ出ていく分枝を W_u と書くことは前と同様である．W_s と W_u は向き付けられた多様体である．W_s については P に入ってくる方向を正の方向とし，W_u については P から出ていく方向を正の方向とする．

ホモクリニックタングルには無限個のホモクリニック点が含まれる．このような無限集合ではなく有限個のホモクリニック点をもつ集合の研究が現実的である．このような集合は**トレリス**とよばれ，以下のように定義される．

定義 6.4.2 基本領域 Z を含むコンパクトな領域を M とする．M におけるトレリス $\mathcal{T}$ は二つ組 $(\mathcal{T}^u, \mathcal{T}^s)$ である．これらは $M \setminus \partial M$ にあり，以下の条件を満たす．すなわち，$\mathcal{T}^s$ はサドル型不動点 P の安定多様体 W_s の P を含む閉

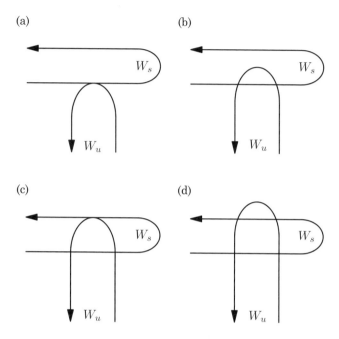

図 6.16 (a) 不安定多様体が安定多様体と接した状況 ($a = a_c^1$). (b) 不安定多様体が安定多様体と 2 点で交差した状況 ($a_c^1 < a < a_c^2$). (c) 不安定多様体が安定多様体と接した状況 ($a = a_c^2$). (d) 不安定多様体が安定多様体と 4 点で交差した状況 ($a > a_c^2$).

弧であり，$\mathcal{T}^u$ は P の不安定多様体 W_u の P を含む閉弧である．トレリス $\mathcal{T}$ が与えられたとき，$\mathcal{T}^s$ と $\mathcal{T}^u$ の交点がすべて横断的ならトレリスは横断的であるという．交点の数を $N(\mathcal{T})$ と書く．

最後に適合トレリスを定義しよう．定義はコリンズによる [27, 28]．図 6.16 には不安定多様体 W_u と安定多様体 W_s の関係を描いた．図 (b) のように不安定多様体が安定多様体と横断的交差する配置より得られるトレリスを適合トレリスという．結果を先取りするが，図 (d) から得られる適合グラフは図 (b) から得られる適合グラフとは異なる．2 次のホモクリニック点のうち，タイプ II のホモクリニック点（5.2 節）は 4 個がセットになっている．トレリス法を適用するときは図 (d) に対して適用せずに図 (b) に適用する．接触の場合

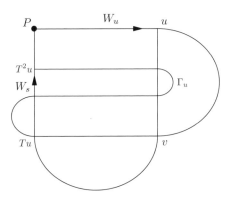

図 6.17 $\mathcal{T}^s$ と $\mathcal{T}^u$ で構成されたトレリスの例. $\mathcal{T}^s = [u, P]_{W_s}$, $\mathcal{T}^u = [P, T^2 u]_{W_u}$. これを馬蹄トレリス $\mathcal{T}_2$ とよぶことにする. バーコフ指標 $I_{BS} = 2$, 交差数 $N(\mathcal{T}_2) = 8$.

は次のように考える. $a = a_c^1$ ならば a を少し大きくして 2 個の交点が現れるようにする. $a = a_c^2$ ならば a を少し小さくして 2 個の交点が残るようにする. このようにすれば交点はすべて横断的となる. 以下では適合トレリスを扱うことを前提とするので単にトレリスとよぶことにする.

トレリスの扱いに馴れるため,一番簡単な馬蹄トレリス $\mathcal{T}_2$ を見てみよう(図 6.17).$\mathcal{T}^s = [u, P]_{W_s}$ および $\mathcal{T}^u = [P, T^2 u]_{W_u}$ である.$N(\mathcal{T}_2) = 8$ であることは図からわかる.

ここでトレリスを特徴付けるトレリス指標 I_{BS}(バーコフ指標:Birkhoff signature [12])を導入する.

定義 6.4.3 $\mathcal{T}^u = [P, T^{k_u} u]_{W_u}$ $(k_u \geq 0)$ とし, $\mathcal{T}^s = [T^{-k_s} u, P]_{W_s}$ $(k_s \geq 0)$ とする. $k_u + k_s$ をトレリス指標 I_{BS} とする.

性質 6.4.4 トレリス指標 I_{BS} はトレリス内の 2 次のホモクリニック軌道の内核の長さに等しい.$I_{BS} \geq 3$ のとき,デコレーションの長さを d とすると $I_{BS} = d + 3$ である.

証明 $A_0, B_0 \in [T^{-1} v, u]_{W_u}$ とする. これらの記号は 1 である. $A_k = T^k A_0$, $B_k = T^k B_0 \in [u, v]_{W_s}$ とする. これらの記号は 1 である. よって内核の長さは k である. これらより, $A_k, B_k \in [T^{k-1} v, T^k u]_{W_u}$ が得られる. つまり $I_{BS} = k (= k + 0)$

が得られる．内核の長さが k ならば，デコレーションの長さ d は $d = k-3$ である．これより二つ目の主張は明らか．以上で証明を終える．(Q.E.D.)

ここでトレリス指標 I_{BS} を決めたときの対称ホモクリニック軌道の個数と非対称ホモクリニック軌道の対の個数は次のように得られる．ただし，$d \geq 1$ である．

(1) d が偶数の場合．対称ホモクリニック軌道の個数は $2^{d/2}$ であり，非対称ホモクリニック軌道の対の数は $(2^d - 2^{d/2})/2$ である．

(2) d が奇数の場合．対称ホモクリニック軌道の個数は $2^{(d+1)/2}$ であり，非対称ホモクリニック軌道の対の数は $(2^d - 2^{(d+1)/2})/2$ である．

下記の命題 6.4.5 は自明である．

命題 6.4.5 二つのトレリス $\mathcal{T}$ と $\mathcal{T}'$ が同じトレリス指標 I_{BS} をもつとする．$N(\mathcal{T}) > N(\mathcal{T}')$ ならば順序関係 $\mathcal{T} > \mathcal{T}'$ が成立する．また逆も成立する．

命題 6.4.5 で，二つのトレリスの順序関係を述べている．$\mathcal{T} > \mathcal{T}'$ は，$\mathcal{T}$ は $\mathcal{T}'$ を強制すると読む．

具体的な例をもとにコリンズ [27, 28, 29, 30] の開発した**トレリス法**による位相的エントロピーの計算方法を紹介する．

最初にトレリス法を適用する曲面について説明する．トレリスを図 6.18(a) に描いた．基本領域 Z も描いておいた．不安定多様体の弧に沿って切れ目を入れる．これを模式的に描いた図が図 6.18(b) である．切れ目を少し広げて描いてある．図 6.18(b) がトレリス法を適用する曲面である．平面に穴をあけた曲面（穴あき平面）である．トレリス法で，穴あき平面における周期軌道の周期についての増大率を調べる．不安定多様体の弧の上には周期軌道は存在しない．また，基本領域 Z の外には周期軌道は存在しない．よって穴あき平面における周期軌道の個数と基本領域 Z における周期軌道の個数は同じである．トレリス法では適合グラフを構成するが，適合グラフは切れ目の入った不安定多様体の弧とは接触交差しないように描く必要がある．これから図は図 6.18(a) のように描くが，意味は図 6.18(b) である．

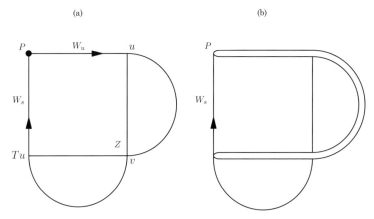

図 6.18 (a) トレリスと基本領域 Z. (b) 不安定多様体の弧に切れ目をいれた曲面の模式図.

次に簡単な例を利用して適合グラフの構成法について説明し，位相的エントロピーの下界の計算法を紹介する．

例 1 トレリス $\mathcal{T}_2$. 内核：$E(1/2), S(1/2)$.

すでに 2.1 節で導入した領域 H_0 と H_1 を利用する．図 6.19 で，これらの領域は灰色で描かれている．領域 H_1 の T による像は H_0 と H_1 を被覆する．これを表現するために図 6.19 で描いたように線分 A を領域 H_1 の中に置く．この線分を写像しても像は H_0 と H_1 に入る．よって領域の代わりに線分 A で領域を代表させる．線分 B も同様の意味である．これらの線分を制御辺（c-辺）と名付ける．これらの c-辺をつなぐ曲線 C も描いた．これは制御辺のつながりを表現している．このような辺または曲線を伸張辺（e-辺）と名付ける．c-辺と e-辺で構成されたグラフをトレリス $\mathcal{T}_2$ の適合グラフ $\mathcal{G}(\mathcal{T}_2)$ と名付ける．

曲線 C は基本領域 Z の外にある．よって曲線 C には周期軌道の点は存在しない．たとえ，e-辺が基本領域 Z にあったとしても何度か写像すると基本領域 Z の外に出てしまう．つまり，e-辺には周期軌道は存在しない．よって e-辺の像を考える必要はない．調べるべきは c-辺の像である．A の像 TA は，B を被覆する．そして A を逆向きに被覆する．B の像 TB は，B を被覆する．

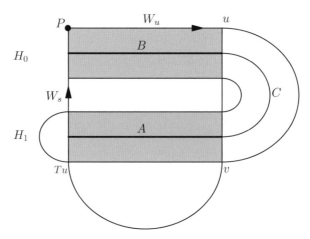

図 6.19 トレリス $\mathcal{T}_2$. 上の灰色領域が H_0 で,下の灰色領域が H_1 である.馬蹄が完成している状況での制御辺 A と B,ならびに伸張辺 C で適合グラフ $\mathcal{G}(\mathcal{T}_2)$ が定義される.$I_{BS} = 2$, $N(\mathcal{T}_2) = 8$.

そして A を逆向きに被覆する.逆向きの場合,$\bar{A}$ と書く.これを以下のように書く.

$$A \to \bar{A}, B, \quad B \to \bar{A}, B.$$

これより下記の遷移行列が得られる.

$$\begin{pmatrix} \begin{array}{c|cc} & A & B \\ \hline A & 1 & 1 \\ B & 1 & 1 \end{array} \end{pmatrix}. \tag{6.34}$$

固有値は $\lambda = 2$ と得られる.これよりトレリス $\mathcal{T}_2$ の位相的エントロピーの下界は $\ln 2$ と得られる.馬蹄がちょうど完成した状況でも,位相的エントロピーの下界は $\ln 2$ であることがコリンズによって示されている.馬蹄が完成する臨界値を a_c とする.$a \geq a_c$ では,位相的エントロピーは $\ln 2$ 以下であることは自明である.二つの結果をまとめて $a \geq a_c$ では位相的エントロピーは $\ln 2$ である.

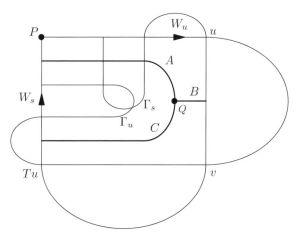

図 6.20 不安定多様体の弧 Γ_u と安定多様体の弧 Γ_s が最初の接触 ($a = 3.242$) をしたあとの交点を 2 点もつトレリス $\mathcal{T}_{1/3}$ と, トレリス $\mathcal{T}_{1/3}$ の適合グラフ $\mathcal{G}(\mathcal{T}_3)$. $I_{BS} = 3$, $N(\mathcal{T}_3) = 10$.

適合グラフより得られる位相的エントロピーは考えている系の位相的エントロピーの下界を与えることはコリンズによって証明されている. トレリス法に関する発展はコリンズの論文を参考にしていただきたい [32, 33].

わかりやすいトレリスにトレリス法を適用してみよう.

例 2 トレリス $\mathcal{T}_{1/3}$. デコレーション $\cdot$, 内核:$E(1/3)$ (4 個あるが $E(1/3)$ で代表する).

$\mathcal{T}^s$ と $\mathcal{T}^u$ の交点で基本領域 Z の内部にある点は, 代表共鳴領域 $Z_{1/3}(z_0)$ の含まれている. これよりトレリスの名称を $\mathcal{T}_{1/3}$ とした. このトレリスを図 6.20 に描いた. また, 適合グラフ $\mathcal{G}(\mathcal{T}_{1/3})$ も描いた. c-辺は A, B, C の三つである. これらが 1 点で交わっている. このような点を角 (つの) という. 三つの線分が集まっているので**三角点** (みつづのてん:Three-prong) と名付ける. この場合, 三角点は Q である. A は圧縮され引き伸ばされて, Z の外に出る. この結果, TA は A と B を一度被覆する. 次に TA は, Z の外に出たあとに再び Z の中に入る. なぜなら Q は不動点だからである. このことより TA は再度 B を被覆する. TA が B を最初に被覆する方向と, 2 回目の被覆の

方向が逆になっていることに注意しよう．これは後戻り現象ではない．なぜなら TA は一度基本領域の外に出てから，再度基本領域に戻ってきたからである．B の逆向きを $\bar{B}$ と書く．次に B の像は C で，C の像は A である．

$$A \to A, B, \bar{B}, \quad B \to C, \quad C \to A.$$

これより下記の遷移行列が得られる．遷移行列の第 1 行は，A の像が，A を 1 回被覆し，B を 2 回被覆することを表している．

$$\left(\begin{array}{c|ccc} & A & B & C \\ \hline A & 1 & 2 & 0 \\ B & 0 & 0 & 1 \\ C & 1 & 0 & 0 \end{array}\right). \tag{6.35}$$

固有方程式は次のように得られる．

$$\lambda^3 - \lambda^2 - 2 = 0. \tag{6.36}$$

固有値の最大値は $\lambda_{\max} = 1.6956$ と得られる．これよりトレリス $\mathcal{T}_{1/3}$ の位相的エントロピーの下界は $\ln 1.6956 = 0.5204$ となる．

$a = a_1$ で安定多様体の弧 Γ_s と不安定多様体の弧 Γ_u が接触し，次に交点が二つ生じる．さらにパラメータを増加すると $a = a_2$ で交点が四つになる．するとパラメータ区間 (a_1, a_2) では，位相的エントロピーの下界は $\ln 1.6956$ である．パラメータ a において，位相的エントロピーの平坦なパラメータ区間が生じる．数値計算ではその区間は $(3.242, 4.045)$ と得られる．かなり広い平坦区間である．位相的エントロピーは平坦区間をもちながら階段状に増大していくと考えられる．

例 3 星形トレリス $\mathcal{T}_{1/q}$．デコレーション：0^{q-3} ($q \geq 4$), $\cdot$ ($q = 3$), 内核：$E(1/q)$.

$\mathcal{T}_{1/q}$ は Q から q 本の c-辺が出ている．このことからこのような性質をもつトレリスを星形トレリスとよぶ．トレリス $\mathcal{T}_{1/4}$ を利用して位相的エントロピーの下界を求めよう．

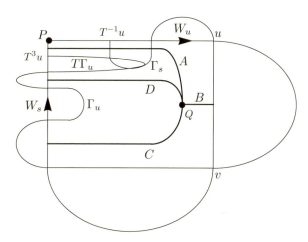

図 6.21 トレリス $\mathcal{T}_{1/4}$ と，その適合グラフ $\mathcal{G}(\mathcal{T}_{1/4})$. $I_{BS} = 4$, $N(\mathcal{T}_3) = 12$. ここでは，不安定多様体の弧 $T\Gamma_u$ と Γ_s が交差している．

$\mathcal{T}_{1/4}$ と適合グラフ $\mathcal{G}(\mathcal{T}_{1/4})$ を図 6.21 に描いた．遷移行列は

$$\begin{pmatrix} & A & B & C & D \\ \hline A & 1 & 2 & 0 & 0 \\ B & 0 & 0 & 1 & 0 \\ C & 0 & 0 & 0 & 1 \\ D & 1 & 0 & 0 & 0 \end{pmatrix}. \tag{6.37}$$

と得られ，固有方程式は次のように得られる．

$$\lambda^4 - \lambda^3 - 2 = 0. \tag{6.38}$$

同様の方法で，$\mathcal{T}_{1/q}$ の適合グラフ $\mathcal{G}(\mathcal{T}_{1/q})$ を構成し遷移行列を求める．最終的に固有方程式が次のように得られる．

$$\lambda^q - \lambda^{q-1} - 2 = 0. \tag{6.39}$$

$q \to \infty$ では最大固有値 $\lambda_{\max}$ は 1 に漸近する．すなわち位相的エントロピーの下界は 0 に漸近する．内核が一つのブロックで記述される場合，星形トレリスが得られる．

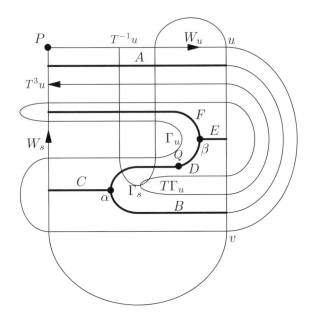

図 6.22 不安定多様体の弧 $T\Gamma_u$ と Γ_s が接触したあとのトレリス $\mathcal{T}_1$ の模式図と適合グラフ．$I_{BS} = 4$, $N(\mathcal{T}_1) = 24$.

例 4 デコレーション：1，内核：$E(1/2)E(1/2)$.

5.5 節で，不安定多様体の弧 Γ_u と $T^{-1}\Gamma_s$ の接触状況 ($a = 4.776$) を図 5.7 に示した．この状況では弧 $T\Gamma_u$ と Γ_s も接触している．a を 4.776 より少し大きくすると，弧 $T\Gamma_u$ と Γ_s が 2 点で交差する．このトレリスを $\mathcal{T}_1$ とする．適合グラフは図 6.22 に示した．

このグラフにおいて D の左端の α と右端の β は三角点である．これらは周期 2 の周期軌道の軌道点である．よって $\alpha = T\beta, \beta = T\alpha$ が成立する．また D は不動点 Q を含み，弧 Γ_s とも 2 点で交差している．これらのことより，D の像が D を逆に被覆し，E を 2 回被覆することが得られる．以上より遷移行列

と固有方程式が次のように得られる.

$$\left(\begin{array}{c|cccccc} & A & B & C & D & E & F \\ \hline A & 1 & 1 & 1 & 0 & 0 & 0 \\ B & 0 & 0 & 1 & 1 & 0 & 0 \\ C & 0 & 0 & 0 & 0 & 0 & 1 \\ D & 0 & 0 & 0 & 1 & 2 & 0 \\ E & 0 & 0 & 1 & 0 & 0 & 0 \\ F & 1 & 1 & 0 & 0 & 0 & 0 \end{array}\right). \tag{6.40}$$

$$\lambda^6 - 2\lambda^5 + \lambda^4 - 2\lambda^3 + 2\lambda^2 - 2\lambda = 0. \tag{6.41}$$

最大固有値 $\lambda_{\max} = 1.8911$ が得られる.

第7章
対称非バーコフ型周期軌道の順序関係

最初に，接続写像において対称非バーコフ型周期軌道が存在することを示す．得られた対称非バーコフ型周期軌道はブロック語で記述される．対称非バーコフ型周期軌道がサドル型であるのか楕円型であるのか判定する方法を紹介する．

次に，対称非バーコフ型周期軌道の順序関係について説明し，その意義を述べる．実際に対称非バーコフ型周期軌道の出現順序関係を導く．対称非バーコフ型周期軌道を利用すると正の位相的エントロピーが得られる．異なる対称非バーコフ型周期軌道は異なる位相的エントロピーをもつ．だから対称非バーコフ型周期軌道の出現順序を表現する力学的順序関係が意味をもつ．そして，対称非バーコフ型周期軌道とホモクリニック軌道の関係を説明する．これらの順序関係がわかると完全可積分系から可逆馬蹄への道筋が見えるようになる．

最後に，サドルノード分岐で生じた対称非バーコフ型周期軌道の分岐について述べる．

7.1 対称非バーコフ型周期軌道の存在

本節では対称非バーコフ型周期軌道が存在することを示す [105, 107]．例として $1/4 \oplus 1/3$-SNB の存在を証明する．SNB の意味は定義 2.6.3 で述べた．$1/4 \oplus 1/3$-SNB·S と $1/4 \oplus 1/3$-SNB·E の軌道点がサドルノード分岐によって対称線上に生じる．臨界値は $a = 3.21700031$ である．これらは，回転数 $1/4$ と $1/3$ の共鳴鎖を行き来する順序非保存の対称周期軌道である．

回転数 $1/4$ と $1/3$ の代表共鳴領域 $Z^0_{1/4}(z)$ と $Z^0_{1/3}(z')$ を用意する．対称線

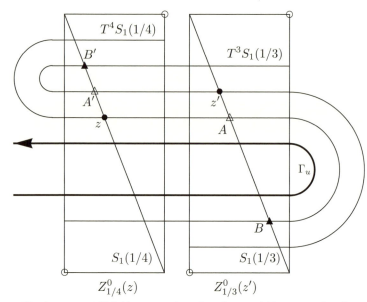

図 7.1 像 $T^4 S_1(1/4)$ は対称線 $S_1(1/3)$ と 2 点 A と B で交差し，かつ像 $T^3 S_1(1/3)$ は対称線 $S_1(1/4)$ と 2 点 A' と B' で交差する．太線の弧は不安定多様体の弧 Γ_u を表す．

$S_1(1/4)$ の像 $T^4 S_1(1/4)$ は S 字形である（図 7.1）．これについてはすでに性質 4.6.1 で述べたが，重要な性質であるので再度説明する．

図 7.1 において，左の長方形が代表共鳴領域 $Z_{1/4}^0(z)$，右の長方形が代表共鳴領域 $Z_{1/3}^0(z')$ である．z（黒丸）は 1/4-SB·E の軌道点，z'（黒丸）は 1/3-SB·E の軌道点である．二つの長方形の左下と右上の頂点（白丸）は対応するサドル型軌道の軌道点である．対称線 $S_1(1/4)$ は左の長方形の左上から右下に伸びる対角線であり，対称線 $S_1(1/3)$ は右の長方形の左上から右下に伸びる対角線である．

対称線 $S_1(1/4)$ の左上端点は，領域左下のサドル点の安定多様体上にある．よって，$S_1(1/4)$ の左上の部分は，T^4 の下で安定多様体に沿って下方に移動し，不安定多様体の方向（右方向）に伸びる．対称線 $S_1(1/4)$ の右下の端点は，領域右上のサドル点の安定多様体上にある．だから $S_1(1/4)$ の右下の部分は，T^4 の下で安定多様体に沿って上方に移動し，不安定多様体の方向（左

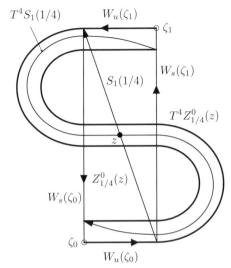

図 7.2 対称線の像 $T^4S_1(1/4)$ と，代表共鳴領域の像像 $T^4Z^0_{1/4}(z)$ の関係．

方向）に伸びる．また，楕円点 z の近傍は写像の下で反時計回りにほぼ 180 度回転する．以上より，像 $T^4S_1(1/4)$ が S 字形であることがわかる．

先に進む前に，図 7.1 の像 $T^4S_1(1/4)$ と像 $T^3S_1(1/3)$ の相対配置が正しいことを確認しておこう．像 $T^4Z^0_{1/4}(z)$ は幅のある S 字形であり，像 $T^4S_1(1/4)$ はその内部に含まれる（図 7.2）．同様に $T^3Z^0_{1/3}(z')$ も幅のある S 字形であり，$T^3S_1(1/3)$ はその内部に含まれる．$T^4Z^0_{1/4}(z)$ と $T^3Z^0_{1/3}(z')$ が共通点をもたなければ，内部に含まれる $T^4S_1(1/4)$ と $T^3S_1(1/3)$ は交わらず，図 7.1 の通りの配置であることがわかる．$T^4Z^0_{1/4}(z)$ と $T^3Z^0_{1/3}(z')$ の境界は安定多様体と不安定多様体の弧であり，安定多様体の弧はそれぞれ $Z^0_{1/4}(z)$ と $Z^0_{1/3}(z')$ の境界から動かない．伸びるのは不安定多様体の弧である．不安定多様体の弧同士は決して交わらない．だから，$T^4Z^0_{1/4}(z)$ と $T^3Z^0_{1/3}(z')$ は共通点をもたない．

接続写像 T のパラメータを増やしていくと，不安定多様体の弧 Γ_u の折れ曲がりの先端は二つの代表共鳴領域のそれぞれの左境界から入り右境界から抜ける．結果として，代表共鳴領域 $Z^0_{1/3}(z')$ に像 $T^4Z^0_{1/4}(z)$ の右境界 $W_u(\zeta_0)$ が入り，次に像 $T^4S_1(1/4)$ が入り，最後に左境界 $W_u(\zeta_1)$ が入る．そして，像

$T^4S_1(1/4)$ は $S_1(1/3)$ と交わる．一方，弧 Γ_u と $T^4S_1(1/4)$ は交わらない．なぜなら $T^{-4}\Gamma_u$ は基本領域 Z の境界上にあり，$S_1(1/4)$ は基本領域 Z の内部にあって互いに交らないからである．すなわち，$T^4S_1(1/4)$ は弧 Γ_u を迂回する．だから，弧 Γ_u が $S_1(1/3)$ と交われば，$T^4S_1(1/4)$ も $S_1(1/3)$ と交わる（図 7.1）．

ブロック数が 2 個の周期軌道

交点の軌道の回転数を求めよう．$T^4S_1(1/4) \subset T^4S_g^-$ であり，$S_1(1/3) \subset S_h^-$ である．第 3 章の表 3.1(1) より，周期 7 と回転回数 2 が得られる．周期 q は二つの代表共鳴領域の周期の和として $q = 4 + 3$ と書ける．この周期軌道は回転数 $1/4$ の共鳴鎖に滞在中に Q の周りを 1 回回り，回転数 $1/3$ の共鳴鎖に滞在中に Q の周りを 1 回回る．回転回数 p も両者の和として $p = 1 + 1$ と書ける．一般に，$0 < p_1/q_1 < p_2/q_2 \leq 1/2$ として，代表共鳴領域の回転数を p_1/q_1 と p_2/q_2 とする．サドルノード分岐で生じたこれらの周期軌道の回転数 p/q は以下のように得られる．

$$\frac{p}{q} = \frac{p_1 + p_2}{q_1 + q_2} \equiv \frac{p_1}{q_1} \oplus \frac{p_2}{q_2}. \tag{7.1}$$

$T^4S_1(1/4)$ は S 字形であって，$Z^0_{1/3}(z')$ を貫く弧 Γ_u を迂回するから $S_1(1/3)$ と 2 点で交わる．この 2 点は周期 7 の軌道点なので，$S_1(1/3)$ に T^3 を作用すると $S_1(1/4)$ に戻る．すなわち，S 字形の $T^3S_1(1/3)$ は左に伸びて $S_1(1/4)$ と 2 点で交わる．

得られた二つの周期点の軌道の記号列をブロックで記述しよう．そのために，交点に名前を付ける．まず，像 $T^4S_1(1/4)$ と $S_1(1/3)$ の交点のうち，弧 Γ_u より上にある点を点 A，弧 Γ_u より下にある点を点 B とすると，問題 4.5.8 より点 A は領域 $E(1/3)$ に含まれ，および点 B は領域 $D(1/3)$ に含まれる．$A' = T^3A, B' = T^3B$ とすると，この 2 点は $S_1(1/4)$ 上にある．今 $S_1(1/3)$ のうち，点 B を含む部分は T^3 の下で，上方に押しやられ，$F(1/3)$ に入り左に伸びる．そして点 B' が $S_1(1/4)$ との最初の交点である．だから点 B' は領域 $E(1/4)$ にある．第二の交点 A' に至るまでに，像 $T^3S_1(1/3)$ は一度 $Z^0_{1/4}(z)$ の左外に出る．なぜかというと，$S_1(1/3)$ は点 B と点 A の間で弧 Γ_u の左部分に

入り込むからである．この部分は T^3 の下で，基本領域 Z の左外に出てしまうのである．外から戻ってきた $T^3S_1(1/3)$ は，やはり弧 Γ_u より上で $S_1(1/4)$ と交わる．この交点が A' である．したがって，点 A' は領域 $E(1/4)$ にある．

以上の情報で，周期軌道のブロックコードが書ける．その前に対称軌道であることがわかるような記法を導入しよう．

定義 7.1.1 対称軌道が代表領域 $X(p/q) \in \{E, D, S\}$ 内の対称軸上に点をもつとき，この周期軌道のブロックコードの $X(p/q)$ の上に点を書いて，そのことを示す．すなわち，$\dot{X}(p/q)$ と書く．

点 A' を出発して点 A' に戻る周期軌道のブロックコードは $\dot{E}(1/4)\dot{E}(1/3)$ であり，点 B' から出発して点 B' に戻る周期軌道のブロックコードは $\dot{E}(1/4)\dot{D}(1/3)$ である．ブロックコード $\dot{E}(1/4)\dot{E}(1/3)$ と $\dot{E}(1/4)\dot{D}(1/3)$ はサドルノード対をなす．

回転数 $1/3$ の代表共鳴領域内では点 A が点 B より上にある．ところが，回転数 $1/4$ の代表共鳴領域では逆転し点 B' が点 A' より上にある．この動きは点 A と点 B のうちどちらかが楕円型であることに起因する．この性質は 7.2 節で議論する．

像 $T^4S_1(1/4)$ と像 $T^3S_1(1/3)$ が交差しないことはすでに述べた．一般に性質 7.1.2 が成り立つ．証明は省略する．この性質のおかげで $\dot{E}(p/q)\dot{E}(r/s)$ と $\dot{E}(p/q)\dot{D}(r/s)$ の存在が言える．

性質 7.1.2 既約分数 $p/q, r/s$ が $0 < p/q < r/s \leq 1/2$ を満たすとする．このとき，
  (i) $T^qS_1(p/q) \cap T^sS_1(r/s) = \emptyset$. $T^{2q}S_2(p/q) \cap T^{2s}S_2(r/s) = \emptyset$.
  (ii) $T^qS_1(p/q) \cap T^{2s}S_2(r/s) = \emptyset$. $T^{2q}S_2(p/q) \cap T^sS_1(r/s) = \emptyset$.

以下では簡単のために，"ブロックコード $\dot{E}(1/4)\dot{E}(1/3)$ で記述される周期軌道" と言うかわりに "周期軌道 $\dot{E}(1/4)\dot{E}(1/3)$" と言うことにする．

周期軌道 $\dot{E}(1/4)\dot{E}(1/3)$ と $\dot{E}(1/4)\dot{D}(1/3)$ の相平面での運動の様子を観察し，上で得られた結果を確認しよう（図 7.3 を見よ）．周期軌道 $\dot{E}(1/4)\dot{D}(1/3)$ は黒丸で，周期軌道 $\dot{E}(1/4)\dot{E}(1/3)$ は白三角で示した．周期軌道 $\dot{E}(1/4)\dot{D}(1/3)$ の

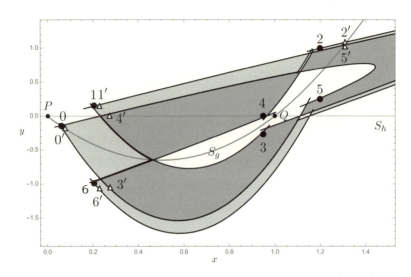

図 7.3 周期軌道 $\dot{E}(1/4)\dot{D}(1/3)$ は黒丸と数字 $0, 1, \ldots, 6$ で，周期軌道 $\dot{E}(1/4)\dot{E}(1/3)$ は白三角と数字 $0', 1', \ldots, 6'$ で示す．ここで数字 0 は軌道点 z_0 のことである．これ以外の数字についても同様である．濃い灰色の領域は共鳴鎖 $\langle Z_{1/3} \rangle$ で，淡い灰色の領域は共鳴鎖 $\langle Z_{1/4} \rangle$．$a = 5.2$．

点のうち z_6, z_0, z_1, z_2 の 4 点が回転数 1/4 の共鳴鎖（淡い灰色）の中にある．残りの z_3, z_4, z_5 の 3 点が回転数 1/3 の共鳴鎖（濃い灰色）の中にある．同様の性質が周期軌道 $\dot{E}(1/4)\dot{E}(1/3)$ についても成り立つ．

次に対称線上にある軌道点に注目しよう．z_0 と z'_0 は S_g^- 上にあり（図 7.3），両者はあまり離れていない．これらはともに領域 $E(1/4)$ にある．z_4 と z'_4 は S_h^- 上にあり，両者はかなり離れている．z_4 と z'_4（図 7.1 では B と A と表示されている）の間に不安定多様体の弧 Γ_u が左下から右上方へと侵入したためである．対称性より安定多様体の弧 Γ_s も z_4 と z'_4 間に上から下へと侵入する．これらの二つの弧の侵入によって z_4 と z'_4 の距離が徐々に広がっていき，最終的に z_4 は領域 $D(1/3)$ に入り，z'_4 は領域 $E(1/3)$ に入る．

ブロック数が 3 個の周期軌道

像 $T^4 S_1(1/4)$ と対称線 $S_2(1/3)$ との交わりから決まる軌道を考察しよう．対称線 $S_2(1/3)$ も $S_1(1/3)$ と同様，領域の上辺と下辺を結んでいるので，弧 Γ_u が二つの共鳴領域を突き抜けているなら，$T^4 S_1(1/4)$ と $S_2(1/3)$ は 2 点で交わる（図 7.4）．領域 $E(1/3)$ 内の交点を点 A，領域 $S(1/3)$ 内の交点を点 B としよう．次に $S_2(1/3)$ に T^3 を作用させる．この作用の下で $S_2(1/3)$ は楕円点 z' の周りを反時計回りに回転しほぼ横倒しになる．横倒しになった像にさらに T^3 を作用すると，左の端点は下方に移動し，右の端点は上方に移動する．両端点が安定多様体上にあるからである．これらの事実をまとめると $T^6 S_2(1/3)$ は S 字形となって $S_1(1/4)$ と交わる．交点は T^6 の下での A と B の像である．それぞれ A'' と B'' と書く．容易にわかるようにこれらは領域 $E(1/4)$ にいる．

$A'' \in E(1/4)$ を出発する周期軌道は T^4 の下で $A \in E(1/3)$ に行き，さらに T^3 をほどこすと $A' \in E(1/3)$ に行き，残りの T^3 でもとの点 A'' に戻る．それぞれの領域で不動点 Q を 1 回転し，T^{10} でもとに戻るから周期 $q = 10$ と回転

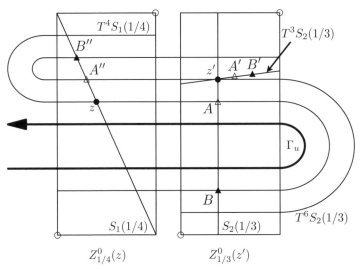

図 7.4 像 $T^4 S_1(1/4)$ は対称線 $S_2(1/3)$ と点 A と点 B で交差し，かつ像 $T^6 S_2(1/3)$ は対称線 $S_1(1/4)$ と点 A'' と点 B'' で交差する．太線の弧は不安定多様体の弧 Γ_u を表す．

回数 $p = 3$ が得られる．あるいは，$A \in T^4 S_1(1/4) \cap S_2(1/3) = T^4 S_g^- \cap T^{-1} S_g^+$，すなわち，$TA \in T^5 S_g^- \cap S_g^+$ であるから，表 3.1(9) を使って同じ結論が出る．今の場合，共鳴鎖 $\langle Z_{1/4} \rangle$ に一度，そして $\langle Z_{1/3} \rangle$ に続けて二度滞在するから，$q = 4 + 3 + 3, p = 1 + 1 + 1$ と書ける．

代表共鳴領域の回転数を p_1/q_1 と p_2/q_2 とする．ただし，$0 < p_1/q_1 < p_2/q_2 \leq 1/2$ である．サドルノード分岐で生じたこれらの周期軌道の回転数 p/q は以下のように得られる．

$$\frac{p}{q} = \frac{p_1 + 2p_2}{q_1 + 2q_2} \equiv \frac{p_1}{q_1} \oplus \frac{p_2}{q_2} \oplus \frac{p_2}{q_2}. \tag{7.2}$$

点 A'' を通る周期軌道のブロックコードは $\dot{E}(1/4)\dot{E}(1/3)E(1/3)$ である．一方，点 B'' ($\in$ 領域 $E(1/4)$) を通る軌道は，点 B ($\in$ 領域 $S(1/3)$) に写像され，次に点 B' ($\in$ 領域 $F(1/3)$) へと写像されるから，ブロックコードは $\dot{E}(1/4)\dot{S}(1/3)F(1/3)$ である．これらの周期軌道が生じる臨界値は $a = 3.08184015$ である．

最後に，$1/4 \oplus 1/3$-SN·B の非バーコフ性について説明する．まずは第 2 章 2.6 節の定義に従って，順序非保存性を確かめる．図 7.3 より z_3 と z_6 の対を選ぶ．$z_3 \in \langle Z_{1/3} \rangle$ と $z_6 \in \langle Z_{1/4} \rangle$ である．Q からは，z_3 が z_6 より左に見える．次にこれらの像 $z_4 \in \langle Z_{1/3} \rangle$ と $z_0 = Tz_6 \in \langle Z_{1/4} \rangle$ を不動点 Q から見ると，z_0 が z_4 より左にある．この時点で，軌道点の左右の順序関係が逆転した．これで $1/4 \oplus 1/3$-SNB·E が非バーコフ型であることの確認ができた．

回転数の小さな共鳴鎖内の軌道点は，不動点 Q の周りを小股 (の角度) で回る．一方，回転数の大きな共鳴鎖内の軌道点は，不動点 Q の周りを大股で回る．この結果，不動点 Q から見て軌道の進行方向の位置関係が逆転するのである．この逆転が生じることが非バーコフ性である．したがって複数の共鳴鎖を行き来する軌道は非バーコフ型である．共鳴鎖という幾何学概念を使って非バーコフ性が視覚化できた．

7.2 対称非バーコフ型周期軌道の安定性

性質 7.2.1 分岐直後の周期軌道 $\dot{E}(p/q)\dot{E}(r/s)$ と $\dot{E}(p/q)\dot{D}(r/s)$ $(0 < p/q < r/s \leq 1/2)$ はそれぞれサドル型と楕円型である．$r/s = 1/2$ の場合，$D(1/2)$ は

7.2. 対称非バーコフ型周期軌道の安定性

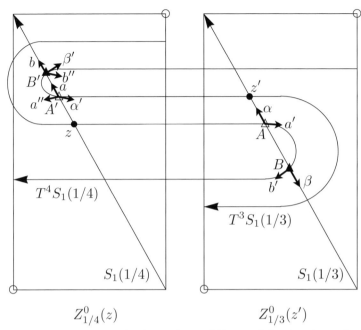

図 7.5 点 A' の周りでは反時計回りで，点 B' の周りでは時計回りであることの証明．
$A = T^4 A'$, $A' = T^3 A$, $B = T^4 B'$, $B' = T^3 B$, $a' = T^4 a$, $a'' = T^3 a'$, $b' = T^4 b$, $b'' = T^3 b'$,
$\alpha' = T^3 \alpha$, $\beta' = T^3 \beta$.

$S(1/2)$ と読み換える．

証明 $p/q = 1/4, r/s = 1/3$ の場合を証明する．一般の場合は記述が長くなるが考え方は同じである．以下では，周期点を基点とするベクトルの回転を問題にするので，接続写像から得られる線形写像(1.9) を考えればよい．図 7.5 の $S_1(1/4)$ 上の点 A' と点 B' が接線分岐で生じた周期点である．これらの点を基点とするベクトルが T^7 の下でどちらに向いたベクトルとして戻ってくるかを以下で考察する．方向の基準として，対称軸 $S_1(1/4)$ および $S_1(1/3)$ に右下から左上に向かう方向を与えておく．

点 A' と点 B' にそれぞれ $S_1(1/4)$ に沿った単位ベクトル a と b を付随させる．ベクトル a の位置する点を z_0 として，その点における T の線形化を

$\nabla T(z_0)$ とする．$\nabla T(z_3)\nabla T(z_2)\nabla T(z_1)\nabla T(z_0)$ を簡略化して $(\nabla T)^4$ と書く．以下同様の省略形を使用する．ベクトル a の像 $a' = (\nabla T)^4 a$ は端点を点 A として，$T^4 S_1(1/4)$ の方向に沿う．だからベクトル a' の先端は $S_1(1/3)$ の右側にある．ここで点 A に付随し，$S_1(1/3)$ に沿う単位ベクトル α を導入する．サドルノード分岐が生じた直後，α から時計回りに a' まで測った角度を θ_1 とすると，$\pi/2 < \theta_1 < \pi$ である．周期点から出るベクトルの間の角度は線形写像の下で保存されるから，端点を点 A' とする二つのベクトル $\alpha' = (\nabla T)^3 \alpha$ と $a'' = (\nabla T)^3 a'$ の間の角度も θ_1 である．点 A' において $S_1(1/4)$ の方向から時計回りに α' まで測った角度を θ_2 とすると，サドルノード分岐の直後には，$\pi/2 < \theta_2 < \pi$ である．すると，点 A' において $S_1(1/4)$ の向きからから a'' の向きまで測った角度 $\theta_1 + \theta_2$ は π より大きく，2π より小さい．だから，a'' の先端は $T^3 S_1(1/3)$ の右側にあり，かつ $S_1(1/4)$ の左側にあることがわかる．このことから，点 A' の近傍は反時計回りに回転していることが導かれる．

　点 B' の周りのベクトルの写像の下での回転も同様に扱うことができる．ベクトル b の像 $b' = T^4 b$ は端点を点 B とし，$T^4 S_1(1/4)$ の方向に沿う．だからベクトル b' の先端は $S_1(1/3)$ の左側にある．ここで点 B に付随し，$S_1(1/3)$ に逆向きに沿うベクトル β を導入する．サドルノード分岐の直後，ベクトル β から右向きに b' まで測った角度を ϕ_1 とすると，$0 < \phi_1 < \pi/2$ である．すると，点 B' に付随するベクトル $\beta' = (\nabla T)^3 \beta$ と $b'' = (\nabla T)^3 b'$ の間の角度も ϕ_1 である．サドルノード分岐の直後なら，b から時計回りに測った β' までの角度 ϕ_1 も $\pi/2$ 以下である．だから，b から b'' までの角度は π 未満である．このことから，点 B' は時計回りに回転していることがわかる．性質 4.4.7 より，点 B' は楕円型で点 A' はサドル型であることが導かれる．(Q.E.D.)

問題 7.2.2 分岐直後の周期軌道 $\dot{E}(p/q)\dot{E}(r/s)E(r/s)$ はサドル型であることを示せ．また周期軌道 $\dot{E}(p/q)\dot{S}(r/s)F(r/s)$ は楕円型であることを示せ．ここで，$0 < p/q < r/s \leq 1/2$．$r/s = 1/2$ の場合，$F(1/2)$ は $S(1/2)$ と読み換える．

7.3 順序関係

対称非バーコフ型周期軌道の出現順序関係が重要である．本節では出現順序関係について説明し，その意義を述べる．

順序関係というと思い浮かべるのは1次元写像におけるシャルコフスキーの順序関係である．シャルコフスキーは連続な単峰1次元写像を考え，周期軌道の周期の間に以下の順序関係があることを証明した [79]．

$$
\begin{aligned}
& 3 > 5 > 7 > 9 > \cdots \\
& > 3 \times 2 > 5 \times 2 > 7 \times 2 > 9 \times 2 > \cdots \\
& > 3 \times 2^2 > 5 \times 2^2 > 7 \times 2^2 > 9 \times 2^2 > \cdots \\
& > 3 \times 2^3 > 5 \times 2^3 > 7 \times 2^3 > 9 \times 2^3 > \cdots \\
& > 2^3 > 2^2 > 2 > 1.
\end{aligned} \tag{7.3}
$$

ここで，順序関係 $n > m$ は周期 n の周期軌道があれば周期 m の周期軌道があることを意味する．この順序関係には自然数（正整数）のすべての要素が関与しており，しかも任意の二つの要素の間に順序関係が成り立つ．このような順序関係を全順序関係という．また線形順序関係ともよばれる．周期 2^n ($n \geq 1$) の軌道は周期1の軌道の周期倍分岐で生じる．それ以外の周期軌道はすべて接線分岐で生じる．参考文献 [2, 23, 35] にはシャルコフスキーの順序関係の解説がある．

周期3の周期軌道があればすべての周期の周期軌道がある．「周期3があればカオス」[55] はこれを踏まえた句である．系を特徴付けるパラメータを a としたとき，a の増加とともに系の複雑さが増えることを期待している．実際，順序関係は系の複雑さの増大の仕方を示していると考えてよい．このような理由からシャルコフスキーの順序関係に似た順序関係を2次元写像で導くことは重要である [59, 16, 87]．

2次元の相空間のある特定の場所でパラメータの変化とともに一連の分岐が生じる．遠く離れた場所は力学的に束縛が弱く，その場所では別の一連の分岐が別のパラメータで生じると考えられる．分岐は枝分かれであるから，樹木の成長に例えることができる．それぞれの樹木の枝分かれは線形順序関

係で記述できる．相空間のあちこちで樹木が成長する．林かもしれないし，森かもしれない．力学系の滑らかさに応じて，相空間の異なる場所の力学的つながりに強弱がある．滑らかさが増すと，つながりは強くなる．解析的であるだけでなく，多項式であり，しかも高々2次の多項式で表現される接続写像の場合，異なる場所の力学的つながりはきわめて強い．にもかかわらず，ボイランド [16, 17] が示したように，2次元写像における順序関係は半順序 (Partially ordered forcing relations) であって，すべての周期解に順序を付けることはできない．では，どの程度まで順序関係を付けることができるのか．これが課題である．

ロジスティック写像 ($x_{n+1} = ax_n(1-x_n)$ $(0 < a \le 4)$) では，$a < a_1 = 3.828427124$ [68] で式 (7.3) の 3 以外の周期解がすべて生じ，$a = a_1$ で 3 周期の解が接線分岐で生じてシャルコフスキー順序が完成する．図 7.6 においてこのパラメータ値から $a_2 = 3.8568006524$ までは，ほぼ空白部分となって見える．このパラメータ区間は，（3周期の）"窓" とよばれる．$a > a_2$ にすると，閉じ込められていた運動が突然広がる "境界クライシス" という現象が生じて窓が消滅する．窓の中では位相的エントロピーが増えるような分岐は生じない．シャルコフスキーの式 (7.3) のみで順序関係を記述できるのは $a = a_2$ までである．$a > a_2$ では新たな接線分岐が始まり，位相的エントロピーが増えるので，別の順序関係を考える必要がある．この系は $a = 4$ で位相的エントロピーは $\ln 2$ である．周期 3 から得られる位相的エントロピーは $\ln((\sqrt{5}+1)/2)$ である．言い換えるとシャルコフスキーの順序関係では $\ln((\sqrt{5}+1)/2)$ から $\ln 2$ までの位相的エントロピーの増大を記述できない．すなわち，2次関数で記述される 1 次元写像の周期解の分岐も 1 本の樹木では説明できない．

本書では，位相的エントロピー 0 の系から $\ln 2$ の可逆馬蹄系までを記述できる順序関係を構成したい．そのためには分岐現象と位相的エントロピーの関係を理解しておく必要がある．周期倍分岐，同周期分岐，回転分岐が生じても位相的エントロピーは増大しない．位相的エントロピーの増大と直接関わっている分岐現象はサドルノード分岐のみである．つまり，サドルノード分岐の列に順序関係を付けることで，位相的エントロピーが 0 の系から $\ln 2$

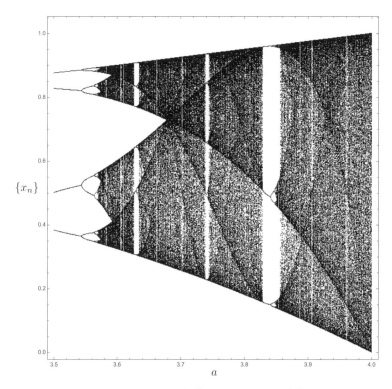

図 7.6 ロジスティック写像 $(3.5 \leq a \leq 4)$ の分岐図.

の可逆馬蹄系までの写像系列の進化を記述できる可能性がある．これについて 7.4 節で議論する．

周期軌道間の順序関係とかホモクリニック軌道間の順序関係だけでなく，周期軌道とホモクリニック軌道またはヘテロクリニック軌道との間にも順序関係が存在すると考えられる．このように順序関係を付ける対象を広げれば系の複雑さについての情報が増えることが期待される．このような考えで順序関係を拡張する．これに関しては 7.5 節と第 8 章で議論する．

7.4 対称非バーコフ型周期軌道の出現順序関係

二つのブロックで記述される二つの対称非バーコフ型周期軌道の出現順序関係を示そう．

定理 7.4.1（対称非バーコフ型周期軌道の出現順序定理 I） 四つの既約分数に関して下記の関係が成立しているとする．

$$\frac{p}{q} \leq \frac{i}{j} < \frac{m}{n} \leq \frac{r}{s}. \tag{7.4}$$

$p/q \oplus r/s$-SNB と $i/j \oplus m/n$-SNB に対して出現順序関係

$$\frac{p}{q} \oplus \frac{r}{s}\text{-S·NB} > \frac{i}{j} \oplus \frac{m}{n}\text{-S·NB} \tag{7.5}$$

が成立する．ここで $p/q \oplus r/s$-SNB の回転数は $(p+r)/(q+s)$ で，$i/j \oplus m/n$-SNB の回転数は $(i+m)/(j+n)$ である．

出現順序関係は，$p/q \oplus r/s$-SNB が $i/j \oplus m/n$-SNB を強制すると読む．あるいは，$p/q \oplus r/s$-SNB が存在すれば $i/j \oplus m/n$-SNB が存在すると読む．

定理 7.4.1 の証明 $p/q \oplus r/s$-SNB が存在する条件より，$T^q S_1(p/q)$ は $S_1(r/s)$ と交差する．図 7.7 では a と b が交点である．対称線 $S_1(i/j)$ の像 $T^j S_1(i/j)$ は $T^q S_1(p/q)$ を迂回した結果，$S_1(m/n)$ と 2 点 a' と b' で交差する．これらの交点は $i/j \oplus m/n$-SNB の軌道点である．(Q.E.D.)

系 7.4.2 $p/q \oplus r/s$-SNB が存在しているとする．$p/q \leq i/j \leq r/s$ を満たす既約分数 i/j をとる．このとき，回転数 i/j の（代表）共鳴領域において，不動点は周期倍分岐をしており，娘周期軌道 $\dot{E}(i/j)\dot{D}(i/j)$ が存在する．

証明 $T^j S_1(i/j)$ と $T^q S_1(p/q)$ は交わらない（性質 7.1.2）．そのため，$T^q S_1(p/q)$ の弧のうち右側に張り出した部分を $T^j S_1(i/j)$ は迂回する（図 7.7）．だから $T^j S_1(i/j)$ は不動点（図 7.7 の u_0）の上下で $S_1(i/j)$ と交わる．交点のブロックコードは $\dot{E}(i/j)\dot{D}(i/j)$ であることは簡単に導ける．(Q.E.D.)

7.4. 対称非バーコフ型周期軌道の出現順序関係

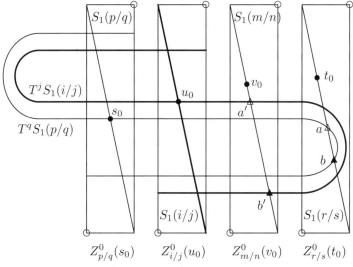

図 7.7 $\frac{p}{q} \oplus \frac{r}{s}$-S·NB $> \frac{i}{j} \oplus \frac{m}{n}$-S·NB の証明.

対称非バーコフ型周期軌道の中でも，回転数 p/q のファレイ分割で得られる軌道に対象を制限して順序関係を調べよう．そのためにスターン・ブロコ樹（SB 樹）の構造を利用する．SB 樹とファレイ分割はすでに 3.5 節で紹介した．付録 C も参照してほしい．例として回転数 $2/5$ に注目する．SB 樹（図 3.8）で左上を $1/3$，右上を $1/2$ とすると $2/5$ を根とする二分木が定義できる．この二分木に属する回転数（分数でもある）の集合を $\mathcal{SB}[2/5]$ と書くことにする（図 7.8）．たとえば，$3/8 \in \mathcal{SB}[2/5]$ である．

$p/q \in \mathcal{SB}[r/s]$ $(r \geq 2)$ を二分木のノードにある回転数とする．このノードから出た二つの分枝にある回転数を p_l/q_l と p_r/q_r $(p_l/q_l < p_r/q_r)$ とする．そうすると

$$p/q\text{-S·NB} > p_l/q_l\text{-S·NB}, \ p_r/q_r\text{-S·NB} \tag{7.6}$$

が成り立つ．

できあがった SB 樹から $1/2$ より大きい回転数を削除する．また $0/1$ と $1/q$ $(q \geq 2)$ も削除する．すると，SB 樹の残りの回転数全体は

$$\mathcal{SB}[2/5] \cup \mathcal{SB}[2/7] \cup \mathcal{SB}[2/9] \cup \cdots \tag{7.7}$$

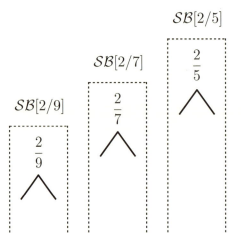

図 7.8 二分木順序関係 $\mathcal{SB}[2/5]$, $\mathcal{SB}[2/7]$, $\mathcal{SB}[2/9]$ を描いた. $\mathcal{SB}[2/9]$ の左には無限個の二分木順序関係がある. すべての二分木順序関係を集めた全体は無限に続く並木のようである.

と書ける. $\mathcal{SB}[2/(2n+3)]$ $(n \geq 1)$ は二分木構造をもった回転数の集合である. この集合には部分構造として, いたるところ二分木構造があり, それぞれの場所で式 (7.6) に相当する順序関係が成り立つ. だから, $\mathcal{SB}[2/(2n+3)]$ $(n \geq 1)$ は無数の順序関係を内包する集合である. そこで, $\mathcal{SB}[2/(2n+3)]$ $(n \geq 1)$ とその中の順序関係を併せたものを $\mathcal{SB}[2/(2n+3)]$ $(n \geq 1)$ と書き, 二分木順序関係とよぼう. $m \neq n$ ならば, $\mathcal{SB}[2/(2m+3)]$ と $\mathcal{SB}[2/(2n+3)]$ は異なった二分木順序関係である. $\mathcal{SB}[2/(2n+3)]$ は 1 本の樹である. 二分木順序関係を集めた全体は無限に続く並木という印象を与える. これらに含まれる周期軌道の臨界値は付録 G で表にしておいた.

本節で利用した方法を用いて, $\mathcal{SB}[2/5]$ に属する回転数 3/8 の周期軌道と回転数 3/7 の周期軌道の順序関係を決定することはできない. また, $\mathcal{SB}[2/5]$ に属する周期軌道と $\mathcal{SB}[2/7]$ に属する周期軌道の順序関係を決定することもできない. これらの順序関係を決定することは今後の課題である.

ブロック数が 3 の場合の対称非バーコフ型周期軌道について, 以下が成り立つ.

定理 7.4.3（対称非バーコフ型周期軌道の出現順序定理 II） 四つの既約分数に関して以下の関係が成立しているとする.

$$\frac{p}{q} \leq \frac{i}{j} < \frac{m}{n} \leq \frac{r}{s}. \tag{7.8}$$

このとき, $p/q \oplus r/s \oplus r/s$-SNB と $i/j \oplus m/n \oplus m/n$-SNB に対して順序関係

$$\frac{p}{q} \oplus \frac{r}{s} \oplus \frac{r}{s}\text{-S-NB} > \frac{i}{j} \oplus \frac{m}{n} \oplus \frac{m}{n}\text{-S-NB} \tag{7.9}$$

が成立する.

系 7.4.4 $p/q \oplus r/s \oplus r/s$-SNB が存在しているとする. $p/q \leq m/n < r/s$ を満たす既約分数 m/n をとる. このとき, 回転数 m/n の共鳴領域において, 軌道点 z は周期倍分岐をしており, 娘周期軌道 $\dot{E}(m/n)\dot{D}(m/n)$ が存在する.

系 7.4.4 の条件 $p/q \leq m/n < r/s$ に, $m/n = r/s$ が含まれていないことに注意しよう. これは $p/q \oplus r/s \oplus r/s$-SNB が存在している条件から,

$$T^s S_1(r/s) \cap S_1(r/s) \neq \emptyset$$

を導けないからである.

7.5 対称非バーコフ型周期軌道とホモクリニック軌道の関係

本節では二つブロックの対称非バーコフ型周期軌道 $\dot{E}(m/n)\dot{E}(p/q)$ 同士の順序関係を調べる. $0 < m/n < p/q$ とし, p/q を固定して m/n を変化させることにする. 簡単ではあるが重要な例として $\dot{E}(m/n)\dot{E}(1/2)$ $(0 < m/n < 1/2)$ を考えよう.

条件 $m/n < r/s < 1/2$ が成立しているならば, 定理 7.4.1 より下記の順序関係が得られる.

$$\dot{E}(m/n)\dot{E}(1/2) > \dot{E}(r/s)\dot{E}(1/2). \tag{7.10}$$

5.3 節を思い出して, 最初に $m/n \to 0$ の極限を考える. $m/n = 1/(2k+1)$ とする. $E(1/(2k+1))E(1/2)$ は,

$$0^{2k}101 \sim 0^k 1010^k \sim 0^k 1E(1/2)0^k \tag{7.11}$$

と書ける. $k \to \infty$ とすると, 極限は内核 $E(1/2)$ のホモクリニック軌道であることがわかる. このとき可逆馬蹄は完成しており, 位相的エントロピーは $\ln 2$ である. 位相的エントロピーの $\ln 2$ への漸近の仕方については本節の最後に説明する.

次に $m/n \to 1/2$ の極限を考える. ここでは $m/n = k/(2k+1)$ $(k \geq 1)$ とする. $E(k/(2k+1)) = 01^{2k}01$ であることを利用すると,

$$01^{2k}0101 \sim 1^k 0101011^{k-1} \sim 1^k E^3(1/2) 1^{k-1} \tag{7.12}$$

が得られる. $k \to \infty$ とすると, 極限として $1^\infty E^3(1/2) 1^\infty$ が得られる. $S(1/2) = 11$ を利用すると

$$\{S(1/2)\}^\infty E^3(1/2) \{S(1/2)\}^\infty \tag{7.13}$$

とも書ける. これは未来の軌道は Q へ向かい, 過去への軌道も Q に向かうホモクリニック軌道である. この軌道を $\mathcal{H}(Q)$ と書く. 関係 (7.10) を考慮すると, 以下の順序関係 $\mathcal{L}(1/2)$ が得られる.

$$\mathcal{L}(1/2): 0^\infty 1 E(1/2) 0^\infty > E(p_n/q_n) E(1/2) > \mathcal{H}(Q). \tag{7.14}$$

ここでは $n \in \mathbf{Z}$ とし, $n \to \infty$ の場合, $p_n/q_n \to 0$ とし, $n \to -\infty$ の場合, $p_n/q_n \to 1/2$ とすれば左右の極限に近づける. 順序関係 $\mathcal{L}(1/2)$ の最上位にホモクリニック軌道があり, 最下位にも別のホモクリニック軌道 $\mathcal{H}(Q)$ がある. これらの間に無限個の対称非バーコフ型周期軌道が存在する. 最下位にあるホモクリニック軌道 $\mathcal{H}(Q)$ から得られる位相的エントロピーの下界は $(\ln 2)/2$ である. これについても本節の最後に説明する.

表 7.1 に結果の一部を示す. 第 1 欄は回転数で, 2/5 を中心にして, 上は 1/2 に向かい, 下は 0 に向かう. 第 2 欄はその回転数 m/n の周期軌道 $E(m/n)E(1/2)$ が生じるパラメータ a の値, 第 3 欄 $\lambda_{\max}$ は, この周期軌道が存在するときの遷移行列の最大固有値であり, 対数をとれば位相的エントロピーになる.

ここで可逆馬蹄が生じる臨界値の決定方法を説明する. 不安定多様体と安定多様体のグラフを描いて, 両者が接する状況を確認する方法では精密な値は得られない. 式 (7.10) に記述される周期軌道が生じる臨界値を数値計算で

7.5. 対称非バーコフ型周期軌道とホモクリニック軌道の関係

表 7.1 周期軌道 $E(m/n)E(1/2)$ が生じる臨界値と $\lambda_{\max}$（自然対数をとれば位相的エントロピーになる．第 6 章の式 (6.14) およびその説明参照）．

m/n	a_c	$\lambda_{\max}$
7/15	4.61768	1.41978
6/13	4.61784	1.42500
5/11	4.6185	1.43483
4/9	4.6218	1.45312
3/7	4.6350	1.48747
2/5	4.6874	1.55603
1/3	5.1192	1.72208
1/4	5.1688	1.88320
1/5	5.1755	1.94685
1/6	5.1764	1.97481
1/12	5.1766053	1.99963
1/14	5.176605369	1.999908
1/16	5.17660536904	1.999977

求める．$m/n = 1/16$ としたときの，周期軌道 $E(1/16)E(1/2)$ が生じる臨界値 5.17660536904 を a_c^{RSH} の代用とした．ホモクリニック軌道 $\mathcal{H}(Q)$ が生じる臨界値は周期軌道 $E(7/15)E(1/2)$ が生じる臨界値 4.61768 で代用する．式 (7.10) が有効なパラメータ区間は $(4.61768, a_c^{\mathrm{RSH}})$ である．

回転数 $m/n \oplus 1/2 = m/(n+2)$ は，$m = 1$ とし $n \to \infty$ とすると 0 に漸近する．このときの位相的エントロピーの増加について簡単に述べておく．$E(1/n)E(1/2)\,(n \geq 3)$ より得られる組みひも型は

$$\rho_{1/(n+2)} \sigma_2^{-1} \sigma_1^{-1} \tag{7.15}$$

である．ここで $\rho_{1/(n+2)} = \sigma_{n+1}^{-1} \cdots \sigma_2^{-1} \sigma_1^{-1}$．この組みひも型について線路算法を適用し遷移行列を構成する．その結果，下記の固有方程式が得られる．

$$\lambda^{n+1} - \sum_{k=1}^{n} \lambda^k + 1 = 0. \tag{7.16}$$

整理すると

$$\frac{(\lambda^{n+1} + 2)(\lambda - 2) + 3}{(\lambda - 1)} = 0 \tag{7.17}$$

が得られる．$n \gg 1$ では $\lambda_{\max} \approx 2 - 3/2^{n+1}$ である．

回転数 $m/n \oplus 1/2 = m/(n+2)$ は，$m/n = k/(2k+1)$ で $k \to \infty$ のとき，$1/2$ に漸近する．$E(k/(2k+1))E(1/2)$ $(k \geq 2)$ より得られる組みひも型は

$$\rho_{1/(2k+3)}^{k+1} \sigma_1 \sigma_2 \tag{7.18}$$

である．ここで $\rho_{1/(2k+3)} = \sigma_{2k+2}^{-1} \cdots \sigma_2^{-1} \sigma_1^{-1}$．この組みひも型について線路算法を適用し遷移行列を構成する．その結果，下記の固有方程式が得られる．

$$\lambda^{2k+2} - \sum_{m=1}^{2k+1} \lambda^m + 2 \sum_{m=1}^{k-1} \lambda^{2m+1} + 1 = 0. \tag{7.19}$$

整理すると

$$\frac{(\lambda^{2k+1} - 2)(\lambda^2 - 2) - 3}{\lambda + 1} = 0 \tag{7.20}$$

が得られる．$k \gg 1$ では $\lambda_{\max} \approx \sqrt{2} + 3/2^{k+2}$ である．

表 7.1 の位相的エントロピーは，式 (7.17) と式 (7.20) を利用して求めた．

ここで求めた固有方程式は，ホールの作成したソフトウェア Trains [45] を利用しても得られる．

7.6 対称非バーコフ型周期軌道の分岐

サドルノード分岐で生じた対称非バーコフ型周期軌道はパラメータの増加とともに一度ならず分岐する．三つの簡単な例を利用して分岐の種類，分岐が生じる回数について考察する．

分岐例 1 7.1 節で得られた対称非バーコフ型周期軌道 $\dot{E}(1/4)\dot{D}(1/3)$ は生じた直後は楕円型である．このことは 7.2 節に示した．定義 4.8.7 より $\dot{E}(1/4)\dot{D}(1/3)$ の偶奇性は偶である．だから可逆馬蹄の中ではサドル軌道である．条件 1.1.2(4) より周期軌道 $\dot{E}(1/4)\dot{D}(1/3)$ は周期倍分岐を起こす．よって，必ず反周期倍分岐を起こして再び楕円型に戻るはずである．最後に同周期分岐を起こして楕円軌道からサドル軌道となる．この過程については参考文献 [110] で詳しく議論した．ここでは数値計算による結果をもとに分岐の様子を簡単に紹介する．

分岐の様子は図 7.9 にまとめた．$a = 3.21700028$ でサドルノード分岐が生じ，二つの周期軌道 $\dot{E}(1/4)\dot{D}(1/3)$ と $\dot{E}(1/4)\dot{E}(1/3)$ が生まれる．$\dot{E}(1/4)\dot{D}(1/3)$

7.6. 対称非バーコフ型周期軌道の分岐

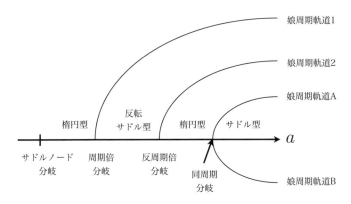

図 7.9 サドルノード分岐で生じた楕円型周期軌道がパラメータ a の増加に伴い周期倍分岐，反周期倍分岐，同周期分岐と順に分岐を起こす過程．

が楕円型で，$\dot{E}(1/4)\dot{E}(1/3)$ がサドル型である．楕円型周期軌道 $\dot{E}(1/4)\dot{D}(1/3)$ （母周期軌道）が，$a = 3.21700632$ で周期倍分岐を起こし，反転サドル軌道となる．生じた娘周期軌道は $E(1/4)\dot{E}(1/3)E(1/4)\dot{D}(1/3)$ と書ける．生じた直後は楕円型である．図 7.9 では娘周期軌道 1 とした．

娘周期軌道 1 の生じ方を説明しよう．$\dot{D}(1/3)$ で記述される軌道点が周期倍分岐を起こし，対称線上に娘周期軌道点が 2 点生じる．これら 2 点は $\dot{D}(1/3)$ で記述される母軌道点から離れて，一つは領域 $E(1/3)$ に入るがもう一つは領域 $D(1/3)$ に留まる．一方，$\dot{E}(1/4)$ で記述される母軌道点から 2 点が生じ対称線から離れる．これら 2 点は領域 $E(1/4)$ に留まる．以上をまとめて周期軌道 $E(1/4)\dot{E}(1/3)E(1/4)\dot{D}(1/3)$ が得られる．

次に反転サドル軌道 $\dot{E}(1/4)\dot{D}(1/3)$ が，$a = 4.03727291$ で反周期倍分岐を起こし，楕円型軌道となる．生じた娘周期軌道は $\dot{E}(1/4)S(1/3)\dot{E}(1/4)F(1/3)$ と書ける．生じた直後はサドル型である．図 7.9 では娘周期軌道 2 とした．

娘周期軌道 2 の生じ方を説明しよう．$\dot{E}(1/4)$ で記述される軌道点が周期倍分岐を起こし，対称線上に娘周期軌道点が 2 点生じる．これら 2 点は $\dot{E}(1/4)$ で記述される母軌道点から離れるが領域 $E(1/4)$ より出られない．一方，$\dot{D}(1/3)$ で記述される母軌道点から 2 点が生じ対称線から離れる．一つは領域 $S(1/3)$ に入り，もう一つは領域 $F(1/3)$ に入る．以上をまとめて軌道 $\dot{E}(1/4)S(1/3)\dot{E}(1/4)$

$F(1/3)$ が得られる.

再び楕円型に戻った母周期軌道 $\dot{E}(1/4)\dot{D}(1/3)$ は,パラメータの増加に伴い次々と反回転分岐を起こし,最後に $a = 4.03829281$ で同周期分岐を起こしてサドル軌道となる.最後の分岐で娘周期軌道 $E(1/4)S(1/3)$ と $E(1/4)F(1/3)$ が生じる.生じた直後はともに楕円型である.図 7.9 では娘周期軌道 A と娘周期軌道 B とした.これらの娘周期軌道はともに非対称周期軌道であり,時間反転対をなす.娘周期軌道 A と B のブロックコードの非対称性について説明しておこう.生じた娘周期軌道のブロックは必ず $E(1/4)$ を含む(命題 4.8.2).ここで,ブロック $\dot{D}(1/3)$ で表現される母軌道点から娘軌道点が対称線上に 2 点生じたとする.一つの軌道点は領域 $D(1/3)$ に含まれる対称線上にあり続ける.そのため,この娘周期軌道のブロックコードは母周期軌道 $\dot{E}(1/4)\dot{D}(1/3)$ と同じになる.これは矛盾である.よって,娘周期軌道 A と B は対称線上にない.最後に,生じた娘周期軌道 A と B の偶奇性は奇であるため,これらは必ず周期倍分岐を起こすことを注意しておく.

もう一つの対称非バーコフ型周期軌道 $\dot{E}(1/4)\dot{E}(1/3)$ は生じたときからサドル型であり,可逆馬蹄の中でもサドル型である.この $\dot{E}(1/4)\dot{E}(1/3)$ が反同周期分岐を起こし楕円型となったとする.このとき二つの娘周期軌道が生じるはずである.これらはブロック 2 語で書けるはずである.ところが,ブロック 2 語で書ける周期軌道は

$$E(1/4)E(1/3), \quad E(1/4)D(1/3), \quad E(1/4)S(1/3), \quad E(1/4)F(1/3)$$

の四つのみである.$E(1/4)S(1/3)$ と $E(1/4)F(1/3)$ は,$\dot{E}(1/4)\dot{D}(1/3)$ の同周期分岐で生じた娘周期軌道である.つまり,$\dot{E}(1/4)\dot{E}(1/3)$ の反同周期分岐で生じた娘軌道のブロック表現がない.以上より $\dot{E}(1/4)\dot{E}(1/3)$ は反同周期分岐を起こさない.$\dot{E}(1/4)\dot{E}(1/3)$ は生じたときからずっとサドル型である.

分岐例 2 別の周期倍分岐を紹介する(分岐図 7.10).周期軌道 $\dot{E}(1/3)\dot{E}(1/2)$ と $\dot{E}(1/3)\dot{S}(1/2)$ がサドルノード分岐で生じる臨界値は $a = 5.11925824$ である.また 7.2 節の方法より,$\dot{E}(1/3)\dot{E}(1/2)$ がサドル型で $\dot{E}(1/3)\dot{S}(1/2)$ が楕円型であることが得られる.楕円型周期軌道 $\dot{E}(1/3)\dot{S}(1/2)$ が,$a = 5.11926537$

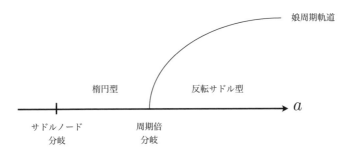

図 7.10 サドルノード分岐で生じた楕円型周期軌道が，パラメータ a の増加に伴い周期倍分岐のみ起こす過程．

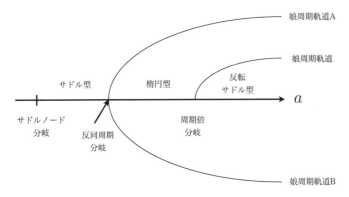

図 7.11 サドルノード分岐で生じたサドル型周期軌道がパラメータ a の増加に伴い反同周期分岐と周期倍分岐を起こす過程．

で周期倍分岐を起こす．生じた娘周期軌道は $E(1/3)\dot{E}(1/2)E(1/3)\dot{S}(1/2)$ である（分岐図 7.10 では娘周期軌道と記した）．楕円型周期軌道 $\dot{E}(1/3)\dot{S}(1/2)$ は偶奇性が奇であることから，可逆馬蹄の中では反転を伴うサドル型軌道である．

分岐例 3 反同周期分岐の例を紹介する．サドルノード分岐で二つの周期軌道 $\dot{E}(1/4)\dot{E}(1/3)E(1/3)$ と $\dot{E}(1/4)\dot{S}(1/3)F(1/3)$ が生じる（分岐図 7.11）．生じた直後，$\dot{E}(1/4)\dot{E}(1/3)E(1/3)$ はサドル型で，$\dot{E}(1/4)\dot{S}(1/3)F(1/3)$ は楕円型である．臨界値は $a = 3.08184015$ である．

サドル型周期軌道 $\dot{E}(1/4)\dot{E}(1/3)E(1/3)$ の偶奇性は奇である．だから可逆馬蹄

の中では反転を伴うサドル型軌道になる．実際，この軌道は $a = 3.10218288$ で反同周期分岐を起こし，楕円型周期軌道となる．この分岐で二つのサドル型周期軌道（図 7.11 の娘周期軌道 A と娘周期軌道 B）が生じる．娘周期軌道は $E(1/4)S(1/3)E(1/3)$ と $E(1/4)E(1/3)F(1/3)$ と記述される．次に $a = 3.10261968$ で周期倍分岐を起こし反転を伴うサドル型軌道となる．周期倍分岐で生じた周期軌道は図 7.11 では娘周期軌道と記した．娘周期軌道は $\dot{E}(1/4)S(1/3)E(1/3)\dot{E}(1/4)E(1/3)F(1/3)$ である．

もう一方の楕円型周期軌道 $\dot{E}(1/4)\dot{S}(1/3)F(1/3)$ の偶奇性も奇である．これは $a = 3.08184516$ で周期倍分岐を起こし反転を伴うサドル型軌道となる．娘周期軌道は $\dot{E}(1/3)E(1/3)E(1/4)\dot{S}(1/3)F(1/3)E(1/4)$ である．

第8章
ホモクリニック軌道の順序関係

ホモクリニック軌道の順序関係を調べる意義を述べる．第5章で導入したホモクリニック軌道の内核表示を利用してホモクリニック軌道を分類する．特に，内核のブロック語数が1個または2個のホモクリニック軌道の基本順序関係を導く．

次に，線形順序関係を満たすホモクリニック軌道について議論する．これらの議論をもとにホモクリニック軌道と周期軌道を一緒にした順序関係を構成する．最後に，接続写像においてパラメータ a の増加につれて位相的エントロピーの下界が増大する過程を紹介する．

8.1 線形順序関係

可逆馬蹄に存在するホモクリニック軌道の間に成立する順序関係を調べたい．すでに対称非バーコフ型周期軌道の場合で示したように，可逆な2次元写像の周期軌道全体に対して線形順序関係は成り立たない．おそらく，ホモクリニック軌道に関しても成立しないであろう．それゆえ次のような問題を考えることに意味がある [108]．

問題 8.1.1 可逆馬蹄内のホモクリニック軌道の中で，どのようなホモクリニック軌道が線形順序関係に従うのか．

線形順序関係が得られると力学系の複雑さの進化の道筋がわかりやすくなる．周期軌道の場合，SB樹の枝に沿って経路を決めると一つの線形順序関係が得られた．本章の目標は，線形順序関係を満たす一連のホモクリニック軌道を見つけることである．これに関係して予想8.1.2を紹介する．

予想 8.1.2 ([25])　（通常の）スメール馬蹄の中の周期軌道は族に分かれている．それぞれの族内の周期軌道は線形順序関係にある．ホモクリニック軌道によってこの族のすべての周期軌道は強制される．

予想 8.1.2 の一つの例となる順序関係を 7.5 節で紹介した．予想 8.1.2 にホモクリニック軌道の順序関係を調べる意義が込められている．面積保存系におけるホモクリニック軌道の順序関係を調べる方法として理論的な方法と数値計算による方法がある．理論的な方法として，組みひも型の性質を利用する方法と，第 7 章で紹介した対称非バーコフ型周期軌道の順序関係の決定法を利用する方法が代表的である．組みひも型の性質を利用する方法は，カルバッリョとホール [25] が実行した．トレリスの中に存在するホモクリニック点の数を調べる方法（命題 6.4.5）が数値計算による方法の代表で，これはコリンズによる [28]．これら以外にもさまざまな方法がある [24, 75, 100, 101]．ここでは対称非バーコフ型周期軌道の順序関係の決定法を利用する方法を紹介する．

8.2　ホモクリニック軌道のブロック表示

内核表示を使ってホモクリニック軌道を細かく分類しよう．

定義 8.2.1　n ブロックからなる内核をもつホモクリニック軌道を n ブロックホモクリニック軌道とよび，n-HO と書く．またしばしば内核自体を n-HO とよぶ．

n-HO がブロック表示 $X_1(p_1/q_1) \cdots X_n(p_n/q_n)$ で書かれているとする．内核の回転数 p/q は

$$\frac{p}{q} = \frac{\sum_{k=1}^{n} p_k}{\sum_{k=1}^{n} q_k}$$

である．p/q は必ずしも既約分数ではない．

まず 1-HO を示そう．代表共鳴領域 $Z_{p/q}^0(z)$ ($p/q \neq 1/2$) の中で，不安定多様体の弧 Γ_u が安定多様体の弧と交差し四つの部分領域 $E(p/q), S(p/q), F(p/q), D(p/q)$ が生じる．対応して四つのホモクリニック軌道が生じる．これらはそれぞれの領域の境界上に軌道点をもつ．この四つが 1-HO である．

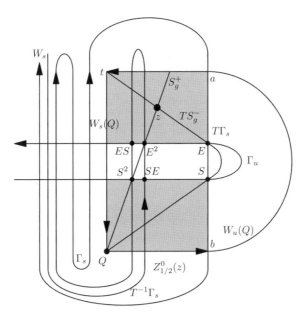

図 8.1 代表共鳴領域 $Z_{1/2}^0(z)$ の内部構造. 弧 Γ_u は基本領域 Z の右境界 $T\Gamma_s$ と交差している. ホモクリニック点 $E(1/2)$ と $S(1/2)$ は右境界上にあり, かつ TS_g^- 上にもある. 図ではブロック表示の回転数 1/2 は省いた. 上の灰色領域が領域 $E(1/2)$ で, 下の灰色領域が領域 $S(1/2)$ である. 弧 Γ_u と弧 $T^{-1}\Gamma_s$ との交点は, 内核 $E^2(1/2)$, $E(1/2)S(1/2)$, $S(1/2)E(1/2)$, $S^2(1/2)$ のホモクリニック軌道 (2-HO) の軌道点である.

回転数 1/2 の共鳴領域を使う 1-HO について説明する. すでに述べたように, もともとの共鳴領域 $Z_{1/2}^0(z)$ は $[Q,t]_{W_u(Q)}$ と $[t,Q]_{W_s(Q)}$ の二つの辺で構成された二辺形である (図 8.1). しかし, 弧 $[b,a]_{W_u(Q)}$ と弧 $[a,b]_{W_s}$ に囲まれた領域は基本領域 Z の外にある. この領域をもともとの共鳴領域 $Z_{1/2}^0(z)$ より削除し, 残りの領域を改めて代表共鳴領域 $Z_{1/2}^0(z)$ とした (4.1 節参照). その結果, 代表共鳴領域 $Z_{1/2}^0(z)$ は $W_u(Q)$ の二つの弧と $W_s(Q)$ の一つの弧ならびに弧 $[a,b]_{W_s}$ ($\subset T\Gamma_s$) で囲まれた四辺形となる. 弧 Γ_u と右境界 $[a,b]_{W_s}$ との交点はホモクリニック点であり, その軌道の内核は $E(1/2)$ と $S(1/2)$ であって 1-HO である.

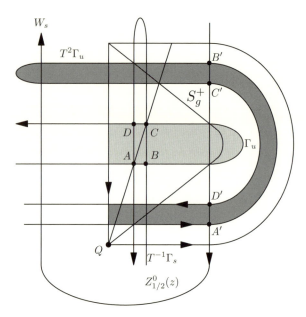

図 8.2 ホモクリニック点 A, B, C, D の T^2 による像が A', B', C', D'. 淡い灰色の領域の T^2 による像は，濃い灰色で描かれた馬蹄形になる．軌道点 C, D と B', C' は領域 $E(1/2)$ にあり，軌道点 A, B と A', D' は領域 $S(1/2)$ にある．

次に 2-HO の例を紹介しよう．代表共鳴領域 $Z^0_{1/2}(z)$ の中で弧 Γ_u と $T^{-1}\Gamma_s$ の交点は四つある（図 8.1）．対称線 S^+_g 上の交点二つはどちらも対称ホモクリニック点である．これらの内核は $E^2(1/2)$ と $S^2(1/2)$ である．残りは二つは非対称ホモクリニック点で，内核は $E(1/2)S(1/2)$ と $S(1/2)E(1/2)$ である．図 8.2 を利用して，そのように書ける理由を説明しよう．交点 A は領域 $S(1/2)$ にある．A を含む領域は，T^2 によって下方に圧縮され右方向に引き伸ばされる．図 8.1 において弧 $[a,b]_{W_s} \subset T\Gamma_s$ であるから A の像 A' は，図 8.2 の共鳴領域の右境界（基本領域の右境界）にあることがわかる．A と A' は共に領域 $S(1/2)$ にあるから，A は内核 $S^2(1/2)$ と記述される．B を含む領域は，T^2 によって下方に圧縮され右方向に引き伸ばされ次に折り曲げられる．その結果 B の像は共鳴領域の右境界の B' に達する．B は領域 $S(1/2)$ にあり，B' は領域 $E(1/2)$ に含まれるから，B は内核 $S(1/2)E(1/2)$ と記述される．残りの C と

8.2. ホモクリニック軌道のブロック表示

D についても同様にして内核表示が得られる．ここで紹介した四つの 2-HO の回転数は 2/4 である．

系のパラメータ a を増やしていくと，すでに何度も述べたように，共鳴鎖 $\langle Z_{p/q} \rangle$ の代表領域 $Z_{p/q}^0(z)$ の左境界から不安定多様体の弧 Γ_u の先端が入り込んで右境界に向けて伸びていき，最後に右境界から出ていく．この間に弧 Γ_u は $Z_{p/q}^0(z)$ の左境界と接触し交差し，次に対称線 $S_2(p/q)$ と交差し，さらに対称線 $S_1(p/q)$ と交差する．交差のたびにホモクリニック点が分岐で生じる．以下ではこの過程を詳しく説明する．

代表共鳴領域 $Z_{1/3}^0(z)$ を題材にする．写像のパラメータ a を増やしていくと，弧 Γ_u が $Z_{1/3}^0(z)$ に左から入り込み，対称線 $S_2(1/3)$ との接触が生じる．この接触点で弧 Γ_u と弧 $T^{-3}\Gamma_s$ が接触する．実際，対合 $G = gT^2$ （式 (4.22) 参照）により，$gT^2\Gamma_u = gT^2 h\Gamma_s = T^{-3}\Gamma_s$ となるからである．

いくつか記号を導入しながら話を進める（図 8.3）．弧 Γ_u のうち代表共鳴領域 $Z_{1/3}^0(z)$ に含まれる部分弧を γ_u とする．1/3-S·BS は $Z_{1/3}^0(z)$ の左下の点 ζ と右上の点 ξ を通る．左上のホモクリニック点を B とする．サドル ξ の不安定多様体を B の先に延長し，初めてサドル ζ の安定多様体の弧 $[B,\zeta]_{W_s(\zeta)}$ と交わる点を A とする．ξ の不安定多様体の弧 $[B,A]_{W_u(\xi)}$ と，ζ の安定多様体の弧 $[B,A]_{W_s(\zeta)}$ で囲まれたホモクリニックローブを $U_u(1/3)$ と書く．同様にして ξ の不安定多様体の弧 $[T^{-3}A,B]_{W_u(\xi)}$ と，ζ の安定多様体の弧 $[T^{-3}A,B]_{W_s(\zeta)}$ で囲まれたホモクリニックローブを $V_u(1/3)$ と書く．この二つのホモクリニックローブは対称線 $S_1(1/3)$ に関して対称である（図 8.3）．

さて逆像 $T^{-3}U_u(1/3)$ は $Z_{1/3}^0(z)$ に入り込む．接続写像のパラメータ a を増やすと，$T^{-3}U_u(1/3)$ の境界をなす弧 $[T^{-3}B, T^{-3}A]_{W_s(\zeta)}$ は $S_1(1/3)$ と接触し交差する．その結果，弧 $[T^{-3}B, T^{-3}A]_{W_s(\zeta)}$ の一部は $S_1(1/3)$ の下方に出る．この下方に出た部分弧と弧 γ_u が接触する状況が生じる．これを図 8.3 に描いた．この接触は弧 γ_u が対称線 $S_1(1/3)$ と接する前に生じる．図 8.3 の t が接触点で，その像 $T^3 t$ は $Z_{1/3}^0(z)$ の左境界上にある．つまり，像 $T^3\gamma_u$ は $Z_{1/3}^0(z)$ の左境界と接する．

ホモクリニック点 $T^{-3}A$ は対称線 $S_2(1/3)$ 上にある．実際，A と $T^{-3}A$ は，$S_1(1/3)$ について対称な位置にある（図 8.3 を見よ）から $HA = T^{-3}A$（$H = gT^{-1}$）

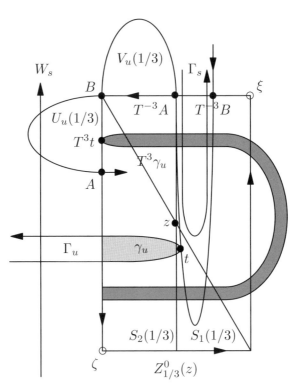

図 8.3 弧 Γ_u と弧 $[T^{-3}A, T^{-3}B]_{W_s(\zeta)}$ との接触. 後者は，代表共鳴領域 $Z^0_{1/3}(z)$ の境界の弧 $[A, B]_{W_s(\zeta)}$ の逆像である．t が接触点で，像 $T^3 t$ は代表共鳴領域 $Z^0_{1/3}(z)$ の左境界上にある．この状況は弧 Γ_u と対称線 $S_2(1/3)$ との交差のあとで生じる．その他の記号は，弧 $\gamma_u = \Gamma_u \cap Z^0_{1/3}(z)$, 白丸で描かれた左下の ζ と右上の ξ は 1/3-S·BS の軌道点，$U_u(1/3)$ と $V_u(1/3)$ は，サドル ζ の安定多様体の弧とサドル ξ の不安定多様体の弧で囲まれたホモクリニックローブ．淡い灰色の領域は T^3 によって濃い灰色の馬蹄形になる．

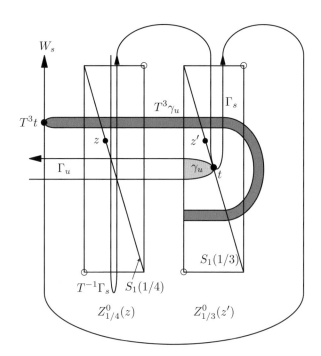

図 8.4 弧 Γ_u と弧 Γ_s との接触．t は接触点で $S_1(1/3)$ 上にある．像 $T^3 t$ は左端にある W_s（基本領域 Z の左境界）上にある．弧 $\gamma_u = \Gamma_u \cap Z^0_{1/3}(z')$．像 $T^3 \gamma_u$ は $Z^0_{1/3}(z')$ の左にあるすべての代表共鳴領域を突き抜けている．淡い灰色の領域は T^3 によって濃い灰色の領域に写像される．

が成り立ち，$G = gT^2$ を使って左辺は $gT^2(T^{-3}A) = GT^{-3}A$ と書けるからである．

図 8.3 では，弧 $T^3 \gamma_u$ が $Z^0_{1/3}(z)$ の右境界を出て戻ってくるように描いたが，出るかどうかを判断する情報はない．図 8.3 は模式的な図として描いた．

次に考える接触状況は弧 Γ_u と弧 Γ_s との接触である（図 8.4 を見よ）．接触点 t は対称線 $S_1(1/3)$ 上にある．図 8.4 において，弧 $T^3 \gamma_u$ は $Z^0_{1/3}(z')$ の右境界から出て再度入ってくるように描いた．これも模式的な図である．図 8.3 の接触状況から図 8.4 の接触状況の間に，弧 $T^3 \gamma_u$ の先端は右から左へ伸びて，回転数 p/q $(0 < p/q < 1/3)$ の代表共鳴領域を突き抜けていく．例として，図

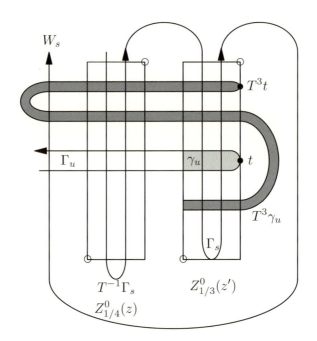

図 8.5 弧 Γ_u と代表共鳴領域 $Z^0_{1/3}(z')$ の右境界との接触．t は接触点で，像 $T^3 t$ は $Z^0_{1/3}(z')$ の右境界上にある．弧 $\gamma_u = \Gamma_u \cap Z^0_{1/3}(z')$．像 $T^3 \gamma_u$ は代表共鳴領域 $Z^0_{1/3}(z')$ の右境界から外に出て，再度中に入ってくる．像 $T^3 \gamma_u$ は左端の W_s（基本領域 Z の左境界）の左に出て再度右に入ってくる．像 $T^3 \gamma_u$ は S 字形をしている．淡い灰色の領域は T^3 によって濃い灰色の領域に写像される．

8.4 では代表共鳴領域 $Z^0_{1/3}(z')$ の左に代表共鳴領域 $Z^0_{1/4}(z)$ を描いておいた．弧 $T^3 \gamma_u$ は，弧 Γ_s と交わり，$T^{-n}\Gamma_s$ $(n \geq 1)$ の弧とも交わる．だから無限に多くのホモクリニック点が生じる．

弧 Γ_u が対称線 $S_1(1/3)$ と交差したあと，さらに右方向に伸びると安定多様体の弧 $[T^{-3}B, T^{-3}A]_{W_s(\zeta)}$ と再度接触する．これは図 8.3 を見れば明らかである．この状況では，弧 $T^3 \gamma_u$ が一度基本領域の外に出たあとに再度基本領域に入り右へ伸びて，回転数 p/q $(0 < p/q < 1/3)$ の代表共鳴領域を突き抜ける．そして弧 $T^3 \gamma_u$ は $Z^0_{1/3}(z')$ の左境界と接触する．

弧 Γ_u と代表共鳴領域 $Z^0_{1/3}(z')$ の右境界との接触を図 8.5 に描いた．この状

況では，弧 $T^3\gamma_u$ は $Z^0_{1/3}(z')$ の右境界と接する．図 8.5 において，弧 $T^3\gamma_u$ は $Z^0_{1/3}(z')$ の右境界を出て再度入ってくるように描いた．これは弧 Γ_u が $Z^0_{1/3}(z')$ の右境界と接しているから正しい．

Γ_u が各代表領域内の対称線と交わるときに生じる対称ホモクリニック軌道についてまとめておこう．

性質 8.2.2
(1) 対称ホモクリニック軌道が対称線 $S_1(p/q)$ $(0 < p/q \leq 1/2)$ に軌道点をもてば，その内核は奇数個のブロックで記述される．
(2) 対称ホモクリニック軌道が対称線 $S_2(p/q)$ $(0 < p/q \leq 1/2)$ に軌道点をもてば，その内核は偶数個のブロックで記述される．

証明 性質 5.4.2 より対称ホモクリニック軌道は対称線上に軌道点を一つもつ．対称ホモクリニック軌道が $S_1(p/q)$ に軌道点をもつ場合，内核は $X\dot{E}(p/q)X^{-1}$ または $X\dot{D}(p/q)X^{-1}$ と書ける．ただし X は有限個数のブロックで記された語である．$p/q = 1/2$ の場合，$\dot{D}(1/2)$ は $\dot{S}(1/2)$ と読み換える．よって，ブロックの個数は奇数である．対称ホモクリニック軌道が $S_2(p/q)$ に軌道点をもつ場合，内核は $X\dot{E}(p/q)E(p/q)X^{-1}$ または $X\dot{S}(p/q)F(p/q)X^{-1}$ と書ける．$p/q = 1/2$ の場合，$\dot{F}(1/2)$ は $\dot{S}(1/2)$ と読み換える．よって，ブロックの個数は偶数である．(Q.E.D.)

8.3 ホモクリニック軌道の基本的な順序関係

最も簡単なホモクリニック軌道は 1-HO で，次に簡単なホモクリニック軌道は 2-HO である．これらの間に成立する順序関係は基本的である．今後活用する．

定理 8.3.1（ホモクリニック軌道の基本順序関係定理）
[1] $0 < r/s < p/q < 1/2$ とし，$X \in \{E, S\}, U \in \{E, S, F, D\}$ および $Y \in \{E, F\}$ とする．このとき内核に関して次の (i) と (ii) が成立する．
  (i) $X(1/2) > U(p/q) > U(r/s)$.
  (ii) $X(1/2)Y(r/s) > X(1/2)Y(p/q)$.

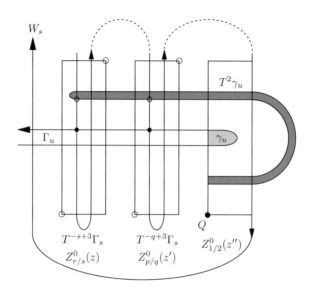

図 8.6 内核 $E(1/2)E(r/s)$ が存在している状況．代表共鳴領域 $Z^0_{r/s}(z)$ の中の白丸は内核 $E(1/2)E(r/s)$ を表し，黒丸は内核 $E(r/s)$ を表す．代表共鳴領域 $Z^0_{p/q}(z')$ の中の白丸は内核 $E(1/2)E(p/q)$ を表し，黒丸は内核 $E(p/q)$ を表す．弧 $\gamma_u = \Gamma_u \cap Z^0_{1/2}(z'')$．淡い灰色の領域は T^2 によって濃い灰色の領域に写される．

[2] $0 < m/n < r/s \leq p/q < i/j < 1/2$ とし，$U \in \{E, S, F, D\}$, $X \in \{F, D\}$, $X' \in \{E, S\}$ および $Y \in \{E, F\}$ とする．このとき内核に関して次の (i) から (iii) が成立する．

(i) $U(i/j) > X(p/q)Y(r/s) > U(p/q) > X'(p/q)Y(r/s)$.
(ii) $X(p/q)Y(r/s) > X(p/q)Y(m/n)$.
(iii) $X'(p/q)Y(m/n) > X'(p/q)Y(r/s)$.

[1](i) の証明 $X(1/2)$ が存在すれば可逆馬蹄が存在するので，最初の関係は自明である．第二の関係を証明する．代表共鳴領域 $Z^0_{p/q}(z')$ は代表共鳴領域 $Z^0_{r/s}(z)$ の右側に位置する（図 8.6 の $Z^0_{p/q}(z')$ と $Z^0_{r/s}(z)$ を見よ）．写像のパラメータ a を増やしていくと，弧 Γ_u は左右に並んだ共鳴領域を左から順に貫いていく．今，$Z^0_{p/q}(z')$ の中に侵入して $U(p/q)$ が存在しているとする．この状況では弧 Γ_u はすでに $Z^0_{r/s}(z)$ を貫いているので，$U(r/s)$ が存在する． (Q.E.D.)

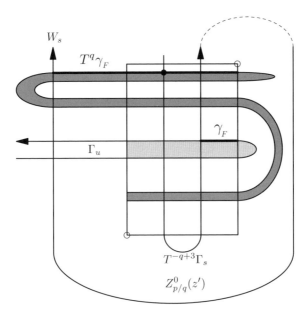

図 8.7 不安定多様体の弧 Γ_u の部分弧 γ_F（太線）の定義と，その像 $T^q\gamma_F$（上部の太線）．黒丸は内核 $F(p/q)E(p/q)$ を表す．淡い灰色の領域の T^q による像は濃い灰色の領域である．

[1](ii) の証明 図 8.6 に描いたように，弧 $\gamma_u = \Gamma_u \cap Z^0_{1/2}(z'')$ を定義する．$E(1/2)E(r/s)$ が存在するとするとしよう．これは共鳴領域 $Z^0_{r/s}(z)$ の中の白丸で描かれている．像 $T^2\gamma_u$ は $T^{-s+3}\Gamma_s$ と交差する．$T^{-s+3}\Gamma_s$ は回転数 r/s の代表共鳴領域を上下に貫いている安定多様体の弧である．このとき，像 $T^2\gamma_u$ は $T^{-q+3}\Gamma_s$ とも交差している．$Z^0_{p/q}(z')$ の中の白丸が $E(1/2)E(p/q)$ である．以上で $Y = E$ の場合に $X(1/2)Y(r/s) > X(1/2)Y(p/q)$ が言えた．$Y = F$ の場合も図 8.6 から明らかである．(Q.E.D.)

[2](i) の証明 最初に順序関係 $E(i/j) > F(p/q)E(r/s)$ を証明する．内核 $E(i/j)$ の存在より，弧 Γ_u はすでに代表共鳴領域 $Z^0_{p/q}(z')$ を貫いている．領域 $F(p/q)$ の下境界は弧 Γ_u の一部である．この部分を γ_F とする（図 8.7 を参照）．像 $T^q\gamma_F$ は $T^{-q+3}\Gamma_s$ と交わる．黒丸は内核 $F(p/q)E(p/q)$ を表している．これは

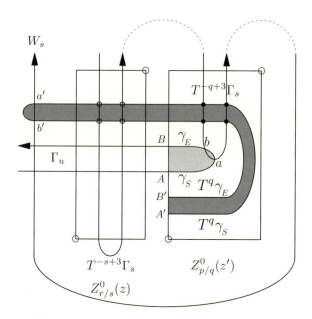

図 8.8 二つの部分弧 $\gamma_S = [A, a]_{\Gamma_u}$ と $\gamma_E = [b, B]_{\Gamma_u}$ の定義．ここで $A' = T^q A$, $B' = T^q B$, $a' = T^q a$, $b' = T^q b$．像 $T^q \gamma_S = [A', a']$ と像 $T^q \gamma_E = [b', B']$ は弧 Γ_u を迂回して $T^{-q+3}\Gamma_s$ と交差している（黒丸）．また，$Z^0_{r/s}(z)$ の中で $T^{-s+3}\Gamma_s$ とも交差している（白丸）．淡い灰色の領域は T^q によって濃い灰色の領域に写される．

$E(r/s)$ において r/s を p/q とした場合の証明になっている．像 $T^q\gamma_F$ は基本領域の左境界（図左端の W_s）にまで達しているから，条件 $r/s \leq p/q$ より，内核 $F(p/q)E(r/s)$ が存在することが導かれる．同様の方法で $X(p/q) = D(p/q)$ の場合も証明できる．

代表共鳴領域 $Z^0_{p/q}(z')$ の中で，弧 Γ_u が安定多様体の弧 $T^{-q+3}\Gamma_s$ と交わると $X(p/q)$ が生じる．これからただちに $U(p/q)$ の存在が出る．これで 3 番目の関係が導かれた．

図 8.8 をもとに説明する．上で述べたように，弧 Γ_u と $T^{-q+3}\Gamma_s$ と交われば $U(p/q)$ が生じる．交点はいずれは四つになるが，二つしかない状況を考え，それを a と b とする．また，弧 Γ_u と代表共鳴領域 $Z^0_{p/q}(z')$ の左境界との交点を A と B とする．これらの 4 点は弧 Γ_u に沿って A, a, b, B の順に並んでいる

8.3. ホモクリニック軌道の基本的な順序関係 237

とする．部分弧 $\gamma_S = [A, a]_{\Gamma_u}$ と $\gamma_E = [b, B]_{\Gamma_u}$ を定義する．これらの二つの弧の像を考えよう．像 $T^q\gamma_S = [A', a']$ と像 $T^q\gamma_E = [b', B']$ は，まず弧 $T^{-q+3}\Gamma_s$ と交差する（図 8.8 では黒丸で示した）．代表共鳴領域 $Z^0_{p/q}(z')$ の中の黒丸が以下の四つの内核を表している．

$$E(p/q)E(p/q), \quad E(p/q)F(p/q), \quad S(p/q)E(p/q), \quad S(p/q)F(p/q).$$

これらは $X'(p/q)Y(p/q)$ とまとめることができる．

像 $T^q\gamma_S$ と像 $T^q\gamma_E$ が，$T^{-s+3}\Gamma_s$ と交差することより，$X'(p/q)Y(r/s)$ が存在していることは明らかである．代表共鳴領域 $Z^0_{r/s}(z)$ の中の四つの白丸が内核

$$E(p/q)E(r/s), \quad E(p/q)F(r/s), \quad S(p/q)E(r/s), \quad S(p/q)F(r/s)$$

の存在を示している．以上で [2](i) の証明を終わる．(Q.E.D.)

[2](ii) の証明　内核 $F(p/q)E(p/q)$ が存在している状況を把握しよう（図 8.9 を参照）．ここで弧 $\gamma_u = \Gamma_u \cap Z^0_{p/q}(z')$ とする．この状況で弧 γ_u の部分弧 γ_F を太く描いた．像 $T^q\gamma_u$ は S 字形をしている．一度左端の W_s の左に出て右側に戻ってくる．像 $T^q\gamma_F$ も太く描いた．回転数 p/q の代表共鳴領域の中の白丸は内核 $F(p/q)E(p/q)$ を示す．回転数 m/n の代表共鳴領域の中の黒丸は内核 $F(p/q)E(m/n)$ を示す．つまり，$F(p/q)E(p/q) > F(p/q)E(m/n)$ が示されたことになる．条件 $m/n < r/s \leq p/q$ より，$X(p/q)Y(r/s) > X(p/q)Y(m/n)$ が得られる．以上で [2](ii) の証明を終わる．(Q.E.D.)

[3](iii) の証明　[1](ii) で利用した方法を繰り返せば証明できる．(Q.E.D.)

定理 8.3.1 よりただちに内核に関する順序関係が多数得られる．例として順序関係を一つ紹介する．

$$E(2/5) > F(1/3)E(1/3) > F(1/3)E(1/4) > F(1/3)E(1/5) > \cdots$$
$$> E(1/3) > E(1/3)E(1/5) > E(1/3)E(1/4) > E(1/3)E(1/3). \quad (8.1)$$

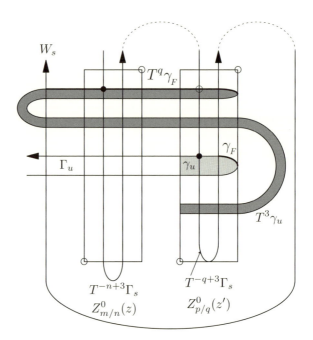

図 8.9 代表共鳴領域 $Z^0_{p/q}(z')$ の黒丸は内核 $E(p/q)$ の存在を示す．また白丸は内核 $F(p/q)E(p/q)$ の存在を示す．代表共鳴領域 $Z^0_{m/n}(z)$ の黒丸は内核 $F(p/q)E(m/n)$ の存在を示す．弧 $\gamma_u = \Gamma_u \cap Z^0_{p/q}(z')$．部分弧 γ_F とその像は太い線で描いた．淡い灰色の領域は T^q によって濃い灰色の領域に写される．

8.4 線形順序を満たすホモクリニック軌道

8.4.1 内核の記号数が 7 個までのホモクリニック軌道

2 次のホモクリニック軌道の内核の記号数は 2 個以上である．ここでは，可逆馬蹄の中にある内核の記号数が 2 個から 7 個までのホモクリニック軌道について成立する線形順序関係を紹介する．表 8.1 にこれらのホモクリニック軌道の順序関係を示した．第 1 列はランクで順序関係の順位を表している．上位のランクに位置するホモクリニック軌道が下位のランクのホモクリニック軌道を強制する．例としてランク 1 はランク 2 を強制する．ランク 0 のホモクリニック軌道が出現すれば可逆馬蹄が完成することに注意しよう．

8.4. 線形順序を満たすホモクリニック軌道　　239

表 8.1 内核の記号数が 2 個から 7 個までのホモクリニック軌道の順序関係.

ランク	デコレーション	ブロック表示
0	★	$E(1/2), S(1/2)$
1	0001, 1000	$E(1/5)E(1/2), E(1/2)E(1/5)$
2	001, 100	$E(1/4)E(1/2), E(1/2)E(1/4)$
3	1001	$E(1/2)E(1/3)E(1/2)$
4	01, 10	$E(1/3)E(1/2), E(1/2)E(1/3)$
5	1101, 1011	$E(2/5)E(1/2), E(1/2)E(2/5)$
6	101	$E^3(1/2)$
7	0101, 1010	$E(1/3)E^2(1/2), E^2(1/2)E(1/3)$
8	1	$E^2(1/2)$
9	0111, 1110	$E(1/3)S(1/2)E(1/2), E(1/2)S(1/2)E(1/3)$
10	111	$E(1/2)S(1/2)E(1/2)$
11	1111	$E(3/7)$
12	11	$E(2/5)$
13	011, 110	$E(1/3)S(1/3), F(1/3)E(1/3)$
14	0011, 1100	$E(1/4)S(1/3), F(1/3)E(1/4)$
15	·	$E(1/3)$
16	0010, 0100	$E(1/4)E(1/3), E(1/3)E(1/4)$
17	010	$E^2(1/3)$
18	0110	$E(2/7)$
19	0	$E(1/4)$
20	00	$E(1/5)$
21	000	$E(1/6)$
22	0000	$E(1/7)$

第 2 列はデコレーションによる表示で，第 3 列はブロック表現である．第 3 列の表現は，対称ホモクリニック軌道については一つであるが，非対称対称ホモクリニック軌道については時間反転対をなす二つのホモクリニック軌道を記載した．

定理 8.3.1 を証明したような幾何学的な手法で順序関係の証明を行えるが複雑である．詳細は参考文献 [108] を見てほしい．コリンズは参考文献 [31] において，馬蹄の中にある内核の記号数が 2 個から 7 個までのホモクリニック軌道の順序関係を与えた．しかし，我々が得た線形順序とは一部異なる．内核の語数が 8 個，9 個と増えるにつれて，線形順序関係を満たさないホモクリニック軌道が現れることを注意しておく．

8.4.2 回転数が 0 に漸近する内核の系列

例 1

$$E(1/3) > E(1/4) > E(1/5) > \cdots > O(u). \tag{8.2}$$

式 (8.2) は定理 8.3.1[1](i) より得られる．式 (8.2) の極限が主ホモクリニック軌道 $O(u)$ であることを説明する．$E(1/(2k+1))$ の記号列は $0^\infty 10^{2k} 10^\infty$ であり，$E(1/(2k))$ の記号列は $0^\infty 10^{2k-1} 10^\infty$ である．これらは $k \to \infty$ の極限で $0^\infty 10^\infty$ となる．これは主ホモクリニック軌道 $O(u)$ の記号列である．

例 2

$$E(1/3)E(1/4) < E(1/3)E(1/5) < E(1/3)E(1/6) < \cdots < E(1/3). \tag{8.3}$$

式 (8.3) も定理 8.3.1[2](iii) より得られる．内核の回転数 $2/(k+3)$ $(k \geq 4)$ は $k \to \infty$ の極限で 0 に収束する．$E(1/3)E(1/(2k+1))$ の記号列は $0^\infty 10010^{2k} 10^\infty$ であり，$E(1/3)E(1/(2k))$ の記号列は $0^\infty 10010^{2k-1} 10^\infty$ である．$k \to \infty$ の極限では $0^\infty 1E(1/3) 0^\infty$ が得られる．つまり，式 (8.3) の極限は 2 次のホモクリニック軌道である内核 $E(1/3)$ であることが得られた．

8.4.3 回転数が区間 $(0, 1/2)$ 内の有理数に漸近する内核の系列

例として内核の回転数が $1/3$ に漸近する例を紹介する．

$$E(2/7) < E(3/10) < E(4/13) < \cdots < \mathcal{H}(P, 1/3). \tag{8.4}$$

$k \to \infty$ の極限では $(k+1)/(3k+4)$ $(k \geq 1)$ は $1/3$ に漸近する．式 (8.4) の極限は P と 1/3-S·BS をつなぐヘテロクリニック軌道 $\mathcal{H}(P, 1/3)$ であることを説明しよう．

まず極限の幾何学的な配置を考える．回転数 $(k+1)/(3k+4)$ $(k \geq 1)$ は $1/3$ へと増加する．このことから，不安定多様体の弧 Γ_u が回転数 $2/7$ の代表共鳴領域を通過し次に回転数 $3/10$ の代表共鳴領域を通過し，回転数 $1/3$ の代表共鳴領域に漸近していく様子がわかるであろう．このことから極限の配置は

弧 Γ_u と回転数 1/3 の代表共鳴領域の左境界との接触であることがわかる．この接触点の未来の軌道は 1/3-S·BS へと漸近する．$E((k+1)/(3k+4))$ の記号列は $0^\infty 1E(1/3)S^{k-1}(1/3)10010^\infty$ と書ける．$k \to \infty$ として，接触点の記号列は $0^\infty 1E(1/3)S^\infty$ であることがわかる．これは，過去は P へ漸近し，未来は 1/3-S·BS へと漸近するヘテロクリニック軌道を表現している．$0^\infty 1E(1/3)S^\infty$ を時間反転した $F^\infty(1/3)E(1/3)0^\infty$ も存在する．これは，過去は 1/3-S·BS へ漸近し，未来は P へと漸近するヘテロクリニック軌道を表現している．式 (8.4) では，これらをまとめて $\mathcal{H}(P, 1/3)$ と書いた．

8.4.4　予想 8.1.2 に従う周期軌道の系列

ここでは周期軌道とホモクリニック軌道を一緒にした順序関係を扱う．周期軌道のブロック表示とホモクリニック軌道の内核のブロック表示が現れ，わかりにくくなる．そのため，内核のブロック表示は，内核 $E(1/3)$ のようにブロックの前に内核を付ける．

例 1

$$\text{内核 } E(1/3) > \cdots > E(1/6)E(1/3) > E(1/5)E(1/3) > E(1/4)E(1/3). \quad (8.5)$$

これらはすべてサドルノード分岐で生じた対称非バーコフ型周期軌道である．$E(1/(2k+1))E(1/3)$ は $0^{2k}1001$ であり，$E(1/(2k))E(1/3)$ は $0^{2k-1}1001$ である．前者は $0^k 10010^k$ と書け，後者は $0^{k-1}10010^k$ と書ける．$k \to \infty$ では，$0^\infty 10010^\infty$ が得られる．これらの周期軌道は内核 $E(1/3)$ に強制されることがわかる．

次に以下の例を考えよう．

例 2

$$E(1/4)E(1/3) > E(2/7)E(1/3) > E(3/10)E(1/3) > \cdots > \mathcal{H}(1/3). \quad (8.6)$$

内核の回転数 $(k+1)/(3k+4)$ ($k \geq 1$) は 1/3 に収束する．$E(k/(3k+1))$ は $k \geq 4$ では，$S^{k-3}(1/3)1F^{k-3}(1/3)E^2(1/3)$ と書ける．これより，$E(k/(3k+1))E(1/3)$ は $1F^{k-3}(1/3)E^3(1/3)S^{k-3}(1/3)$ となる．$k \to \infty$ とすると，$F^\infty(1/3)E^3(1/3)S^\infty(1/3)$

が得られる．これは，1/3-S·BS の近接したサドル軌道点をつなぐホモクリニック軌道 $\mathcal{H}(1/3)$ である．式 (8.5) と式 (8.6) から次のように一般化された線形順序関係が得られる．

例3　$n \in \mathbf{Z}$ として，

$$\mathcal{L}(1/3):\ 内核\ E(1/3) > E(p_n/q_n)E(1/3) > \mathcal{H}(1/3), \tag{8.7}$$

ここで，$E(p_n/q_n)E(1/3)$ は線形順序に従う無限に多くの対称非バーコフ型周期軌道を表現している．ただし $\lim_{n\to\infty} p_n/q_n = 0$，$\lim_{n\to-\infty} p_n/q_n = 1/3$．

この線形順序関係は川に譬えられる．つまり，内核 $E(1/3)$ のホモクリニック軌道が川の上流にあり，対称周期軌道が川の中流にあり，ホモクリニック軌道 $\mathcal{H}(1/3)$ が下流にある．これらをまとめて簡潔に $\mathcal{L}(1/3)$ と書く．上記の方法を一般化すると線形順序関係 $\mathcal{L}(p/q)$ $(0 < p/q \leq 1/2)$ が得られる．

$$\mathcal{L}(p/q):\ 内核\ E(p/q) > E(p_n/q_n)E(p/q) > \mathcal{H}(p/q). \tag{8.8}$$

$\mathcal{L}(1/2)$ はすでに式 (7.14) で得られている．

下記の線形順序関係が得られる．

$$\mathcal{L}(1/2) > \mathcal{L}(p/q) > \mathcal{L}(r/s). \tag{8.9}$$

ただし，$0 < r/s < p/q < 1/2$．$\mathcal{L}(1/2)$ の最下流の $\mathcal{H}(Q)$ では不安定多様体の弧 Γ_u が回転数 $1/2$ の代表共鳴領域の左境界と接している．つまり，Γ_u は回転数 p/q の代表共鳴領域を突き抜けている．よって，$\mathcal{L}(1/2) > \mathcal{L}(p/q)$ が成り立つ．$\mathcal{L}(p/q)$ の最下流の $\mathcal{H}(p/q)$ では不安定多様体の弧 Γ_u が回転数 p/q の代表共鳴領域の左境界と接している．つまり，Γ_u は回転数 r/s の代表共鳴領域を突き抜けている．よって，$\mathcal{L}(p/q) > \mathcal{L}(r/s)$ が成り立つ．式 (8.9) において，$\mathcal{L}(p/q)$ の最上流部には内核 $E(p/q)$ が位置する．つまり，$\mathcal{L}(p/q)$ の代表として $\mathcal{L}(p/q)$ を内核 $E(p/q)$ と読み換えることができる．内核 $E(p/q)$ を利用すると位相的エントロピーが 0 から $\ln 2$ まで増加することがわかる．これについては次節で議論する．

8.5 位相的エントロピーの増加

1.5 節で導入した関数 $F_u(x)$ を，x の冪級数で記述する方法を説明する．

$$y = F_u(x) = \sum_{k=1}^{k_{\max}} c_k x^k. \tag{8.10}$$

関数方程式

$$F_u(x_{n+1}) = F_u(x_n) + f(x_n) \tag{8.11}$$

を利用して係数 c_k を決定する．関数方程式は，$x_{n+1} = x_n + y_n + f(x_n) = x_n + F_u(x_n) + f(x_n)$ を利用すると x_n で記述できる．以下では x_n を x と書く．

$$F_u(F_u(x) + x + f(x)) = F_u(x) + f(x). \tag{8.12}$$

式 (8.10) を式 (8.12) に代入したあと，両辺の冪を揃える．x に比例する項を取り出すと，c_1 を決定する式が得られる．

$$c_1^2 + ac_1 - a = 0. \tag{8.13}$$

方程式 (8.13) の解として，ここでは出発点 P での不安定多様体の傾き

$$c_1 = (-a + \sqrt{a^2 + 4a})/2 \tag{8.14}$$

を採用する．$c_1 = \xi_u(0)$ である．これをもとに c_2, c_3 と順次係数を決定していけば不安定多様体の表記が冪級数で得られる．付録 I に係数を決定するプログラムを用意した．

内核の回転数が 1/2 に近づくと，臨界値 $a = 4.589$ で回転数 4/9 の内核が生じる．これより少し大きな値 $a = 4.61768$ で，弧 Γ_u が回転数 1/2 の左境界と接する．この状況は，$\mathcal{L}(1/2)$ の最下流部に相当する．a の値をさらに大きくした場合は，回転数 1/2 の代表共鳴領域の内部で生じるホモクリニック交差を利用して位相的エントロピーを求めることになる．内核 $E^2(1/2)$ と内核 $E^3(1/2)$ を利用して位相的エントロピーを求めた結果を表 8.2 の最上段に載せた．

表 8.2 対称ホモクリニック軌道の生じる臨界値と位相的エントロピー.

No.	内核の回転数	内核	臨界値	位相的エントロピー
1	3/6	$E^3(1/2)$	4.930	ln 1.9256
2	2/4	$E^2(1/2)$	4.776	ln 1.8911
3	4/9	$E(4/9)$	4.589	ln 1.8364
4	3/7	$E(3/7)$	4.568	ln 1.8294
6	2/5	$E(2/5)$	4.464	ln 1.8037
8	3/8	$E(3/8)$	4.366	ln 1.7792
9	4/11	$E(4/11)$	4.359	ln 1.7777
10	1/3	$E(1/3)$	3.242	ln 1.6956
11	2/7	$E(2/7)$	2.843	ln 1.6031
12	3/11	$E(3/11)$	2.777	ln 1.5919
13	1/4	$E(1/4)$	2.356	ln 1.5436
14	3/13	$E(3/13)$	2.126	ln 1.4955
15	2/9	$E(2/9)$	2.083	ln 1.4892
16	3/14	$E(3/14)$	2.042	ln 1.4830
17	1/5	$E(1/5)$	1.861	ln 1.4510
18	1/6	$E(1/6)$	1.553	ln 1.3880
19	1/7	$E(1/7)$	1.342	ln 1.3421
20	1/8	$E(1/8)$	1.189	ln 1.3069
21	1/9	$E(1/9)$	1.072	ln 1.2791
22	1/10	$E(1/10)$	0.978	ln 1.2563
23	1/11	$E(1/11)$	0.902	ln 1.2374
24	1/12	$E(1/12)$	0.838	ln 1.2214
25	1/13	$E(1/13)$	0.783	ln 1.2077
26	1/14	$E(1/14)$	0.734	ln 1.1957
27	1/15	$E(1/15)$	0.694	ln 1.1852
28	1/16	$E(1/16)$	0.659	ln 1.1759
29	1/17	$E(1/17)$	0.628	ln 1.1676
30	1/18	$E(1/18)$	0.597	ln 1.1601

次に，内核 $E(1/3)$ の場合を例にして臨界値の数値計算方法を示す．初期点 $z_0 = (x_0, y_0)$ $(y_0 = F_u(x_0))$ を不安定多様体の弧 $[T^{-1}v, u]_{W_u}$ 上にとると，x_0 の値が 1 より大きいので，冪級数展開の収束が遅くなる．そこで，z_0 を弧 $[T^{-2}v, T^{-1}u]_{W_u}$ 上にとると，$x_0 < 1$ となり，冪級数展開の収束が速い．ただし，写像の回数は 1 回増える．内核 $E(1/3)$ が生じる臨界値で，弧 Γ_u が対称線 S_h^- と接触する．$[T^{-2}v, T^{-1}u]_{W_u} = T^{-3}\Gamma_u$ より，$z_3 = (x_3, y_3) = T^3 z_0$ である．最終的に $y_3(x_0, a) = 0$ を解けばよい．x_0 が存在する最小の a が臨界値である．ここで利用した方法は，不安定多様体と安定多様体のグラフを描いて両者の

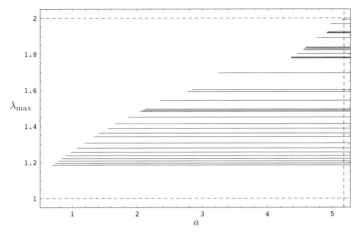

図 8.10 固有値の最大値 ($\lambda_{\max}$) の増加. 位相的エントロピーは $\ln \lambda_{\max}$.

接触を調べる方法より精度が良い.

臨界値を計算するためには P の近傍での関数 $F_u(x)$ の形状を精度良く求めておく必要がある. 得られた関数 $F_u(x)$ について写像の繰り返し回数を増やすと,正確に不安定多様体を描ける. 冪級数展開の次数の最大値 ($k_{\max}$) を 8 として関数 $F_u(x)$ を決定した. ただし内核 $E(1/17)$ と $E(1/18)$ の臨界値を計算するためには $k_{\max} = 10$ とした. a の値が小さくなると冪級数展開の収束が悪くなるため,現状では $a = 0.6$ あたりまでが数値計算の限界である.

表 8.2 には主な臨界値と位相的エントロピーを示しておいた. 位相的エントロピーの下界はトレリス法を利用して計算した. 臨界値の増加につれて,位相的エントロピーの下界が単調に増加している様子がわかる. ここで得られた結果を図 8.10 に示した. 位相的エントロピーはパラメータ a について多くの平坦区間をもちながら単調に増加している.

再度,式 (8.9) を見よう. これが完全可積分系を可逆馬蹄をつなぐ登山道の一つである. すでに注意したように内核の回転数を 1/2 に近づけても位相的エントロピーは $\ln 1.84$ ほどで $\ln 2$ との間にとびがある. 登山道の例えでは頂上直前に急坂がある. この急坂に階段をつくるために内核 $E^2(1/2)$, $E^3(1/2)$ を利用して位相的エントロピーを求めた. 今後,登山道の段差つまり位相的

エントロピーのとびを小さくする作業が必要である．また，平坦区間と思われている領域に小さなとびがある可能性もある．これらを調べることも必要である．

エノン写像（式 (5.1)）において，パラメータが $b = 0$ なら完全可積分系で位相的エントロピーは 0 である．$b \geq 5.6993107\cdots$ において可逆馬蹄が存在する．よって，エノン写像でも位相的エントロピーは 0 から $\ln 2$ まで増大する．つまり，エノン写像でも完全可積分系から可逆馬蹄までの登山道が存在する．これは接続写像と同じ性質である．それでは，接続写像で得られた式 (8.9) がエノン写像で成立するだろうか．$b = 0$ で楕円型不動点の回転数は $1/4$ である．$b = 3$ で楕円型不動点が周期倍分岐を起こす．このことから，エノン写像の楕円型不動点の回転分岐に伴って，共鳴鎖を構成できる回転数の区間は $(1/4, 1/2]$ である．b の値が正となった瞬間に，残りの回転数 p/q $(0 < p/q \leq 1/4)$ をもつ楕円型周期軌道とサドル型周期軌道が一斉に出現する．これはポアンカレ・バーコフの定理で存在が保証された周期軌道である．これらの回転数 p/q $(0 < p/q \leq 1/4)$ をもつ共鳴鎖も構成できる．本書の第 7 章と第 8 章で行った手順を繰り返すと，式 (8.9) がエノン写像で成立することが導かれる．つまり，式 (8.9) は完全可積分系が等速回転運動している系にも適用できる．

付録A

ポアンカレ・バーコフの定理

最初に単調ねじれ写像 f を定義し，次に写像 f が満たす重要な性質を紹介する．

定義 A.1 以下の (i), (ii), (iii) を満たす写像 f を単調ねじれ写像とよぶ．

(i) f は面 (θ, r)（$-\infty < \theta < \infty, a \leq r \leq b, a < b$ は定数）で定義された面積保存かつ向きを保つ写像で次を満たす．

$$f(\theta + 2\pi, r) = f(\theta, r) + (2\pi, 0).$$

(ii) f は C^1 級微分同相写像．

(iii) 単調ねじれ性を満たす．

定義 A.2（単調ねじれ性） $(\theta', r') = f(\theta, r)$ とする．ここで (θ, r) はもとの位置で，(θ', r') が像の位置である．このとき

$$\frac{\partial \theta'}{\partial r} > 0 \quad (\text{または} < 0)$$

が成立するならば，f は右（または左）単調ねじれ性を満たすという．さらに，$r = a$ のとき $\theta' < \theta$，$r = b$ のとき $\theta' > \theta$ とする．

最後の条件は写像関数の性質を狭めない．写像 f に対して $r = a$ のとき $\theta' > \theta$ なら，$a < c < b$ を満たす定数 c をとる．写像 $f - (c, 0)$ を改めて写像 f とすれば，この写像は最後の条件 (iii) を満たす．

ポアンカレ・バーコフの定理を紹介する [41, 64]．

定理 A.3（ポアンカレ・バーコフの定理） 単調ねじれ写像 f は少なくとも二つの異なる不動点 F_1 と F_2 をもつ．ただし，$F_1 - F_2$ は $(2\pi, 0)$ の整数倍でない．

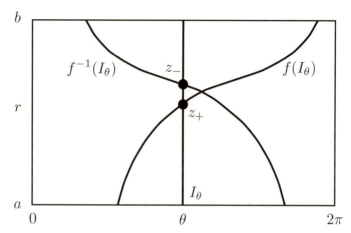

図 A.1 普遍被覆面の一部 $(0 \leq \theta \leq 2\pi, 0 < a \leq r \leq b\,(a < b))$. $I_\theta = \{(\theta, r) : a \leq r \leq b\}$. $r = b$ は右に移動し，$r = a$ は左に移動する．単調ねじれ性より $f(I_\theta)$ は右に傾き，$f^{-1}(I_\theta)$ は左に傾く．

もとのポアンカレ・バーコフの定理 [72, 10, 11, 66] の前提はもっと緩くて「単調性」を仮定しない．証明はたいへんむずかしい．ここでは単調ねじれ性を仮定したので，比較的容易に証明できる（図 A.1）．

証明 最初に鉛直線 $I_\theta = \{(\theta, r) : a \leq r \leq b\}$ を用意する．単調ねじれ性より $f(I_\theta)$ は I_θ と 1 点 $z_+ = (\theta, w_+(\theta))$ で交差する．同様に，$f^{-1}(I_\theta)$ は I_θ と 1 点 $z_- = (\theta, w_-(\theta))$ で交差する．だから $f(z_-(\theta)) = z_+(\theta)$ がすべての θ に対して成立する．よって以下の性質が得られる．

(i) $w_+(\theta) = w_-(\theta)$ ならば，$z_+ = z_-$ は f の不動点である．

(ii) f によって，グラフ $\{(\theta, w_-(\theta)) : 0 \leq \theta \leq 2\pi\}$ はグラフ $\{(\theta, w_+(\theta)) : 0 \leq \theta \leq 2\pi\}$ に写される．

ここでグラフ $\{(\theta, w_+(\theta)) : 0 \leq \theta \leq 2\pi\}$ と $r = a$ で挟まれた領域を A_+ とし，グラフ $\{(\theta, w_-(\theta)) : 0 \leq \theta \leq 2\pi\}$ と $r = a$ で挟まれた領域を A_- とする．(ii) より，領域 A_- の f による像が領域 A_+ である．面積保存性より A_+ と A_- の面積は等しい．すべての θ に対して $w_+(\theta) = w_-(\theta)$ なら，二つのグラフは一致するから，グラフ上の点はすべて不動点であり，定理の証明は終わる．そこ

で，ある点 θ_0 において $w_+(\theta_0) > w_-(\theta_0)$ とする．A_+ と A_- の面積は等しいのだから，別の点 θ_1 において $w_+(\theta_1) < w_-(\theta_1)$ になる．そうすると中間値の定理と周期性により $w_+(\theta) = w_-(\theta)$ を満たす点が少なくとも 2 点ある．(Q.E.D.)

例を紹介する．エノン写像（式 (5.1)）で，$b = 0$ とすると楕円型不動点 $(1/2, -1/2)$ のみ存在する．サドル型不動点は無限遠にあると考えてもよい．楕円型不動点の回転数は $1/4$ である．$b > 0$ とすると，すべての p/q ($0 < p/q \leq 1/4$) に対して，周期軌道 p/q-SB·E と p/q-SB·S が一斉に対（つい）で出現する．これらはポアンカレ・バーコフの定理で保証されている周期軌道である．

付録B

異常な回転分岐

　第1章に述べた基本的な条件 1.1.2(5) が成り立たないパラメータ区間があることを本付録で示す．現象は二つ，異常な回転分岐と反回転分岐である．後者は反周期倍分岐に伴う．反周期倍分岐を起こす楕円型周期軌道は共鳴領域の中に生じる．よって，この分岐によって生じた周期軌道は共鳴領域に影響を与えない．本付録では前者を分析する．本付録の後半では，本書の基本的枠組みを壊す現象でないことを論じる．

　対称線 S_h^- 上の点に初期点 $z_0 = (x_0, 0)$ をとる．これを1回写像した点を $z_1 = (x_1, y_1)$ とする．z_1 が S_g^+ より下または S_g^+ 上にあるとする．このとき像 TS_h^- と S_g^+ が交差または接触している．この条件は

$$y_1 \leq -a(x_1 - x_1^2)/2. \tag{B.1}$$

と書ける．この関係を x_0 で書くと

$$(x_0 - x_0^2)(a^2 x_0^2 - (2a + a^2)x_0 + a + 3) \leq 0 \tag{B.2}$$

となる．$0 < x_0 < 1$ であるから

$$a^2 x_0^2 - (2a + a^2)x_0 + a + 3 \leq 0. \tag{B.3}$$

判別式より，式 (B.3) を満たす x_0 が存在する条件として $a \geq 2\sqrt{2}$ が得られる．つまり $a_c = 2\sqrt{2}$ で，TS_h^- と S_g^+ が接触する（図 B.1(a)）．$a > a_c$ では対称線上に交点が二つ生じる（図 B.1(b)）．Q に近い点 (z_0) がサドル点で，遠い点 (z_1) が楕円点である．2点の安定性についてはあとで議論する．$a_c = 2\sqrt{2}$ は，サドルノード分岐の臨界値である．

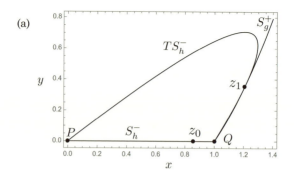

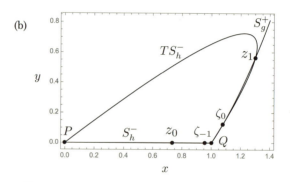

図 B.1 (a) $a = 2\sqrt{2}$. 像 TS_h^- と対称線 S_g^+ が z_1 で接している状況. (b) $a = 2.9$. z_1 と ζ_0 は, 像 TS_h^- と対称線 S_g^+ の二つの交差点.

Q の平均の回転数が $1/3$ になる a の値は $a_c(1/3) = 3$ である. 図 B.2(a) はこの状況を示し, 図 B.2(b) は $a = 3.2$ での状況を示す. $a = 2\sqrt{2}$ では, Q の平均の回転数は $1/3$ より小さい. だから, パラメータ a の区間 $[2\sqrt{2}, 3)$ では Q の近傍の回転より速く Q の周りを回転をする領域がある. 条件 1.1.2(5) が破れている.

像 TS_h^- で, Q から右上方に出ていく部分弧 $y = G(x)$ は下記のように書ける.

$$y = G(x) = \frac{2ax - a - 1 - \sqrt{(a+1)^2 - 4ax}}{2a}. \tag{B.4}$$

対称線 $y = F(x) = -a(x - x^2)/2$ の $x = 1$ での傾きを $F'(1)$ とする. ここで $a = 3$ として, $G'(1) = F'(1) = a/2 = 3/2$ が確認できる. 次に 2 階微分 $G''(1)$

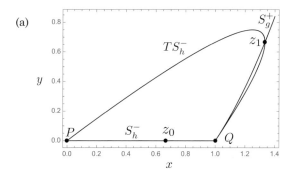

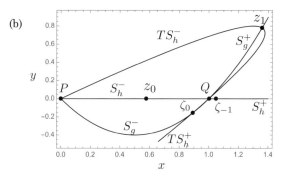

図 **B.2** (a) $a = 3$. サドル点 ζ_0 は Q と一致する. (b) $a = 3.2$. $a > 3$ では, サドル点は Q を挟んで z_1 の反対側 (TS_h^+) に現れる.

と $F''(1)$ を比較しよう. $G''(1) = 2a/(a-1)^3 = 3/4$ で $F''(1) = a = 3$ であるから, $G''(1) < F''(1)$ である. $x > 1$ を満たす $x = 1$ の近傍で $G(x) > F(x)$ が成立しない.

次に a の値を $a = 2\sqrt{2}$ より少し大きくした状況を描いた図 B.1(b) をもとに, 楕円点 z_1 とサドル点 ζ_0 の周りの回転の仕方を説明する. 弧 $(\zeta_0, z_1)_{S_g^+}$ の回転の仕方は回転数 1/3 より速い. 弧 $(Q, \zeta_0)_{S_g^+}$ の回転の仕方は回転数 1/3 より遅い. z_1 より上方にある S_g^+ の弧の回転の仕方も回転数 1/3 より遅い. これらの性質を利用すると, ζ_0 から見た T^3 による回転の仕方と z_1 から見た T^3 による回転の仕方が得られる. 模式図 B.3(a) では, T^3 による回転の仕方を矢印で描いた. 楕円点 z_1 に視点を移すと, 楕円点 z_1 の周りは反時計回りに

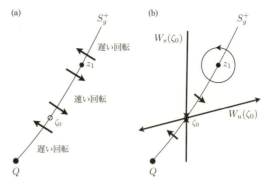

図 B.3 (a) 矢印は z_1 または ζ_0 を中心とした T^3 による回転の仕方. 速い (遅い) 回転は回転数 1/3 に比べてのものである. (b) 楕円点 z_1 を中心として見ると, z_1 の周りの T^3 による回転は反時計回りである. サドル点 ζ_0 を中心として見た, T^3 による S_g^+ を横切る流れは太い矢印で描かれている.

回転する (図 (b)). サドル点 ζ_0 を視点とする ζ_0 の近傍の対称線 S_g^+ を横切る流れの方向も決まる (図 (b)). これより, 不安定多様体 $W_u(\zeta_0)$ と安定多様体 $W_s(\zeta_0)$ の配置が図 (b) のように決まる.

a を $a = 2\sqrt{2}$ より大きくすると, サドル点 ζ_0 が S_g^+ 上を Q に向けて移動する (図 B.1(a) と (b) を見よ). $a = a_c(1/3) = 3$ では Q と一致してしまう (参考文献 [65] も参照のこと). さらに, a を 3 より大きくすると, サドル点が Q を出発して S_g^- 上を左下方へ移動する (図 B.2(b)). 一方の楕円点 z_1 は, a を $a = 2\sqrt{2}$ より大きくすると S_g^+ を右上方に移動する. 軌道点 z_1 は, $a = 2\sqrt{2}$ で生じ, $a = 3$ を超したあとも S_g^+ にある. よって主軸定理 (定理 3.5.2) より, この点 z_1 は楕円点である.

1/3 以外の回転数でも異常な回転分岐が生じる. 数値計算で得られた結果を表 B.1 にまとめた. 表 B.1 の異常パラメータ区間 $I(p/q)$ の左端の値がサドルノード分岐の臨界値で, 右端の値が回転分岐の臨界値 $a_c(p/q)$ である.

数値計算で得られている最小の回転数は 9/31 = 0.29032 である. この値は参考文献 [38] の値 0.29021 に近い. 回転数 11/38 (< 9/31) は異常パラメータ区間をもたない. よって異常パラメータ区間をもつ回転数の区間は [9/31, 1/3] であり, 異常パラメータ区間は約 $a = 2.5$ から $a = 3$ までである.

表 B.1　異常パラメータ区間 $I(p/q)$.

p/q	$I(p/q)$	p/q	$I(p/q)$
9/31	[2.501304495, 2.501305064)	7/23	[2.657703, 2.669759)
7/24	[2.517531, 2.517638)	11/36	[2.669614, 2.684040)
12/41	[2.529650, 2.529963)	4/13	[2.689974, 2.709209)
5/17	[2.546527, 2.547325)	9/29	[2.713910, 2.7402763)
13/44	[2.561997, 2.563465)	5/16	[2.732188, 2.765366)
8/27	[2.571604, 2.573606)	6/19	[2.757900, 2.803390)
11/37	[2.582891, 2.585645)	7/22	[2.774792, 2.830830)
3/10	[2.612572, 2.618033)	8/25	[2.786512, 2.851558)
10/33	[2.644389, 2.654135)	1/3	$[2\sqrt{2}, 3)$

　異常パラメータ区間をもつ周期軌道の共鳴鎖の構成について簡単に説明しよう．回転数 1/3 の場合，対称線 S_g^+ 上で，サドル型軌道点 ζ_0 は Q に近い方に現れ，楕円型周期軌道 z_1 は遠い方に現れる．共鳴領域 $Z_{1/3}(z_1)$ は ζ_0 の安定多様体と不安定多様体で構成される．この形状は花びらのようになる（図 B.4(a)）．残りの共鳴領域 $Z_{1/3}(z_0)$ と $Z_{1/3}(z_{-1})$ も同様の形状である．パラメータを $a=3$ へと増加すると $\zeta_0, \zeta_1, \zeta_{-1}$ は Q に向けて移動する．$a=3$ では三つのサドル型軌道点は Q と一致する（図 (b)）．この状況は 3 枚の花びらが Q を共有する形状となる．a をさらに大きくすると，$\zeta_0, \zeta_1, \zeta_{-1}$ は Q を通り抜けるように動く．Q から出てきた三つのサドル型軌道点の安定多様体と不安定多様体を利用して，回転数 1/3 の共鳴鎖 $\langle Z_{1/3} \rangle$ が構成できる．これはすでに第 4 章で紹介した共鳴鎖である．つまり，サドル型軌道点が Q を通過したあとは，隣接したサドル型軌道点の安定多様体と不安定多様体でそれぞれの共鳴領域が構成される．サドル型軌道点が Q を通過することで，共鳴領域の構成の仕方が変わることに注意しよう．この例から，表 B.1 における最小の回転数 9/31 から最大の回転数 1/3 へと順次共鳴鎖が構成されていく様子がわかるであろう．

　パラメータの増大で位相的エントロピーが増加し，減少し，さらに増加することもありうる．このような現象が生じると，横軸をパラメータとし縦軸を位相的エントロピーとしてグラフを描くと，このグラフに小さな起伏が生じる．このような現象をダリン・ミース・スターリング [38] はバブル現象と

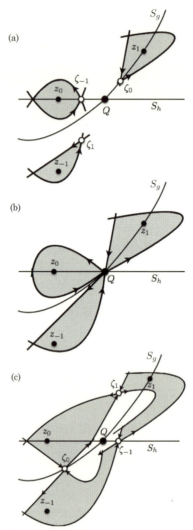

図 B.4 模式図. (a) $2\sqrt{2} < a < 3$ における,楕円型周期軌道 (z_{-1}, z_0, z_1) とサドル型軌道点 $(\zeta_{-1}, \zeta_0, \zeta_1)$. サドル型軌道点の安定多様体と不安定多様体で構成される共鳴領域は花びらのような形状となる. (b) $a = 3$. 3枚の花びらが Q を共有する形状. (c) $a > 3$. 回転数 $1/3$ の共鳴鎖 $\langle Z_{1/3} \rangle$.

名付けた．バブル現象の原因の一つとしてとして異常回転分岐が考えられる．彼らはバブル現象はないという作業仮説をおいた．系の真の位相的エントロピーを見積もることはできない．実際，求めることができるのは位相的エントロピーの下界であるから，このような作業仮説をおくことに問題はないと考える．この作業仮説のもとでは異常パラメータ区間を無視できる．よって，本書でもこの作業仮説を採用する．

　ここで利用した周期 3 のサドル軌道の場合，パラメータの増加に伴って楕円型不動点 Q に近づく．そうすると Q の周りに存在していた不変曲線が破壊される．つまり，異常な回転分岐で生じた周期軌道の存在が楕円型不動点 Q の周りに存在する不変曲線には大きな影響を与える．

付録C

スターン・ブロコ樹とファレイ分割

　本書では，1858年のスターン (Moriz Stern) [84] と1862年のブロコ (Achille Brocot) [20] によって導入された樹構造を利用する．ボゴモルニー (Bogomolny) のホームページ [14] にはスターン・ブロコ樹（SB樹）に関する詳しい説明がある．ここでは $0 = 0/1$ から $1 = 1/1$ までに制限してSB樹の構造を説明する．図C.1に1/2を第1ステージとして第4ステージまでの樹を描いた．

　第 n ステージ $(n \geq 1)$ には，2^{n-1} 個の既約分数が現れる．第1ステージから第4ステージまでに現れた分数を下方に射影する．これに0/1と1/1を加える．そうすると値の小さい分数から大きい分数へと分数が並ぶことがわかる．

$$\frac{0}{1}, \frac{1}{5}, \frac{1}{4}, \frac{2}{7}, \frac{1}{3}, \frac{3}{8}, \frac{2}{5}, \frac{3}{7}, \frac{1}{2}, \frac{4}{7}, \frac{3}{5}, \frac{5}{8}, \frac{2}{3}, \frac{5}{7}, \frac{3}{4}, \frac{4}{5}, \frac{1}{1}.$$

　既約分数4/11がSB樹のどこにあるのかを決定する方法を紹介する．ここ

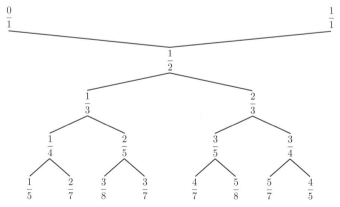

図C.1 区間 $[0/1, 1/1]$ のSB樹の構成．1/2を第1ステージとして第4ステージまでの樹を描いた．

では 4/11 の連分数表示を利用する.

$$\cfrac{1}{2+\cfrac{1}{1+\cfrac{1}{2+\cfrac{1}{1}}}} = <2,1,2,1>. \tag{C.1}$$

上記の場合, $<2,1,3>$ と書くこともできるが, 連分数は最後が 1 になるように表示する. ここで最後の 1 を削除すると $3/8 (> 4/11)$ で, 最後の二つを削除すると $1/3 (< 4/11)$ である. これらより 4/11 のファレイ分割が FP[4/11] = {1/3, 3/8} が得られる. 1/3 を 4/11 の左親, 3/8 を 4/11 の右親とよぶ.

一般に既約分数 p/q の連分数表示を次のように書く.

$$p/q = <a_1, a_2, \ldots, a_k, 1>. \tag{C.2}$$

ここで $k \geq 1$.

$$n = \sum_{i=1}^{k} a_i. \tag{C.3}$$

n は p/q が属するステージ番号を表す. 4/11 の場合, $n = 5$ であるから 4/11 は第 5 ステージにある (図 C.2 を見よ).

分数を行列で表示する方法も便利である. 例として 1/2 は次のように表示される.

$$[1/2] = \begin{pmatrix} 0 & 1 \\ 1 & 1 \end{pmatrix}. \tag{C.4}$$

ここで, 左の列ベクトルは左親 0/1 の分子と分母を表現し, 右の列ベクトルは右親 1/1 の分子と分母を表現している. 右辺の行列を [1/2] と書いた. 行列表示で行列式が -1 になるが, これは式 (3.16) に対応する. 1/1 を次のように書く.

$$[1/1] = \begin{pmatrix} 0 & 1 \\ 1 & 0 \end{pmatrix}. \tag{C.5}$$

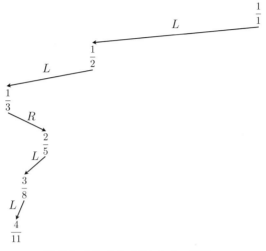

図 C.2 1/1 から 4/11 までの経路.

ここで二つの作用 L と R を導入する.

$$L = \begin{pmatrix} 1 & 1 \\ 0 & 1 \end{pmatrix}, \quad R = \begin{pmatrix} 1 & 0 \\ 1 & 1 \end{pmatrix}. \tag{C.6}$$

ここで L や R の意味を理解するために次の演算を行ってみよう.

$$[1/1]L = \begin{pmatrix} 0 & 1 \\ 1 & 0 \end{pmatrix}\begin{pmatrix} 1 & 1 \\ 0 & 1 \end{pmatrix} = \begin{pmatrix} 0 & 1 \\ 1 & 1 \end{pmatrix} = [1/2]. \tag{C.7}$$

これより L を作用すると 1/1 を出発して左の経路を伝って 1/2 に到着することがわかる. さらに $[1/3] = [1/1]LL$ であることも確認できる. $[1/3]$ から右に進むと 2/5 に着く. すなわち, $[2/5] = [1/1]LLR$ である. このようにして 1/1 から L と R で経路を指定しながら目的の分数まで進むことができる. L と R の行列式は 1 であるから, 目的の分数の行列表示 $[p/q]$ の行列式は -1 である.

4/11 の連分数表示で, 最初の 2 は左へ 2 進めと読む. ここで 2 だけを残すと, $4/11 < 1/2$ が得られる. 1/1 から出発し左へ 1 回進むと 1/2 に着く. しかし, $4/11 < 1/2$ であるから再度左を進み, 1/3 に着く. 1/1 より左に 2 回

進んで 1/3 に到着したことになる．また連分数表示の分母を $2+1$ とすると，$1/3 < 4/11$ が得られる．よって次に進むべき方向は右であることがわかる．連分数表示の次の 1 は右へ 1 進めと読み，さらに次の 2 は左へ 2 進めと読む．これで 4/11 に到達できたことがわかる．これらの経路は図 C.2 に描いた．連分数表示の最後の 1 は無視する．実際，$[1/1]LLRLL$ を計算すると，

$$[1/1]LLRLL = \begin{pmatrix} 1 & 3 \\ 3 & 8 \end{pmatrix} \tag{C.8}$$

が得られる．以上で 1/1 から 4/11 までの経路が決まり，同時にファレイ分割 $FP[4/11] = \{1/3, 3/8\}$ も得られた．

回転数 p/q を決めて以下の (i), (ii), (iii) を行うプログラムを付録 I に載せておいた．

(i) SB 樹での 1/1 から p/q への経路を与える．
(ii) 回転数 p/q の左親と右親を与える．
(iii) 四つのブロック $S(p/q), E(p/q), F(p/q), D(p/q)$ を決定する．

付録D

高さアルゴリズム

ここでは周期軌道の記号列についての高さアルゴリズム [44] を紹介する.

高さアルゴリズム D.1

[P0] ブロック $E(p/q)$ と $S(p/q)$ の高さ h は p/q である.$S(1/2)$ に対応する周期軌道はないが,便宜的に高さ $1/2$ と定義しておく.

[P1] 記号 0 と 1 で記述されたコードを最大値表示にして以下のように書く.

$$c = 10^{m_1} 1^{n_1} 0^{m_2} 1^{n_2} \cdots.$$

ただし,$m_i \geq 0$ ならば,$n_i = 1$ または $n_i = 2$ である.$m_{i+1} > 0$ ならば,必ず $n_i = 1$ である.回転回数アルゴリズム 2.5.2 における分離の仕方を利用している.分離終了後,[P2] へ進む.

[P2] [P1] で決まった m_i の値を用いて回転数区間の定義を I_1 より順次行う.

$$I_k = \left(\frac{k}{2k + \sum_{i=1}^{k} m_i}, \frac{k}{2k - 1 + \sum_{i=1}^{k} m_i} \right] \quad (k \geq 1).$$

回転数区間を定義していく過程で,下記の終了条件を満たせば [P2] を終了し [P3] に進む.

終了条件:$n_r = 1$ または $I_{r+1} > \bigcap_{i=1}^{r} I_i$ を満たす r が存在する.

[P3] 高さ h は以下のように決定する.

$$h = \max \bigcap_{i=1}^{r} I_i.$$

高さアルゴリズムの終了条件について説明を行う.コードの中で 1 が奇数個連続していると,そこでアルゴリズムの終了条件が満たされる.1 が偶数

個連続していると,区間に関する条件が満たされているかどうか判定する必要がある.

高さアルゴリズムでは $c = 10^{m_1}1^{n_1}0^{m_2}1^{n_2}\cdots$ の最初の 1 の情報を利用しない.c より最初の 1 を除くことは最小値表示を利用していることになる.最小値表示の最初のブロックは E であった.例を用いてアルゴリズムの終了条件の意味を調べる.ブロックコードの最初の二つのブロックが $E(1/5)E(1/4)$, $E(1/5)F(1/4)$, $E(1/5)S(1/4)$, $E(1/5)D(1/4)$ である例を調べる.

$E(1/5)E(1/4) = 000010001$ と $E(1/5)F(1/4) = 000010011$ には孤立 1 が現れるので終了条件 ($n_1 = 1$) で終了し,$h = 1/5$ が得られる.

$E(1/5)S(1/4) = 000011001$ においては,$m_1 = 4, n_1 = 2, m_2 = 2$ が得られる.$I_1 = (1/6, 1/5]$ と $I_2 = (1/5, 2/9]$ が得られ,$I_1 < I_2$ である.この場合は,区間についての終了条件で終了し $h = 1/5$ が得られる.$E(1/5)D(1/4) = 000011011$ においては,$m_1 = 4, n_1 = 2, m_2 = 1$ が得られる.$I_1 = (1/6, 1/5]$ と $I_2 = (2/9, 1/4]$ が得られ,$I_1 < I_2$ である.この場合も,区間についての終了条件で終了し $h = 1/5$ が得られる.以上で最小値表示の最初のブロックが $E(p/q)$ であることより,アルゴリズムは終了条件で必ず終了することが検証された.

付録 E

組みひもの作り方

ここでは代数的処理による組みひもの作り方を紹介する．コード 00101 の組みひも（図 6.10）を例にしてアルゴリズムを述べる．

アルゴリズム E.1

[P1] コード 00101 の周期軌道の記号平面での軌道点 $\widehat{z_k}$ ($k = 1, 2, \ldots, 5$) の位置 $(\widehat{x_k}, \widehat{y_k})$ を決定する．$\widehat{x}$ 座標の大小関係を次のように得る．

$$\widehat{x_1} < \widehat{x_2} < \widehat{x_4} < \widehat{x_3} < \widehat{x_5}.$$

[P2] $\widehat{x_k}$ を直線上に等間隔に配置する．左から順に 1, 2, 3, 4, 5 と名付ける．

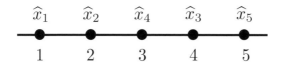

図 E.1 $\widehat{x_k}$ を直線上に等間隔に配置し，左から順に位置を 1, 2, 3, 4, 5 と名付けた．

[P3] [P2] で決めた 1 にある軌道点がどこに移るか決める．1 は 2 に移る．以下，同様にして移動先を決める．これによって下記の置換が得られる．

$$\begin{pmatrix} 1 & 2 & 3 & 4 & 5 \\ 2 & 4 & 5 & 3 & 1 \end{pmatrix}. \tag{E.1}$$

[P4] 置換を隣接互換の積で記述する．これを生成元 σ_k^{-1} ($k = 1, 2, 3, 4$) で記述すると組みひもが得られる．

[P4] について補足しておこう．2 本のひもの入れ換えは隣接互換で記述される．これより隣接互換の積が組みひもを記述することがわかる．左上から

表 E.1 バブルソートの過程

過程	位置	本数 − 位置
2, 4, 5, 3, 1	3	2
2, 4, 3, 5, 1	4	1
2, 4, 3, 1, 5	2	3
2, 3, 4, 1, 5	3	2
2, 3, 1, 4, 5	2	3
2, 1, 3, 4, 5	1	4
1, 2, 3, 4, 5		

右下へ降りていくひもの手前を，右上から左下へ降りていくひもが通過する．よって使用する生成元は σ_k^{-1} ($k = 1, 2, 3, 4$) である．

置換を隣接互換の積に分解する方法を紹介する．そのために，2, 4, 5, 3, 1 と並んだ数をバブルソートを利用して 1, 2, 3, 4, 5 と昇順に並べる．バブルソートとは，隣接する二つの数の入れ換えの繰り返しによる並べ換え法である．1 回の入れ換えが隣接互換に対応する．実際にバブルソートを行ってみよう．表 E.1 にバブルソートの過程を示した．下線がついた二つの数字を入れ換える．表の"位置"は，下線がついた二つの数字の左の数字の位置である．位置は左側から数える．表の上から下方向への操作は，組みひもを全く交差のない自明な組みひもへ戻している操作である．よって，表の下から上方向への操作が，組みひもを構成する操作になる．組みひもが下から上方向に構成されていくため，できあがった組みひもはもとの組みひもを左右逆転したものとなる．そのため，表の"本数 − 位置"が必要となる．本数は 5 である．

表の（本数 − 位置）を下から上方向に読むと 432312 である．これを生成元で表示すると $\sigma_4^{-1}\sigma_3^{-1}\sigma_2^{-1}\sigma_3^{-1}\sigma_1^{-1}\sigma_2^{-1}$ が得られる．基本関係式 6.3.3 より，σ_3^{-1} と σ_1^{-1} を入れ換え，$\sigma_4^{-1}\sigma_3^{-1}\sigma_2^{-1}\sigma_1^{-1}\sigma_3^{-1}\sigma_2^{-1}$ が得られる．これは図 6.11 から得られた組みひも $\sigma_4^{-1}\sigma_3^{-1}\sigma_2^{-1}\sigma_1^{-1}\sigma_4^{-1}\sigma_3^{-1}$ と同じタイプである．付録 I にコードの置換と組みひもを求めるプログラム例を載せた．

付録F

線路算法

線路算法はニールセン・サーストンの分類定理のアルゴリズム的証明である．この方法を利用して組みひも型が擬アノソフ型と判断された場合には，正の位相的エントロピーが得られる．線路算法の解説は参考文献 [17] にもある．また線路算法を実行する便利なソフトウェアがホールによって開発されている [45]．

本節では，擬アノソフ型に分類される組みひも型としてホールの例を用いて線路算法を説明する．手順はわかりやすいが手数が多いのでやや面倒である．可約型と周期型に分類される組みひも型については省略する．

組みひも（図 F.1）

$$\sigma_6\sigma_5\sigma_4\sigma_3\sigma_2\sigma_1\sigma_6\sigma_5\sigma_4\sigma_6 \tag{F.1}$$

に対して線路算法を適用する．

ホールが利用した例は $\sigma_4\sigma_5\sigma_4\sigma_3\sigma_6\sigma_5\sigma_4\sigma_3\sigma_2\sigma_1$ である．この表現と式 (F.1) が同値であることは基本関係式 6.3.3 を利用すると導ける．

問題 F.1 $\sigma_4\sigma_5\sigma_4\sigma_3\sigma_6\sigma_5\sigma_4\sigma_3\sigma_2\sigma_1$ と式 (F.1) が同値であることを示せ．

ヒント σ_k を簡単に k と書く．例として $3(654321) = (654321)4$ であることを示せ．これを利用すると $4543(654321) = (654321)5654$ が得られる．最後の式に基本関係式 6.3.3 を適用すると式 (F.1) が得られる．

この組みひも型の σ_k ($1 \leq k \leq 6$) を σ_k^{-1} と置き換えて得られる組みひも型は，周期軌道 $E(1/4)E(1/3)$ の組みひも型である．組みひもを上から見下ろすと，周期軌道 $E(1/4)E(1/3)$ は時計回りに回るが，ホールの例は反時計回りに回る．両者は互いに鏡像対称であり，組みひもの複雑さは同じである．

円盤から円盤への同相写像 $g : D^2 \to D^2$ を考える．円盤の周期軌道点の位

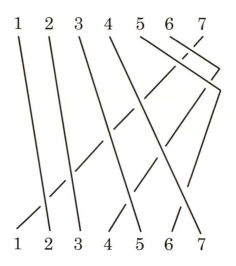

図 F.1 使用する組みひも $\sigma_6\sigma_5\sigma_4\sigma_3\sigma_2\sigma_1\sigma_6\sigma_5\sigma_4\sigma_6$.

置に穴をあける．今の場合，7個の穴に1から7までの番号を与える．これらの穴を円で表現し，円周上に反時計回りを正とする向きを与える．

　座標の順に並んだ7個の円を左から $1, 2, \ldots, 7$ と名付ける．これらの円をつなぐように線路を敷く．線路は，数字1の円の右端から出発し，数字2から6までの円の上端または下端を通過して数字7の円の左端に到着する．円の上端を通過するのか下端を通過するのか決める必要がある．上端，下端の通過の仕方で複数の線路が可能であるが，あとでわかるように，最後は一意に決まる．効率の悪いつなぎ方をすると手順が長くなるだけである．ここでは線路を図 F.2(a) のように敷いた．

　円1から円2に向かう右向きのベクトルを a と名付ける．残りのベクトルを $b, \ldots, f$ とする（図 F.2(a) を見よ）．これらに組みひもを作用させると，図 F.2(b) の像が得られる．$a, b, \ldots, f$ の像を $a', b', \ldots, f'$ と書いた．

　図 F.2(b) のグラフより，下記の被覆関係が得られる．これらの被覆関係を記述する写像が g である．

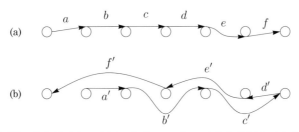

図 F.2 (a) 初期の向き付けられた辺の集合．(b) 組みひもを作用させたあとの辺の集合．a' は辺 a の像を表している．

$$g(a) = b, \qquad g(b) = c4d, \qquad g(c) = ef,$$
$$g(d) = \bar{f}, \qquad g(e) = \bar{e}\bar{d}, \qquad g(f) = \bar{c}\bar{b}\bar{a}. \qquad (\text{F.2})$$

式 (F.2) の記号の意味を説明しておこう．文字の上の横棒は逆向きのベクトルを表す．次に $g(b) = c4d$．辺 b の像 $g(b)$ は辺 c と辺 d を被覆することは簡単にわかる．初期の線路は円 4 の上側を通過しているが，$g(b)$ は円 4 の下を通過している．ここで次のように考える．最初は辺 c を進み円 4 の上側に到着する．次に円 4 を反時計回りに進み再度円 4 の上側に到着する．これを記述する部分が 4 である．最後に辺 d へと進む．この結果を，$c4d$ と表す．図 F.2(b) では $c4d$ を下方向に剥がして描いてあるが，これは見やすさのためである．

次に $g(c)$ は円 6 の下側を通過している．用意された線路は円 6 の下側を通過するように敷かれている．だから 6 は不必要であり，$g(c) = ef$ である．初期の線路が円を通過する仕方の違いが $g(b)$ と $g(c)$ の違いとして現われた．$g(d)$，$g(e)$，および $g(f)$ の表式に円の番号がないのも通過の仕方を初期と合わせているからである．

ここで写像 g から誘導されるグラフを導入する．グラフは図 F.3 に表現した．図 F.3 の作り方を説明する．辺 a の像 $g(a)$ は辺 b である．これは一意的である．よって $a \to b$ と書く．しかし，辺 b の像 $g(b)$ の辺は二つ，c と d である．このような場合，一番左の辺 c を取り出す．つまり，$b \to c$ が得られる．この規則をもとにして式 (F.2) より図 F.3 が得られる．グラフはベクトル

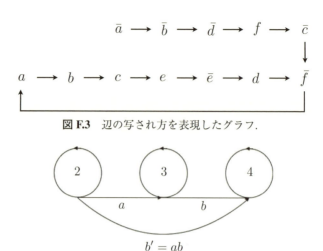

図 F.3 辺の写され方を表現したグラフ.

図 F.4 つなぎ替え操作

と逆ベクトルがすべて現われるように作る．このグラフにおける辺の写され方を記述する写像を G とする．グラフ G をもとに，後戻りとその解消法について説明する．

線路算法とは，後戻りの解消法であると言ってもよい．ここで後戻りを定義する．辺 a の先端と辺 b の根元がつながっているならば，ab と書く．ab を語とよぶ．

後戻りの定義 $g^{k-1}(E)$ が語 ab を含むとする．$G^k(\bar{a}) = G^k(b)$ を満たすならば，$g^k(E)$ には後戻りがある．

例を紹介しよう．語 $E = cd$ の像を見よう．$G(\bar{c}) = G(d) = \bar{f}$ であるから，$g(E)$ には後戻りがある．位相的エントロピーの下界を求めることが目的である．よってこのような後戻りを解消する必要がある．解消方法である折りたたみ操作を説明する．

折りたたみ操作 (Folding)

(I) **つなぎ替え操作**．図 F.4 のように新しい線路 b' を作る．円 3 の下側に作

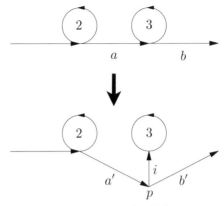

図 F.5 つまみ出し操作

るので新しい線路は $b' = ab$ である．

(II) **つまみ出し操作**. 図 F.5 のように新しい辺 i と新しい頂点 p を用意し，つなぎ替えを行う．頂点 p には三つの辺が集まっているので p を 3 価の頂点という．

折りたたみ操作によって後戻りがなくなったグラフを効率グラフとよぶ．その結果，効率写像 g が決まる．我々の目標は，効率グラフを導くことである．それでは後戻りを解消する処理を始めよう．辺 c から出発し辺 f に行き，辺 c に戻ることができる．このことは辺 c と辺 f に周期 2 の軌道点があることを示す．辺 c にある周期 2 の軌道点を $p = g^2(p)$ とし，辺 f にある周期 2 の軌道点を $g(p)$ とする．これらの点を利用してつまみ出し操作を実行する．得られた新しい線路は図 F.6 に描かれている．ただしダッシュはとってある．新しい辺の像を調べる．関係が得られたらダッシュをとる．その結果，下記の関係が得られる．

$$g(a) = b, \quad g(b) = ci4\bar{i}d, \quad g(c) = e, \quad g(d) = j,$$
$$g(e) = \bar{j}e\bar{d}, \quad g(f) = \bar{c}\bar{b}\bar{a}, \quad g(i) = f, \quad g(j) = i. \quad (F.3)$$

新しいグラフ（図 F.7）で後戻りが存在するかどうか調べてみよう．図 F.7 より，de が後戻りを含むことがわかるであろう．ここで $e' = de$ として折り

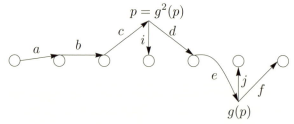

図 F.6 つまみ出し操作をしたあとの辺の構成.

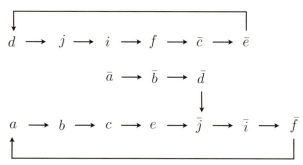

図 F.7 図 F.6 の辺の写され方を表現したグラフ.

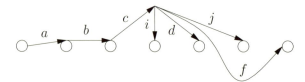

図 F.8 不変辺を 1 点につぶしたあとの辺の構成.

たたみ操作を実行すると,

$$e' \to \bar{e}'$$

が得られる．このような辺を 1 点に潰すことができる．結果として

$$g(a) = b, \qquad g(b) = ci\bar{4}\bar{i}d, \qquad g(c) = \bar{d}, \qquad g(d) = j,$$
$$g(f) = \bar{c}\bar{b}\bar{a}, \qquad g(i) = f, \qquad g(j) = i. \qquad (F.4)$$

が得られる．不変辺を 1 点につぶしたあとの辺の構成は図 F.8 に描かれている．

新しいグラフ（図 F.9）で後戻りが存在するかどうか調べてみよう．すると

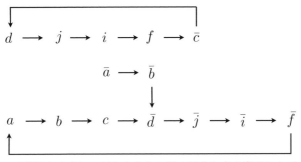

図 F.9 不変辺を 1 点につぶしたあとの辺の写され方を表現したグラフ.

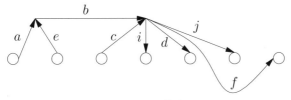

図 F.10 辺の構成.

bc が後戻りを含むことがわかる. まず $b' = bc$ として折りたたみ操作を実行する. さらに g^2 について ab も後戻りを含む. そのため $a' = ae$ と $b' = eb''$ を満たすように, 新しい辺 a, b'', e を用意する. 得られた関係でダッシュをとると下記の関係が得られる. 新しい辺の構成は図 F.10 に描かれている.

$$g(a) = eb, \quad g(b) = i4\bar{i}, \quad g(c) = \bar{d}, \quad g(d) = j,$$
$$g(e) = c, \quad g(f) = \bar{b}\bar{a}, \quad g(i) = f, \quad g(j) = i. \qquad (F.5)$$

ここで図 F.11 で b から出発する. 経路は $i, f, \bar{b}$ で再度 i に達する. 一方, $\bar{e}$ から出発すると, 経路は $\bar{c}, d, j$ で i に達する. $G^4(\bar{e}) = G^4(b) = i$ より, 後戻りがあることがわかる. 語 eb または語 $\bar{b}\bar{e}$ はあるのだろうか. $g^5(a) = 4\bar{i}\bar{b}\bar{e}2eb$ が得られ, 語 $\bar{b}\bar{e}$ が存在することがわかる. この後戻りを解消するために, 四つのつなぎ替え操作を順次実行する. つまり $b' = b\bar{j}6$, $f' = 5\bar{d}f$, $i' = 3ci$, $b'' = 2eb'$ をまとめて行い, 最後にダッシュを削除すると

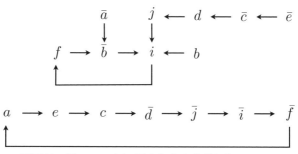

図 F.11 図 F.10 の辺の写され方を表現したグラフ.

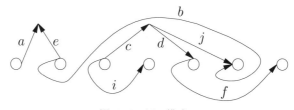

図 F.12 辺の構成.

$$g(a) = \bar{2}b6\bar{j}, \qquad g(b) = i, \qquad g(c) = \bar{d}, \qquad g(d) = j,$$
$$g(e) = c, \qquad g(f) = \bar{b}2e\bar{a}, \qquad g(i) = f, \qquad g(j) = \bar{c}\bar{3}i. \qquad \text{(F.6)}$$

が得られる．

新しい辺の構成は図 F.12 に描かれている．辺 a と辺 $\bar{e}$ の連結点は 2 価の頂点である．このような頂点はまっすぐ引き伸ばすことができる．つまり $a' = a\bar{e}$ とすると，連結した辺 a と $\bar{e}$ がまっすぐになる．最後にダッシュを削除する．

$$g(a) = \bar{2}b6\bar{j}\bar{c}, \qquad g(b) = i, \qquad g(c) = \bar{d}, \qquad g(d) = j,$$
$$g(f) = \bar{b}2\bar{a}, \qquad g(i) = f, \qquad g(j) = \bar{c}\bar{3}i. \qquad \text{(F.7)}$$

先に進む前に辺の消去についてまとめておく．

辺の消去

(i) 不変辺の消去．これは不変森 (Invariant forest) の消去とよばれている．この操作によって系の位相的エントロピーは変化しない．

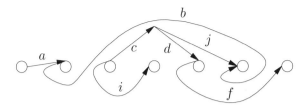

図 F.13　2 価の頂点を消去したあとの辺の構成.

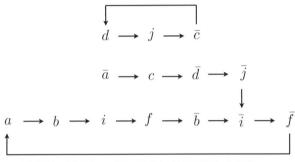

図 F.14　図 F.13 の辺の写され方を表現したグラフ.

(ii) 2 価の頂点の消去. 2 価の頂点は一つの辺を折り曲げると生じる. この作業を途中で行ってもよいが, 不要になった 2 価の頂点は消去する. 2 価の頂点を作り続けると遷移行列は有限でなくなってしまう. 2 価の頂点の消去によって系の位相的エントロピーは変化しない.

2 価の頂点を消去したあとの新しい辺の構成は図 F.13 に描かれている. 図 F.14 において後戻りは二つある. 最初の $G^2(\bar{d}) = G^2(f)$ を調べる. 図 F.13 の定義で辺 f は円 5 を含むので, この後戻りは解消できない. 次に $G^4(\bar{a}) = G^4(b)$ を調べる. 辺 b も定義で円 2 と円 6 を含むので, この後戻りも解消できない. 以上で解消可能なすべての後戻りはなくなったので図 F.14 は効率グラフである. また, 式 (F.7) で記述される写像 g が効率写像である. 最後に辺 a, b, c, d, f, i, j の間の遷移を記述する遷移行列を書こう. 例として遷移行列の

第1行は，a の像は b, c, j を被覆していることを表現している．

$$\begin{pmatrix} & a & b & c & d & f & i & j \\ \hline a & 0 & 1 & 1 & 0 & 0 & 0 & 1 \\ b & 0 & 0 & 0 & 0 & 0 & 1 & 0 \\ c & 0 & 0 & 0 & 1 & 0 & 0 & 0 \\ d & 0 & 0 & 0 & 0 & 0 & 0 & 1 \\ f & 1 & 1 & 0 & 0 & 0 & 0 & 0 \\ i & 0 & 0 & 0 & 0 & 1 & 0 & 0 \\ j & 0 & 0 & 1 & 0 & 0 & 1 & 0 \end{pmatrix}. \tag{F.8}$$

固有方程式は次のように得られる．

$$\lambda^7 - 2\lambda^4 - 2\lambda^3 + 1 = (\lambda^4 - 2)(\lambda^3 - 2) - 3 = 0. \tag{F.9}$$

固有値の最大値は $\lambda_{\max} = 1.4655$ である．よってこの系の位相的エントロピーの下界は $\ln 1.4655$ である．一方，式 (F.2) より構成される遷移行列の固有値の最大値は 1.90734 である．式 (F.2) には非常に多くの後戻りがあることがわかる．

付録 G
周期軌道の出現する臨界値

$\mathcal{SB}[2/5]$, $\mathcal{SB}[2/7]$, $\mathcal{SB}[2/9]$, そして $\mathcal{SB}[2/11]$ に含まれる周期軌道の臨界値を表 G.1 から表 G.4 に与えた. また表には周期軌道から得られる位相的エントロピーの下界値 ($\ln \lambda_{\max}$) も示した. ここで, $\lambda_{\max}$ は線路算法で得られた固有方程式 $(\lambda^{q_l} - 2)(\lambda^{q_r} - 2) = 3$ の解の最大値である. p/q のファレイ分割は, $\mathrm{FP}[p/q] = \{p_l/q_l, p_r/q_r\}$ である.

表 G.1 $\mathcal{SB}[2/5]$.

p/q	周期軌道：ブロック表現	臨界値	$\ln \lambda_{\max}$
2/5	$E(1/3)E(1/2), E(1/3)S(1/2)$	4.6874	ln 1.7720
3/8	$E(1/3)E(2/5), E(1/3)D(2/5)$	4.4087	ln 1.4134
3/7	$E(2/5)E(1/2), E(2/5)S(1/2)$	4.6350	ln 1.5560
4/11	$E(1/3)E(3/8), E(1/3)D(3/8)$	4.3034	ln 1.3339
5/13	$E(3/8)E(2/5), E(3/8)D(2/5)$	3.7944	ln 1.2353
5/12	$E(2/5)E(3/7), E(2/5)D(3/7)$	4.1734	ln 1.2514
4/9	$E(3/7)E(1/2), E(3/7)S(1/2)$	4.6218	ln 1.4874
5/14	$E(1/3)E(4/11), E(1/3)D(4/11)$	4.0469	ln 1.2987
7/19	$E(4/11)E(3/8), E(4/11)D(3/8)$	3.9775	ln 1.1518
8/21	$E(3/8)E(5/13), E(3/8)D(5/13)$	3.8010	ln 1.1401
7/18	$E(5/13)E(2/5), E(5/13)D(2/5)$	3.9594	ln 1.1905
7/17	$E(2/5)E(5/12), E(2/5)D(5/12)$	4.1109	ln 1.1966
8/19	$E(5/12)E(3/7), E(5/12)D(3/7)$	4.0841	ln 1.1578
7/16	$E(3/7)E(4/9), E(3/7)D(4/9)$	4.2453	ln 1.1812
5/11	$E(4/9)E(1/2), E(4/9)S(1/2)$	4.6145	ln 1.4531

表 G.2 $\mathcal{SB}[2/7]$.

p/q	周期軌道：ブロック表現	臨界値	$\ln \lambda_{\max}$
2/7	$E(1/4)E(1/3)$, $E(1/3)D(1/3)$	3.2170	$\ln 1.4655$
3/11	$E(1/4)E(2/7)$, $E(1/4)D(2/7)$	2.8128	$\ln 1.2894$
3/10	$E(2/7)E(1/3)$, $E(2/7)D(1/3)$	3.1057	$\ln 1.3529$
4/15	$E(1/4)E(3/11)$, $E(1/4)D(3/11)$	2.7399	$\ln 1.2384$
5/18	$E(3/11)E(2/7)$, $E(3/11)D(2/7)$	2.6615	$\ln 1.1643$
5/17	$E(2/7)E(3/10)$, $E(2/7)D(3/10)$	2.7954	$\ln 1.1720$
4/13	$E(3/10)E(1/3)$, $E(3/10)D(1/3)$	3.0861	$\ln 1.3078$

表 G.3 $\mathcal{SB}[2/9]$.

p/q	周期軌道：ブロック表現	臨界値	$\ln \lambda_{\max}$
2/9	$E(1/5)E(1/4)$, $E(1/5)D(1/4)$	2.3360	$\ln 1.3437$
3/14	$E(1/5)E(2/9)$, $E(1/5)D(2/9)$	2.0551	$\ln 1.2225$
3/13	$E(2/9)E(1/4)$, $E(2/9)D(1/4)$	2.2816	$\ln 1.2583$
4/19	$E(1/5)E(3/14)$, $E(1/5)D(3/14)$	2.0056	$\ln 1.1853$
5/23	$E(3/14)E(2/9)$, $E(3/14)D(2/9)$	1.9558	$\ln 1.1262$
5/22	$E(2/9)E(3/13)$, $E(2/9)D(3/13)$	2.1203	$\ln 1.1307$
4/17	$E(3/13)E(1/4)$, $E(3/13)D(1/4)$	2.2083	$\ln 1.2248$

表 G.4 $\mathcal{SB}[2/11]$.

p/q	周期軌道：ブロック表現	臨界値	$\ln \lambda_{\max}$
2/11	$E(1/6)E(1/5)$, $E(1/6)D(1/5)$	1.8447	$\ln 1.2724$
3/17	$E(1/6)E(2/11)$, $E(1/6)D(2/11)$	1.6354	$\ln 1.1808$
3/16	$E(2/11)E(1/5)$, $E(2/11)D(1/5)$	1.8069	$\ln 1.2037$
4/23	$E(1/6)E(3/17)$, $E(1/6)D(3/17)$	1.6021	$\ln 1.1516$
5/28	$E(3/17)E(2/11)$, $E(3/17)D(2/11)$	1.5505	$\ln 1.1024$
5/27	$E(2/11)E(3/16)$, $E(2/11)D(3/16)$	1.6679	$\ln 1.1053$
4/21	$E(3/16)E(1/5)$, $E(3/16)D(1/5)$	1.7399	$\ln 1.1770$

付録 H
周期軌道のブロック表示

参考文献 [44] では，周期が 1 から 9 までの周期軌道が分類されている．コードは 0 と 1 の記号で表示されている．ここでは周期が 2 から 9 までの周期軌道の 0 と 1 の記号で表示されたコードをブロックで記述した．次に，接続写像 T で生じる周期軌道として分類し直した．結果は，表 H.1 から表 H.5 に示した．

各表の分岐の欄の"周倍"は周期倍分岐を経て生じることを表す．"回転"は回転分岐を，"SN"はサドルノード分岐を，"同周"は同周期分岐を経て生じることを表す．反同周期分岐を経て生じる場合は，"反同"とした．また型の欄は組みひも型の分類で，FO は周期型，RE は可約型，pA は擬アノソフ型を表す．擬アノソフ型の場合，固有値の最大値 $\lambda_{\max}$ を与えた．これは，線路算法で計算した結果である．位相的エントロピーの下界は $\ln \lambda_{\max}$ で得られる．

対称周期軌道の場合，$\dot{E}(p/q)$ のようにブロックの上部に点・を付けた．これは領域 $E(p/q)$ に存在する対称線 $S_1(p/q)$ または $S_2(p/q)$ に軌道点があることを意味する．

"同周"と記された欄のすぐ上の行の周期軌道が，同周期分岐を起こした母周期軌道である．例として周期 6 の場合，$E(1/3)S(1/3)$ と $E(1/3)F(1/3)$ を生じた母周期軌道は $\dot{E}(1/3)\dot{D}(1/3)$ である．周期 7 の場合，$E(1/4)S(1/3)$ と $E(1/4)F(1/3)$ を生じた母周期軌道は $\dot{E}(1/4)\dot{D}(1/3)$ である．反同周期分岐についても同様である．

表 H.1 周期軌道の分類 I. 周期 2 から 6 まで.

周期	コード	回転数	高さ	分岐	型	$\lambda_{\max}$
2	$\dot{E}(1/2)$	1/2	1/2	周倍	FO	-
3	$\dot{E}(1/3), \acute{S}(1/3)$	1/3	1/3	回転	FO	-
4	$\dot{E}(1/4), \acute{S}(1/4)$	1/4	1/4	回転	FO	-
	$\dot{E}(1/2)\acute{S}(1/2)$	1/2 : 1/2	1/2	周倍	RE	-
5	$\dot{E}(1/5), \acute{S}(1/5)$	1/5	1/5	回転	FO	-
	$\dot{E}(2/5), \acute{S}(2/5)$	2/5	2/5	回転	FO	-
	$\dot{E}(1/3)\dot{E}(1/2)$ $\dot{E}(1/3)\acute{S}(1/2)$	2/5	1/3	SN	pA	1.72208
6	$\dot{E}(1/6), \acute{S}(1/6)$	1/6	1/6	回転	FO	-
	$\dot{E}(1/3)\dot{D}(1/3)$	1/3 : 1/2	1/3	周倍	RE	-
	$E(1/3)S(1/3)$ $E(1/3)F(1/3)$	2/6	1/3	同周	RE	-
	$\dot{E}(1/2)\acute{S}(1/2)\dot{E}(1/2)$ $\dot{E}(1/2)\acute{S}(1/2)S(1/2)$	1/2 : 1/3	1/2	回転	RE	-
	$\dot{E}(1/4)\dot{E}(1/2)$ $\dot{E}(1/4)\acute{S}(1/2)$	2/6	1/4	SN	pA	1.88320

表 H.2 周期軌道の分類 II. 周期 7.

コード	回転数	高さ	分岐	型	$\lambda_{\max}$
$\dot{E}(1/7), \acute{S}(1/7)$	1/7	1/7	回転	FO	-
$\dot{E}(2/7), \acute{S}(2/7)$	2/7	2/7	回転	FO	-
$\dot{E}(3/7), \acute{S}(3/7)$	3/7	3/7	回転	FO	-
$\dot{E}(1/5)\dot{E}(1/2)$ $\dot{E}(1/5)\acute{S}(1/2)$	2/7	1/5	SN	pA	1.94686
$\dot{E}(1/3)\acute{S}(1/2)S(1/2)$ $\dot{E}(1/3)\dot{E}(1/2)E(1/2)$	3/7	1/3	SN	pA	1.61094
$E(1/3)S(1/2)E(1/2)$ $E(1/3)E(1/2)S(1/2)$	3/7	1/3	反同	pA	1.61094
$\dot{E}(2/5)\dot{E}(1/2)$ $\dot{E}(2/5)\acute{S}(1/2)$	3/7	2/5	SN	pA	1.55603
$\dot{E}(1/4)\dot{E}(1/3)$ $\dot{E}(1/4)\dot{D}(1/3)$	2/7	1/4	SN	pA	1.46557
$E(1/4)S(1/3)$ $E(1/4)F(1/3)$	2/7	1/4	同周	pA	1.46557

表 H.3 周期軌道の分類 III. 周期 8.

コード	回転数	高さ	分岐	型	$\lambda_{\max}$
$\dot{E}(1/8), \acute{S}(1/8)$	1/8	1/8	回転	FO	-
$\dot{E}(3/8), \acute{S}(3/8)$	3/8	3/8	回転	FO	-
$E(1/2)\acute{S}(1/2)E(1/2)\dot{E}(1/2)$	1/2 : 1/2 : 1/2	1/2	周倍	RE	-
$\dot{E}(1/4)\dot{D}(1/4)$	1/4 : 1/2	1/4	周倍	RE	-
$E(1/4)S(1/4)$ $E(1/4)F(1/4)$	2/8	1/4	同周	RE	-
$E(1/2)\acute{S}(1/2)S(1/2)\dot{E}(1/2)$ $E(1/2)\acute{S}(1/2)S(1/2)\acute{S}(1/2)$	1/2 : 1/4	1/2	回転	RE	-
$\dot{E}(1/6)\dot{E}(1/2)$ $\dot{E}(1/6)\acute{S}(1/2)$	2/8	1/6	SN	pA	1.97482
$\dot{E}(1/4)\acute{S}(1/2)S(1/2)$ $\dot{E}(1/4)\dot{E}(1/2)E(1/2)$	3/8	1/4	SN	pA	1.76591
$E(1/4)E(1/2)S(1/2)$ $E(1/4)S(1/2)E(1/2)$	3/8	1/4	反同	pA	1.76591
$E(1/3)\dot{E}(1/2)\dot{E}(1/3)$ $E(1/3)\acute{S}(1/2)\dot{E}(1/3)$	3/8	1/3	SN	pA	1.64558
$E(1/3)E(1/2)F(1/3)$ $E(1/3)S(1/2)F(1/3)$	3/8	1/3	SN	pA	1.64558
$E(1/3)S(1/3)E(1/2)$ $E(1/3)S(1/3)S(1/2)$	3/8	1/3	SN	pA	1.64558
$\dot{E}(1/5)\dot{E}(1/3)$ $\dot{E}(1/5)\dot{D}(1/3)$	2/8	1/5	SN	pA	1.58235
$E(1/5)S(1/3)$ $E(1/5)F(1/3)$	2/8	1/5	同周	pA	1.58235
$E(1/3)E(2/5)$ $E(1/3)D(2/5)$	3/8	1/3	SN	pA	1.41345
$E(1/3)S(2/5)$ $E(1/3)F(2/5)$	3/8	1/3	同周	pA	1.41345

表 H.4 周期軌道の分類 IV. 周期 9.

コード	回転数	高さ	分岐	型	λ_{max}
$\dot{E}(1/9), \dot{S}(1/9)$	1/9	1/9	回転	FO	-
$\dot{E}(2/9), \dot{S}(2/9)$	2/9	2/9	回転	FO	-
$\dot{E}(4/9), \dot{S}(4/9)$	4/9	4/9	回転	FO	-
$\dot{E}(1/3)\dot{S}(1/3)F(1/3)$ $E(1/3)\dot{D}(1/3)\dot{E}(1/3)$	1/3:1/3	1/3	回転	RE	-
$E(1/3)E(1/3)F(1/3)$ $E(1/3)S(1/3)E(1/3)$	3/9	1/3	反同	RE	-
$E(1/3)S(1/3)S(1/3)$ $E(1/3)S(1/3)D(1/3)$	3/9	1/3	SN	RE	-
$E(1/3)F(1/3)F(1/3)$ $E(1/3)D(1/3)F(1/3)$	3/9	1/3	SN	RE	-
$\dot{E}(1/7)\dot{E}(1/2)$ $\dot{E}(1/7)\dot{S}(1/2)$	2/9	1/7	SN	pA	1.98779
$\dot{E}(2/7)\dot{E}(1/2)$ $\dot{E}(2/7)\dot{S}(1/2)$	3/9	2/7	SN	pA	1.83108
$\dot{E}(1/5)\dot{S}(1/2)S(1/2)$ $\dot{E}(1/5)\dot{E}(1/2)E(1/2)$	3/9	1/5	SN	pA	1.83108
$E(1/5)E(1/2)S(1/2)$ $E(1/5)S(1/2)E(1/2)$	3/9	1/5	反同	pA	1.83108
$E(1/4)S(1/3)E(1/2)$ $E(1/4)S(1/3)S(1/2)$	3/9	1/4	SN	pA	1.71074
$E(1/4)E(1/3)E(1/2)$ $E(1/4)E(1/3)S(1/2)$	3/9	1/4	SN	pA	1.71074
$E(1/4)E(1/2)F(1/3)$ $E(1/4)S(1/2)F(1/3)$	3/9	1/4	SN	pA	1.71074
$E(1/4)E(1/2)E(1/3)$ $E(1/4)S(1/2)E(1/3)$	3/9	1/4	SN	pA	1.71074

表 H.5　周期軌道の分類 V. 周期 9（続き）.

コード	回転数	高さ	分岐	型	$\lambda_{\max}$
$\dot{E}(1/3)E(1/2)\dot{E}(1/2)E(1/2)$ $\dot{E}(1/3)S(1/2)\dot{E}(1/2)S(1/2)$	4/9	1/3	SN	pA	1.65962
$E(1/3)E(1/2)E(1/2)S(1/2)$ $E(1/3)S(1/2)E(1/2)E(1/2)$	4/9	1/3	同周	pA	1.65962
$\dot{E}(1/4)\dot{E}(2/5)$ $\dot{E}(1/4)\dot{D}(2/5)$	3/9	1/4	SN	pA	1.63357
$E(1/4)S(2/5)$ $E(1/4)F(2/5)$	3/9	1/4	EP	pA	1.63357
$\dot{E}(1/6)\dot{E}(1/3)$ $\dot{E}(1/6)\dot{D}(1/3)$	2/9	1/6	SN	pA	1.63357
$E(1/6)S(1/3)$ $E(1/6)F(1/3)$	2/9	1/6	同周	pA	1.63357
$\dot{E}(1/3)S(1/2)\dot{S}(1/2)S(1/2)$ $\dot{E}(1/3)E(1/2)\dot{S}(1/2)E(1/2)$	4/9	1/3	SN	pA	1.56294
$E(1/3)E(1/2)S(1/2)S(1/2)$ $E(1/3)S(1/2)S(1/2)E(1/2)$	4/9	1/3	反同	pA	1.56294
$\dot{E}(3/7)\dot{E}(1/2)$ $\dot{E}(3/7)\dot{S}(1/2)$	3/9	3/7	SN	pA	1.48748
$\dot{E}(2/5)\dot{S}(1/2)S(1/2)$ $\dot{E}(2/5)\dot{E}(1/2)E(1/2)$	4/9	2/5	SN	pA	1.45799
$E(2/5)E(1/2)S(1/2)$ $E(2/5)S(1/2)E(1/2)$	4/9	2/5	反同	pA	1.45799
$\dot{E}(1/5)\dot{E}(1/4)$ $\dot{E}(1/5)\dot{D}(1/4)$	2/9	1/5	SN	pA	1.34372
$E(1/5)S(1/4)$ $E(1/5)F(1/4)$	2/9	1/5	同周	pA	1.34372

付録 I
プログラム

Mathematica [96, 57] によるプログラムを紹介する．それぞれのプログラムを実行する前に，メモリを空にする下記の命令を実行しておくことを勧める．
`ClearAll["Global`*"]`

[1] テント写像のコードを二進法写像のコードへ変換し，周期軌道の記号平面における $\hat{x}$ 座標値と $\hat{y}$ 座標値を出力するプログラム．詳細は変換規則 2.4.3 を見よ．例では変数 s にコード 001 を入力する．

```
(*コード s を入力*)
s={0,0,1};
(*関数定義*)
F[s_]:=Module[{m,parity,xx,xxnew},m=Length[s];
parity=Mod[Sum[s[[j]],{j,1,m}],2];
If[parity==1,{m=2 m,xx=xxnew=Flatten[Append[s,s]]},{xx=xxnew=s}];
Do[If[xx[[j]]==1,
{Do[If[xxnew[[j+i]]==1,{xxnew=ReplacePart[xxnew,j+i->0]},
{xxnew=ReplacePart[xxnew,j+i->1]}],{i,1,m-j}]}],{j,1,m-1}];
Sum[xxnew[[k]]/2^k,{k,1,m}]/(1-1/2^m)];
(*軌道点*)
tx[1]=F[s];ty[1]=F[Reverse[s]];m=Length[s];
Do[If[tx[k]<1/2,{tx[k+1]=2 tx[k],ty[k+1]=ty[k]/2},
{tx[k+1]=2-2 tx[k],ty[k+1]=1-ty[k]/2}],{k,1,m}];
orbit=Table[{tx[k],ty[k]},{k,1,m}];
Print[orbit];
```

[2] 問題 2.5.3 の解答例．例のコードの回転数は 4/11．

```
(*コード s を入力*)
s={1,1,1,1,0,1,1,0,1,1,0};
q=Length[s];
While[s[[1]]==1,s=RotateLeft[s,1]];
s=Append[s,0];
p=0;k=1;
```

```
While[k<q+1,wa=0;
While[s[[k]]==0,k++];
While[s[[k]]==1,wa++;k++];
p+=Ceiling[wa/2]];
Print["回転数=",p/q];
```

[3] 問題 5.4.7 の解答例.

(1) (x, y) に初期値を入力する．初期位置例は $(7/16, 3/8)$．出力位置は $(57/64, 1/2)$.

```
x=7/16;y=3/8;
While[y!=1/2,{y=2y;x=x/2;If[y>1,{y=2-y,x=1-x}]}];
ynew=1/2;
Print["(",x,",",ynew,")"];
```

(2) 初期値は $z(0) = (p/q, 1/2)$．$p/q = 9/32$ を入力すると，対称で軌道点 $z(2)$ が対称線 S_h 上にあると出力される．$p/q = 11/32$ を入力すると，非対称でパートナーは 23/32 と出力される.

```
p=11;q=32;
x=1/2;y=p/q;kc=0;
While[y!=1/2,{kc=kc+1;y=2y;x=x/2;If[y>1,{y=2-y,x=1-x}]}];
If[p/q==x,{Print[p/q," : 対称"],
If[Mod[kc,2]==0,Print["z(",kc/2,") は Sh 上にある"],
Print["z(",(kc-1)/2,") は Sg 上にある"]]},
Print[p/q," : 非対称．パートナー = ",x]];
```

(3a) 初期位置は $z(0) = (xold, 1/2)$．例は $xold = 11/16$．四つの核が出力される.

```
xold=11/16;y=1/2;
(*開始*)
x=xold;y=1/2;If[x<=1/2,{s[0]=0},{s[0]=1}];
s[-1]=0;s[-2]=1;
x=xold;y=1/2;k=0;
While[x!=1,{k=k+1;x=2x;y=y/2;
If[x>1,{x=2-x},{y=1-x}];
If[x<=1/2,{s[k]=0},{s[k]=1}]}];
tt1=Table[s[j],{j,-2,k}];Print["核 1=",tt1];
tt2=ReplacePart[tt1,2->1];Print["核 2=",tt2];
tt3=ReplacePart[tt1,-2->1];Print["核 3=",tt3];
tt4=ReplacePart[tt3,2->1];Print["核 4=",tt4];
```

(3b) 核 $1F(1/3)E(1/4) = 10110001$ を入力すると，位置 $(17/32, 1/2)$ が出力される．

```
st={1,0,1,1,0,0,0,1};
(*最初の二つの記号を削除*)
s=Delete[st,{{1},{2}}];
(*変換開始*)
m=Length[s];parity=Mod[Sum[s[[j]],{j,1,m}],2];
xx=xxnew=s;
Do[If[xx[[j]]==1,{Do[If[xxnew[[j+i]]==1,
{xxnew=ReplacePart[xxnew,j+i->0]},
{xxnew=ReplacePart[xxnew,j+i->1]}],{i,1,m-j}]}],{j,1,m-1}];
(*二進数へ変換し出力*)
xp=Sum[xxnew[[k]]/2^k,{k,1,m}];
If[parity==0,ans=xp,ans=xp+1/2^m];
ynew=1/2;
Print["(",ans,",",ynew,")"];
```

[4] 8.5 節では関数方程式 $F_u(F_u(x) + x + f(x)) = F_u(x) + f(x)$ を冪級数で解く方法を紹介した．ここでは係数を求めるプログラムを与える．パラメータ a と最高次数 n を入力すれば係数が出力される．

```
a = 4; n = 8;
c[1] = N[(-a + Sqrt[a^2 + 4a])/2];Print["c[1]=", c[1]];
F[x_] := Sum[c[k] x^k, {k, 1, n}];
p = F[x + F[x] + a (x - x^2)] - F[x] - a(x - x^2);
pp = Expand[p]; plist = CoefficientList[pp, x];
Do[ans[k] = Part[plist, k + 1];
c[k] = Part[Part[Part[Solve[ans[k] == 0, c[k]], 1], 1], 2];
Print["c[", k, "]=", c[k]], {k, 2, n}];
```

上で得られた $F_u(x)$ をもとに図 1.2 の不安定多様体のグラフを描く．$a = 3.4$ とし，最高次数 n は 4 とした．この関数を 5 回写像して不安定多様を描く．安定多様体は式 (1.52) を利用してグラフを描く．

```
(* パラメータとグラフの出力範囲の入力 *)
a = 3.4; xmax=2.1; xmin=0; ymax=5.75; ymin=-1.75;
g[x_]:=a(x-x^2);
(* 不安定多様体の関数形決定 *)
n = 4; c[1] = N[(-a + Sqrt[a^2 + 4a])/2];
F[x_] := Sum[c[k] x^k, {k, 1, n}];
p = F[x + F[x] + a (x - x^2)] - F[x] - a(x - x^2);
pp = Expand[p]; plist = CoefficientList[pp, x];
Do[ans[k] = Part[plist, k + 1];
```

```
c[k] = Part[Part[Part[Solve[ans[k] == 0, c[k]], 1], 1], 2],
{k,2,n}];
(*グラフ*)
xx[0]=t;yy[0]=Sum[c[k] t^k,{k,1,n}];
Do[yy[k+1]=yy[k]+g[xx[k]]; xx[k+1]=xx[k]+yy[k+1], {k,0,4}];
pu=ParametricPlot[{xx[5],yy[5]},{t,0,0.05},PlotPoints->1000,
PlotRange->{{xmin,xmax},{ymin,ymax}},
PlotStyle->RGBColor[1,0,0]];
ps=ParametricPlot[{xx[5]-yy[5],-yy[5]},{t,0,0.05},
PlotPoints->1000,PlotRange->{{xmin,xmax},{ymin,ymax}},
PlotStyle->RGBColor[0,1,0]];
sp=Plot[-g[x]/2,{x,xmin,xmax}];
Show[pu,ps,sp,AspectRatio -> 1/GoldenRatio]
```

[5] 付録Cに関係するプログラム．規約分数 m/n のファレイ分割を $FP[m/n] = \{p/q, r/s\}$ と書く．p/q が左親，r/s が右親．

```
(*回転数入力:m/n*)
m=4;n=q=11;
(*1/1からの経路*)
p=m/n;s={};route={};
While[m!=n,
  {If[m<n,{s=Append[s,0],n=n-m},{s=Append[s,1],m=m-n}]}];
Do[If[s[[k]]==0,route=Append[route,"L"],
    route=Append[route,"R"]],{k,1,Length[s]}];
Print["回転数=",p];
Print["径路:",route];
(*m/nの左と右の親*)
t={{0,1},{1,0}};
L={{1,1},{0,1}};R={{1,0},{1,1}};
kk=Length[s];
Do[If[s[[k]]==0,{t=t.L},{t=t.R}],{k,1,kk}];
Print["左親=",t[[1]][[1]]/t[[2]][[1]]];
Print["右親=",t[[1]][[2]]/t[[2]][[2]]];
(*ブロックの決定*)
If[q==2,ans={1,1},
{If[q==3,ans=Prepend[ReplacePart[s,1->1],1],
    {s=Delete[s,{{1},{2}}];
km=Length[s];
ml={0};mr={1,1};mc={1,1,0};ans={};
Do[If[s[[j]]==0,{ans=Flatten[Append[mc,ml]],mr=mc,mc=ans},
    {ans=Flatten[Append[mr,mc]],ml=mc,mc=ans}],{j,1,km}]}]];
s=RotateLeft[ans,1]; Print["S=",s];
e=ReplacePart[s,1->0]; Print["E=",e];
If[q>2,{f=ReplacePart[e,q-1->1]; Print["F=",f];
d=ReplacePart[f,1->1]; Print["D=",d]}];
```

[6] 付録 E のアルゴリズムのプログラム．コード例は 00101．置換と組みひもが順次出力される．

```
(*コードを入力*)
st={0,0,1,0,1};
(*x 座標の決定*)
nn=Length[st];n=4 nn;m=2 nn;
Do[st=Flatten[Append[st,st]],{i,1,4}];
xx=Take[st,-m];xxold=xx;
Do[If[xx[[j]]==1,
{Do[If[xxold[[j+i]]==1,xxold=ReplacePart[xxold,j+i->0],
    xxold=ReplacePart[xxold,j+i->1]],{i,1,m-j}]},{j,1,m-1}];
Do[xp[j]=Sum[xxold[[k]]/2^k,{k,1,m}]/(1-1/2^m);
st=RotateLeft[st];xx=Take[st,-m];xxold=xx;
Do[If[xx[[j]]==1,
{Do[If[xxold[[j+i]]==1,xxold=ReplacePart[xxold,j+i->0],
    xxold=ReplacePart[xxold,j+i->1]],{i,1,m-j}]},
    {j,1,m-1}],{j,1,n}];
(*置換*)
xx=Table[xp[k],{k,1,nn}];
ans=Sort[xx];
p={Position[ans,xp[1]][[1]][[1]]};
Do[p=Append[p,Position[ans,xp[i]][[1]][[1]]],{i,2,nn}];
Do[pp=RotateRight[p,k];
If[pp[[1]]==1,Break[]],{k,1,nn}];
pp=Append[pp,1];dd={pp[[2]]};
Do[
Do[If[pp[[k]]==m,dd=Append[dd,pp[[k+1]]]],{k,2,nn}],
{m,2,nn}];
uu=Table[k,{k,1,nn}];
Print["置換:",MatrixForm[{uu,dd}]];
(*組みひも*)
flag=0;
Do[Do[If[dd[[k]]>dd[[k+1]],
{flag=flag+1,dd=Insert[dd,dd[[k+1]],k],
dd=Delete[dd,k+2],bt[flag]=nn-k}],{k,1,nn-1}],{kk,1,nn}];
BL=Table[bt[i],{i,flag,1,-1}];
Do[Do[If[BL[[k]]-BL[[k+1]]>1,{BL=Insert[BL,BL[[k+1]],k],
BL=Delete[BL,k+2]}],{k,1,Length[BL]-1}],{kk,1,Length[BL]}];
Print["組ひも:",BL];
```

[7] 周期軌道の軌道点を求め相平面に軌道点を描くプログラム．例として，1/5-SB·E ($z_0 \in S_h^-$, $z_2 \in S_g^+$) の軌道点を決定する．初期点を大まかに決めるためのグラフを描く（図 I.1(a)）．例は $a = 2$ で $q = 5$．

```
a = 2; j = 2; q = 2 j + 1;
tx[0] = t; ty[0] = 0;
Do[ty[k + 1] = ty[k] + a (tx[k] - tx[k]^2);
    tx[k + 1] = tx[k] + ty[k + 1], {k, 0, j - 1}];
f[t_] := ty[j] + a/2 (tx[j] - tx[j]^2);
f1 = Plot[f[t], {t, 0, 1}, PlotStyle -> Black]
```

$x \approx 0.3$ あたりに初期点がある．この情報を利用してニュートン法で正確な初期点を決定する．次に残りの軌道点を求め，相平面に軌道点を描く（図 I.1(b))．

```
xi = 0.3;
px[0] = Part[Part[FindRoot[f[t] == 0, {t, xi}], 1], 2];
py[0] = 0;
Do[py[k + 1] = py[k] + a (px[k] - px[k]^2);
  px[k + 1] = px[k] + py[k + 1], {k, 0, q - 1}];
f2 = Plot[-a/2 (x - x^2), {x, 0, 1.75}, PlotStyle -> Black];
points = Table[{px[k], py[k]}, {k, 0, q - 1}];
f3 = ListPlot[points, PlotStyle -> {Black, AbsolutePointSize[7]}];
Show[f2, f3, PlotRange -> All]
```

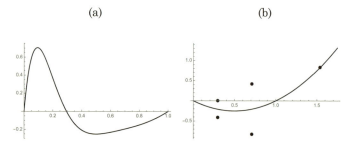

図 I.1　(a) 初期点の位置を大まかに調べるためのグラフ．(b) 1/5-SB·E の軌道点．

参考文献

[1] R. L. Adler, A. G. Konheim and M. H. McAndrew, "Topological entropy", *Transactions of the American Mathematical Society*, **114**, 1965, pp. 309–319.

[2] L. Alsedà, J. Llibre and M. Misiurewicz, *Combinatorial Dynamics and Entropy in Dimension One*, Second Edition, World Scientific, 2000.

[3] 青木統夫・白岩謙一,『力学系とエントロピー』, 共立出版, 1985.

[4] 青木統夫,『力学系・カオス』, 共立出版, 1996.

[5] 青木統夫,『力学系の実解析』, 共立出版, 2004.

[6] Z. Arai, "On Hyperbolic Plateaus of the Hénon Map", *Experimental Math.*, **16**(2), 2007, pp. 181–189.

[7] S. Aubry and P. Y. Le Daeron, "The discrete Frenkel-Kontorova model and its extensions I. Exact results for the ground-states", *Physica D*, **8**, 1983, pp. 381–422.

[8] M. Bestvina and M. Handel, "Train tracks and automorphisms of free groups", *Ann. Math.*, **135**, 1992, pp. 1–51.

[9] M. Bestvina and M. Handel, "Train-tracks for surface homeomorphisms", *Topology*, **34**, 1995, pp. 109–140.

[10] G. D. Birkhoff, "Proof of Poincaré's last geometric theorem", *Trans. Amer. Math. Soc.*, **14**, 1913, pp. 14–22.

[11] G. D. Birkhoff, "An extension of Poincaré's last geometric theorem", *Acta. Math.*, **47**, 1925, pp. 297–311.

[12] G. D. Birkhoff, *Dynamical Systems*, American Mathematical Society Colloquium Publications Vol. 9, American Mathematical Society, 1927, Revised edition, 1966.

[13] G. D. Birkhoff, "Nouvelles recherches sur les systèmes dynamiques", *Collected Mathematical Papers*, Vol. 2, Amer. Math. Soc., 1950, pp. 530–662.

[14] A. Bogomolny のホームページ．スターン・ブロコ樹の解説．
http://www.cut-the-knot.org/blue/Stern.shtml

[15] R. Bowen, "Topological Entropy and Axiom A", in *Global Analysis (Proceedings of Symposia in Pure Mathematics*, Vol. 14), American Mathematical Society, 1970, pp. 23–41.

[16] P. Boyland, "An analog of Sharkovski's theorem for twist maps", *Contemporary Math.*, **81**, 1988, pp. 119–133.

[17] P. Boyland, "Topological methods in surface dynamics", *Topology and its Appl.*, **58**, 1994, pp. 223–298. この第 10 節に線路算法のわかりやすい説明が載っている．この節の著者は T. Hall である．

[18] P. Boyland and G. R. Hall, "Invariant circles and the orbit structure of periodic orbits in monotone twist maps", *Topology*, **26**, 1987, pp. 21–35.

[19] P. Boyland, H. Aref and M. Stremler, "Topological fluid mechanics of stirring", *J. Fluid Mech.*, **403**, 2000, pp. 277–304.

[20] A. Brocot, *Calcul des rouages par approximation, nouvelle méthode.* 下記のホームページにある．
http://gallica.bnf.fr/ark:/12148/bpt6k1661912/f1.image

[21] R. Brown, "Horseshoes in the measure-preserving Hénon map", *Ergod. Th. & Dynam. Sys.*, **15**, 1995, pp. 1045–1059.

[22] S. Bullet, "Invariant circles for the piecewise linear standard map", *Commun. Math. Phys.*, **107**, 1986, pp. 241–262.

[23] K. Burns and B. Hasselblatt, "The Sharkovsky theorem: A natural direct proof", *The American Mathematical Monthly*, **118**, 2011, pp. 229–244.

[24] A. De Carvalho, "Pruning fronts and the formation of horseshoes", *Ergod. Th. & Dynam. Sys.*, **19**, 1999, pp. 851–894.

[25] A. De Carvalho and T. Hall, "The forcing relations for horseshoe braid types", *Experimental Math.*, **11**, 2002, pp. 271–288.

[26] A. J. Casson and S. A. Bleiler, *Automorphisms of Surface After Nielsen and Thurston*, Cambridge University Press, 1988.

[27] P. Collins, "Dynamics forced by surface trellises", in *Geometry and topology in dynamics*, Contemporary Math. Vol. 246, A. M. S., 1999, pp. 65–86.

[28] P. Collins, "Diffeomorphisms with homoclinic and heteroclinic tangles", PhD Thesis (University of California, Berkeley), 1999.

[29] P. Collins, "Symbolic dynamics from homoclinic tangles", *Int. J. Bifurcation and Chaos*, **12**, 2002, pp. 605–617.

[30] P. Collins, "Dynamics of surface diffeomorphisms relative to homoclinic and heteroclinic orbits", *Dynam. Sys.*, **19**, 2004, pp. 1–39.

[31] P. Collins, "Forcing relations for homoclinic orbits of the Smale horseshoe map", *Experimental Math.*, **14**, 2005, pp. 75–86.

[32] P. Collins, "Entropy-minimising models of surface diffeomorphisms relative to homoclinic and heteroclinic orbits", *Dynam. Sys.*, **20**, 2005, pp. 369–400.

[33] P. Collins, "Universal trellises", *Journal of Knot theory and its Ramifications*, **16**, 2007, pp. 471–487.

[34] M. J. Davis, R. S. Mackay and A. Sannami, "Markov shifts in the Hénon family", *Physica D*, **52**, 1991, pp. 171–178.

[35] R. Devaney, *An Introduction to Chaotic Dynamical Systems*, Westview Press, 2003. 邦訳：後藤憲一 他訳,『カオス力学系入門 第2版 新訂版』, 共立出版, 2003.

[36] R. Devaney and Z. Nitecki, "Shift automorphisms in the Hénon mapping", *Commun. Math. Phys.*, **67**, 1979, pp. 137–146.

[37] R. DeVogelaere, "On the structure of symmetric periodic solutions of conservative systems with applications", in *Contributions to The Theory of Oscillations*, Vol. IV, Princeton University Press, 1958, pp. 53–84.

[38] H. R. Dullin, J. D. Meiss and D. G. Sterling, "Symbolic codes for rotational orbits", *SIAM J. Appl. Dyn. Sys.*, **4**, 2005, pp. 515–562.

[39] T. Downarowicz, *Entropy in Dynamical Systems*, New mathematical monographs 18, Cambridge University Press, 2011.

[40] J. Franks, "Periodic points and rotation numbers for area preserving diffeomorphisms of the plane", *Publ. Math. IHES*, **71**, 1990, pp. 105–120.

[41] C. Golé and G. R. Hall, "Poincaré's proof of Poincaré's last geometric theorem", in *Twist Mapping and Their Applications*, Springer-Verlag, 1992, pp. 135–151.

[42] J. M. Greene, "A method for computing the stochastic transition", *J. Math. Phys.*, **20**, 1979, pp. 1183–1201.

[43] J. Guckenheimer and P. Holmes, *Nonlinear Oscillation, Dynamical Systems, and Bifurcations of Vector Fields*, Springer-Verlag, 1983.

[44] T. Hall, "The creation of horseshoe", *Nonlinearity*, **7**, 1994, pp. 861–924.

[45] T. Hall, *Trains*. このソフトウェアは下記のホームページより取得できる.
http://www.liv.ac.uk/~tobyhall/T_Hall.html

[46] M. Hénon, "Numerical study of quadratic area-preserving Mappings", *Quart. Appl. Math.*, **27**, 1969, pp. 291–312.

[47] M. W. Hirsch, S. Smale and R. L. Devaney, *Differential equations, Dynamical systems and An Introduction to Chaos*, 3rd edition, Academic Press (Elsevier), 2013. 第2版の邦訳：桐木紳・三波篤郎・谷川清隆・辻井正人 訳,『力学系入門』, 共立出版, 2007.

[48] B. Jiang, "Lectures on Nielsen Fixed Point Theory", *Contemporary Math.*, **14**, 1982.

[49] A. Katok and B. Hasselblat, *Introduction to The Modern Theory of Dynamical Systems*, Cambridge University Press, 1995, Paperback edition, 1997.

[50] 国府寛司, 『力学系の基礎』, 朝倉書店, 2000.

[51] B. Kolev, "Entropie topologique et représentation de Burau", *C. R. Acad. Sci. Paris*, **309**(I), 1989, pp. 835–838. English translation: "Topological entropy and Burau representation". http://arxiv.org/pdf/math/0304105.pdf

[52] 河野俊丈, 『組みひもの数理』, 遊星社, 1993, 新版, 2009.

[53] J. S. W. Lamb and J. A. G. Roberts, "Time-reversal symmetry in dynamical systems: A survey", *Physica D*, **112**, 1998, pp. 1–39.

[54] S. Lefschetz, *Differential Equations:Geometric Theory*, Dover Publications, 1977. ポアンカレ指数の詳しい解説は Ch. IX, §4 にある.

[55] T. Li and J. Yorke, "Period three implies chaos", *Amer. Math. Monthly*, **82**, 1975, pp. 985–992.

[56] D. Lind and B. Marcus, *An Introduction to Symbolic Dynamics and Coding*, Cambridge University Press, 1995.

[57] S. Lynch, *Dynamical systems with application using MATHEMATICA*, Birkhäuser, 2007.

[58] R. S. MacKay and J. D. Meiss *Hamiltonian Dynamical Systems*, Adam Hilger, 1987. 論文集.

[59] T. Matsuoka, "Braids of periodic points and 2-dimensional analogue of Sharkovskii's ordering", in G. Ikegami ed., *Dynamical Systems and Nonlinear Oscillations*, World Scientific, 1986, pp. 58–72.

[60] T. Matsuoka, "The Burau representation of the braid group and the Nielsen-Thurston classification", *Contemporary Math.*, **152**, 1992, pp. 21–41.

[61] 松岡隆, 「組みひもの理論と力学系」, 『物性研究』, **67**(1), 1996, pp. 1–56.

[62] T. Matsuoka, "Periodic points and braid theory", in R. F. Brown, M. Furi, L. Górniewicz and B. Jiang eds., *Handbook of Topological Fixed Point Theory*, Springer Netherlands, 2005, pp. 171–216.

[63] J. D. Meiss, *StdMap*. このソフトウェアは下記のホームページより取得できる.
http://amath.colorado.edu/faculty/jdm/programs.html

[64] K. R. Meyer, G. R. Hall and D. Offin, *Introduction to Hamiltonian Dynamical Systems and the N-Body Problem*, Second edition. Springer, 2009.

[65] J. K. Moser, "Lecture on Hamiltonian Systems", *Mem. Amer. Math. Soc.*, **81**, 1968, pp. 1–60. 参考文献 [58] に収録されている.

[66] J. K. Moser and E. J. Zehnder, *Notes on Dynamical Systems*, American Mathematical Society, 2005. 2.7 節.

[67] 村杉邦男, 『結び目理論とその応用』, 日本評論社, 1993.

[68] 長島弘幸・馬場良和, 『カオス入門』, 培風館, 1992.

[69] J. Nielsen, "Untersuchungen zur Topologie der geschlossenen zweiseitigen Fläche. I", *Acta. Math.*, **50**, 1927, pp. 189–358. "Untersuchungen zur Topologie der geschlossenen zweiseitigen Fläche. II", *Acta. Math.*, **53**, 1929, pp. 1–76. "Untersuchungen zur Topologie der geschlossenen zweiseitigen Fläche. III", *Acta. Math.*, **58**, 1931, pp. 87–167.

[70] H. Poincaré, "Mémoire sur les couves définies par une équation différentielle", *Journal de Mathématiques Pures et Applquées*, **3**, 1881, pp. 375–422.
http://portail.mathdoc.fr/JMPA/PDF/
JMPA_1881_3_7_A20_0.pdf

[71] H. Poincaré, *Les Méthodes Nouvelles de la Mécanique Céleste*, 3 Vols. Gauthier-Villars, 1899. D. L. Goroff ed. and intr., *New Method of Celestial Mechanics*, History of Modern Physics and Astronomy, Vol. 13, Part

1–3, American Institute of Physics, 1993. 第 3 巻の邦訳：福原満州雄, 浦太郎 訳,『常微分方程式』, 共立出版, 1970.

[72] H. Poincaré, "Sur un théoréme de géometrie", *Rend. Circ. Mat. Palermo*, **33**, 1912, pp. 375–407.

[73] J. A. G. Roberts and G. R. W. Quispel, "Chaos and time-reversal symmetry. Order and chaos in reversible dynamical systems", *Phys. Rep.*, **216**, 1992, pp. 63–177.

[74] C. Robinson, *Dynamical Systems*, Second edition, CRC Press, 1999. 邦訳：国府寛司 他訳『力学系 上, 下』, シュプリンガー・フェアラーク東京, 2001. 充填集合の翻訳はこの本の訳を採用した.

[75] V. Rom-Kedar, "Homoclinic tangles-Classification and applications", *Nonlinearity*, **7**, 1994, pp. 441–473.

[76] D. Ruelle, *Elements of Differentiable Dynamics and Bifurcation Theory*, Academic Press, 1989.

[77] 斉藤利弥,『力学系以前』, 日本評論社, 1984. ポアンカレの論文 [70] の解説書.

[78] 三波篤郎,「Hénon 写像とその周辺」.
http://eprints3.math.sci.hokudai.ac.jp/436/1/
TMU-lecture.pdf

[79] A. N. Sharkovskii, "Coexistence of cycles of a continuous map of the line into itself", *Ukrain. Math. Zh.*, **16**, 1964, pp. 61–71. ロシア語. 英語版は下記を参照のこと．"Coexistence of cycles of a continuous map of the line into itself", *International Journal of Bifurcation and Chaos*, **5**, 1995, pp. 1263–1273.

[80] 白岩謙一,「力学系の発展について」,『数学』(日本数学会), **38**, 1986, pp. 71–80.

[81] S. Smale, "Diffeomorphisms with many periodic points", in *Differential and Combinatorial Topology: A Symposium in Honor of Marston Morse*, Princeton Univ. Press, 1965, pp. 63–80.

[82] S. Smale, "Differentiable dynamical systems", *Bull. Amer. Math. Soc.*, **73**, 1967, pp. 747–817.

[83] D. Sterling, H. R. Dullin and J. D. Meiss, "Homoclinic Bifurcations for the Hénon Map", *Physica D*, **134**, 1999, pp. 153–184.

[84] H. Stern, "Ueber eine zahlentheoretische Funktion", *Journal für die Reine und Angewandte Mathematik*, **55**, 1858, pp. 193–220.
http://gdz.sub.uni-goettingen.de/dms/load/img/
?PPN=PPN243919689_0055&DMDID=DMDLOG_0015&IDDOC=268546

[85] 谷川清隆ホームページ. 空中図書館. 多くの参考文献の日本語訳が載せられている.
http://th.nao.ac.jp/MEMBER/tanikawa/index-j.html

[86] K. Tanikawa and Y. Yamaguchi "Coexistence of periodic points in reversible dynamical systems on a surface", *J. Math. Phys.*, **28**, 1987, pp. 921–928.

[87] K. Tanikawa and Y. Yamaguchi "Dynamical ordering of symmetric non-Birkhoff periodic points in reversible monotone twist mappings", *Chaos*, **12**, 2002, pp. 33–41.

[88] W. P. Thurston, "On the geometry and dynamics of diffeomorphisms of surfaces", *Bull. Amer. Math. Soc. (N.S.)*, **19**, 1988, pp. 417–431.

[89] A. Tovbis, M. Tsuchiya and C. Jaffé, "Exponential asymptotic expansions and approximations of the unstable and stable manifolds of singularly perturbed systems with the Hénon map as an example", *Chaos*, **8**, 1998, pp. 665–681.

[90] 遠山啓, 『初等整数論』, 日本評論社, 1972.

[91] 立木秀樹,「実数の表現とグレイコード」,『数理科学』(サイエンス社), **437**（1999 年 11 月号）, 1999, pp. 26–33.

[92] S. Ushiki, "Sur les liasons-cols des systèms dynamiques analytiques", *C. R. Acad. Sci. Paris*, **291**, 1980, pp. 447–449.
"On saddle-connection curves of analytic dynamical systems",『数理解

析研究所講究録』, **439**, 1981, pp. 47–53.
https://en.wikipedia.org/wiki/Ushiki%27s_theorem

[93] P. Walters, *An Introduction to Ergodic Theory*, Springer,1982, Paperback, 2000.

[94] S. Wiggins, *Global Bifurcations and Chaos*, Springer-Verlag, 1988. 第2章にスメールの馬蹄の詳しい説明がある.

[95] S. Wiggins, *Introduction to Applied Nonlinear Dynamical Systems and Chaos*, Second edition, Springer-Verlag, 2003. 邦訳：丹羽敏雄 監訳, 『非線形力学系とカオス 上, 下』, シュプリンガー・フェアラーク東京, 1992. 第4章にスメールの馬蹄の詳しい説明がある.

[96] *Mathematica* は Wolfram Research 社の登録商標.

[97] 山口昌哉, 「1次元と2次元のカオスについて」, 『数学』(日本数学会), **34**, 1982, pp. 17–41.

[98] Y. Yamaguchi, "Topological properties of the braid stirring pattern", *Forma.*, **30**, 2015, pp. 51–57.

[99] Y. Yamaguchi and K. Tanikawa, "Dynamical ordering of symmetric periodic orbits for the are preserving Hénon map", *Prog. Theor. Phys.*, **113**, 2005, pp. 935–951.

[100] Y. Yamaguchi and K. Tanikawa, "Generalized dynamical ordering and topological entropy in the Hénon map", *Prog. Theor. Phys.*, **114**, 2005, pp. 763–791.

[101] Y. Yamaguchi and K. Tanikawa, "Order of appearance of homoclinic points for the Hénon map", *Prog. Theor. Phys.*, **116**, 2006, pp. 1029–1049.

[102] Y. Yamaguchi and K. Tanikawa, "Non-Birkhoff periodic orbits of Farey type and dynamical ordering in the standard mapping", *Prog. Theor. Phys.*, **117**, 2007, pp. 601–632.

[103] Y. Yamaguchi and K. Tanikawa, "Non-Birkhoff periodic orbits of Farey type and dynamical ordering in the standard mapping. II", *Prog. Theor. Phys.*, **118**, 2007, pp. 675–699.

[104] Y. Yamaguchi and K. Tanikawa, "On Mather's connecting orbits in standard mapping", *Prog. Theor. Phys.*, **119**, 2008, pp. 533–559.

[105] Y. Yamaguchi and K. Tanikawa, "A new interpretation of the symbolic codes for the Hénon map", *Prog. Theor. Phys.*, **122**, 2009, pp. 569–609.

[106] 山口喜博・谷川清隆, 「標準写像におけるファーレイ型非バーコフ周期軌道と不安定ゾーン」, 『国立天文台報』, **13**(3,4), 2010, pp. 45–84. http://www.nao.ac.jp/contents/about-naoj/reports/report-naoj/13-34-2.pdf

[107] Y. Yamaguchi and K. Tanikawa, "A new interpretation of the symbolic codes for the Hénon map. II", *Prog. Theor. Phys.*, **125**, 2011, pp. 435–471.

[108] Y. Yamaguchi and K. Tanikawa, "Forcing relations for homoclinic orbits of the reversible horseshoe map", *Prog. Theor. Phys.*, **126**, 2011, pp. 811–839.

[109] Y. Yamaguchi and K. Tanikawa, "Nonsymmetric saddle-node pairs of the reversible Smale horseshoe map", *Prog. Theor. Phys.*, **128**, 2012, pp. 15–30.

[110] Y. Yamaguchi and K. Tanikawa, "New period-doubling and equiperiod bifurcations of the reversible area-preserving map", *Prog. Theor. Phys.*, **128**, 2012, pp. 845–871.

索引

【ア行】
後戻り, 270
安定多様体, 6
異常な回転分岐, 251
異常パラメータ区間, 254
位相カオス, 185
位相的エントロピー, 7
宇敷の定理, 145
S 字形, 128, 203
横断的ホモクリニック点, 143
折りたたみ操作, 270

【カ行】
回転回数, 58, 71
回転数, 58, 77
回転分岐, 13, 14, 77
可逆写像, 8
可逆スメール馬蹄, 2, 37
可逆性, 2
可逆馬蹄写像, 49
可逆面積保存方向保存接続写像族, 2
核, 152, 157
かく拌図形, 186
過去へ向かう軌道, 4
可約型の組みひも, 189
関数方程式, 25
完全可積分系, 1

カントール集合, 42
擬アノソフ型組みひも, 184, 267
記号平面, 49
記号平面における主軸定理, 106
記号平面の共鳴鎖, 101
記号平面の共鳴領域, 101
記号列, 43, 44
基本領域, 33
逆反周期倍分岐, 18
境界クライシス, 212
共鳴鎖, 95
共鳴鎖定理, 104
共鳴領域, 95
極座標表示, 11
曲率, 29
禁止ブロック語, 136
禁止ブロックコード, 136

偶奇性, 55, 59, 139
久留島・オイラーの剰余関数, 104
グレイコード, 54

係数行列, 3
語, 46
高次の馬蹄, 148
恒等写像, 8
効率グラフ, 271
効率写像, 271

索引

コード, 46
固有値, 3
固有方程式, 4
孤立 1, 92

【サ行】
最小回転数決定アルゴリズム, 137
最小値表示, 108
最初の共鳴領域, 99
最大値表示, 108
サドル型コード生成写像, 87
サドル型不動点, 4
サドルノード対, 78
サドルノード分岐, 13, 23
3 次関数的接触, 162
サンドイッチ構造, 82

時間反転コード, 60
時間反転対称性, 60, 74
時間反転対, 61
時刻型表示, 15
自然な向き, 24
実クレモナ変換, 2
島構造, 85, 100
島の周りの島構造, 85
シャルコフスキーの順序関係, 211
周期型組みひも, 182
周期倍分岐, 4, 13, 16, 78
主軸定理, 85
主ホモクリニック点, 30
主ホモクリニック軌道, 30
巡回置換, 76
準周期軌道, 6
順序保存性, 61, 154
伸張辺, 193

推移写像, 45
スターン・ブロコ樹, 91, 105, 259
スメール馬蹄, 1

制御辺, 193
接続写像, 1

遷移規則, 131
全軌道, 4
線形座標, 3
線路算法, 267

相平面, 1

【タ行】
第 1 世代の島構造, 101
第 1 世代の楕円点, 115
第 n 世代の楕円点, 115
対称軌道, 10
対称軌道定理, 10
対称周期軌道定理, 69
対称線, 8, 50
対称バーコフ型周期軌道, 77
対称非バーコフ型周期軌道, 201
対称非バーコフ型周期軌道の分岐, 220
対称ホモクリニック軌道, 157
対称四つ組, 157
第 2 世代の島構造, 85
第 2 世代の楕円点, 115
代表共鳴領域, 106
楕円型コード生成写像, 87
楕円型不動点, 4
高さ, 136, 263
高さアルゴリズム, 136, 263
タングル, 189
単峰写像, 109

置換, 265
稠密軌道, 49
稠密性, 48

対合, 8, 49

適合グラフ, 193
デコレーション, 153
テント写像, 54

同周期分岐, 13, 20
トービス・土屋・ジャフェの結果, 145
トレリス, 189

トレリス法, 192

【ナ行】
内核, 152, 158

2 次関数接触, 161
2 次のホモクリニック軌道, 150
2 次のホモクリニック点, 150
二進数, 54
二進法写像, 54
二進法表現, 109
2 推移空間, 45
二分木, 215
二分木順序関係, 216

【ハ行】
バーコフ・スメールの定理, 156
バブルソート, 266
反回転分岐, 15, 222
半順序, 212
反転サドル型不動点, 4

引き返し点, 29
非対称四つ組, 157

ファレイ区間, 89
ファレイ分割, 89, 259
不安定多様体, 6
普遍被覆面, 12, 71
不変森, 274
ブラウンの定理, 145
ブロック, 120
ブロック記号, 120
ブロック記号列, 117
ブロックコード, 134
ブロックの時間反転, 123
ブロックの時間反転対称性, 124
ブロック分割アルゴリズム, 138
分割領域の対称性, 125
分岐現象, 13

平坦区間, 196, 245
ヘテロクリニック軌道, 6

ヘテロクリニックタングル, 189
変換規則, 55
辺の消去, 274

ポアンカレ指数, 13
ポアンカレのホモクリニック定理, 149
ポアンカレ・バーコフの定理, 66, 247
方向指数, 160
方向保存写像, 2
星形トレリス, 196
ホモクリニック軌道, 6
ホモクリニック軌道の基本順序関係定理, 233
ホモクリニック軌道の分岐現象, 161
ホモクリニック点のサドルノード分岐, 162
ホモクリニック接触, 155
ホモクリニックタングル, 189
ホモクリニック点, 143
ホモクリニック点の同周期分岐, 162
ホモクリニック点の反同周期分岐, 164
ホモクリニックローブ, 34, 95

【マ行】
窓, 212

三つ折れ馬蹄, 129
三角点, 195
未来へ向かう軌道, 4

面積保存写像, 1

持ち上げ, 12

【ヤ行】
ヤコビ行列式, 2

【ラ行】
領域間の遷移, 126
領域間の遷移行列, 129
隣接互換, 265

連分数表示, 260

ロジスティック写像, 212

【著者紹介】

山口喜博（やまぐち よしひろ）
1983 年　東京理科大学大学院理学研究科物理学専攻博士課程修了
現　在　帝京平成大学大学院環境情報学研究科 准教授
　　　　理学博士（東京理科大学）
専　攻　力学系理論，非線形物理学，形の科学
著　書　『MuPAD で学ぶ基礎数学』（共著，丸善出版，2004）
　　　　『R による統計入門』（共著，技報堂出版，2006）
趣　味　化石掘り，登山

谷川清隆（たにかわ きよたか）
1974 年　東京大学大学院理学系研究科博士課程（天文学）満期退学
現　在　国立天文台 特別客員研究員
　　　　理学博士（東京大学）
専　攻　天体力学（三体問題），力学系理論
著　書　The Three-body Problem from Pythagoras to Hawking（共著，Springer International Publishing，2016）他

馬蹄への道 — 2 次元写像力学系入門 — *Roads to Horseshoe* *— Introduction to Two-dimensional Reversible Mappings —* 2016 年 4 月 25 日　初版 1 刷発行	著　者　山口喜博　ⓒ2016 　　　　谷川清隆 発行者　南條光章 発行所　**共立出版株式会社** 郵便番号 112-0006 東京都文京区小日向 4 丁目 6 番 19 号 電話（03）3947-2511（代表） 振替口座 00110-2-57035 番 URL http://www.kyoritsu-pub.co.jp/ 印　刷　加藤文明社 製　本　ブロケード

検印廃止
NDC 413.6, 421.5
ISBN 978-4-320-11149-3　　Printed in Japan

一般社団法人
自然科学書協会
会員

JCOPY <出版者著作権管理機構委託出版物>
本書の無断複製は著作権法上での例外を除き禁じられています．複製される場合は，そのつど事前に，出版者著作権管理機構（TEL：03-3513-6969，FAX：03-3513-6979，e-mail：info@jcopy.or.jp）の許諾を得てください．

90th Anniversary since 1926

『創立90周年』記念出版 共立講座

新井仁之・小林俊行
斎藤 毅・吉田朋広 [編]

「数学探検」「数学の魅力」「数学の輝き」の三部構成からなる新講座創刊！数学の基礎から最先端の研究分野まで現時点での数学の諸相を提供!!

数学探検 全18巻
数学を自由に探検しよう！

1. **微分積分**　吉田伸生 著・・・・・・・続刊
2. **線形代数**　戸瀬信之 著・・・・・・・続刊
3. **論理・集合・数学語**　石川剛郎 著・・・206頁・本体2300円
4. **複素数入門**　野口潤次郎 著・・2016年5月発売予定
5. **代数入門**　梶原 健 著・・・・・・・続刊
6. **初等整数論** 数論幾何への誘い　山崎隆雄 著・・・252頁・本体2500円
7. **結晶群**　河野俊丈 著・・・204頁・本体2500円
8. **曲線・曲面の微分幾何**　田崎博之 著・・・180頁・本体2500円
9. **連続群と対称空間**　河添 健 著・・・・・・・続刊
10. **結び目の理論**　河内明夫 著・・・240頁・本体2500円
11. **曲面のトポロジー**　橋本義武 著・・・・・・・続刊
12. **ベクトル解析**　加須栄篤 著・・・・・・・続刊
13. **複素関数入門**　相川弘明 著・・・264頁・本体2500円
14. **位相空間**　松尾 厚 著・・・・・・・続刊
15. **常微分方程式の解法**　荒井 迅 著・・・・・・・続刊
16. **偏微分方程式の解法**　石村直之 著・・・・・・・続刊
17. **数値解析**　齊藤宣一 著・・・・・・・続刊
18. **データの科学**　山口和範・渡辺美智子 著・・・続刊

数学の魅力 全14巻 別巻1
確かな力を身につけよう！

1. **代数の基礎**　清水勇二 著・・・・・・・続刊
2. **多様体入門**　森田茂之 著・・・・・・・続刊
3. **現代解析学の基礎**　杉本 充 著・・・・・・・続刊
4. **確率論**　高信 敏 著・・・320頁・本体3200円
5. **層とホモロジー代数**　志甫 淳 著・・・394頁・本体4000円
6. **リーマン幾何入門**　塚田和美 著・・・・・・・続刊
7. **位相幾何**　逆井卓也 著・・・・・・・続刊
8. **リー群とさまざまな幾何**　宮岡礼子 著・・・・・・・続刊
9. **関数解析とその応用**　新井仁之 著・・・・・・・続刊
10. **マルチンゲール**　高岡浩一郎 著・・・・・・・続刊
11. **現代数理統計学の基礎**　久保川達也 著・・・・・・・続刊
12. **線形代数による多変量解析**　柳原宏和・山村麻理子他 著・・・続刊
13. **数理論理学と計算可能性理論**　田中一之 著・・・・・・・続刊
14. **中等教育の数学**　岡本和夫 著・・・・・・・続刊
別. **「激動の20世紀数学」を語る**　猪狩 惺・小野 孝他 著・・・続刊

数学の輝き 全40巻予定
専門分野の醍醐味を味わおう！

1. **数理医学入門**　鈴木 貴 著・・・270頁・本体4000円
2. **リーマン面と代数曲線**　今野一宏 著・・・266頁・本体4000円
3. **スペクトル幾何**　浦川 肇 著・・・350頁・本体4300円
4. **結び目の不変量**　大槻知忠 著・・・288頁・本体4000円
5. **$K3$曲面**　金銅誠之 著・・・240頁・本体4000円
6. **素数とゼータ関数**　小山信也 著・・・304頁・本体4000円

――●主な続刊テーマ●――

岩澤理論・・・・・・尾崎 学 著
楕円曲線の数論・・・小林真一 著
ディオファントス問題・・平田典子 著
保型関数・・・・・・志賀弘典 著
保型形式と保型表現・・池田 保他 著
可換環とスキーム・・小林正典 著
有限単純群・・・・・北詰正顕 著
代数群・・・・・・・庄司俊明 著
D加群・・・・・・・竹内 潔 著
リー群のユニタリ表現論・・平井 武 著
対称空間の幾何学・・田中真紀子他 著
力学系・・・・・・・林 修平 著
多変数複素解析・・・辻 元 著
反応拡散系の数理・・長山雅晴他 著
粘性解・・・・・・・小池茂昭 著
確率微分方程式・・・谷口説男 著
確率論と物理学・・・香取眞理 著
ノンパラメトリック統計・・前園宜彦 著
機械学習の数理・・・金森敬文 著
超離散系・・・・・・時弘哲治他 著

「数学探検」
各巻：A5判・並製

「数学の魅力」
各巻：A5判・上製

「数学の輝き」
各巻：A5判・上製

続刊の書名・著者は変更される場合がございます
（税別本体価格）

※三講座の詳細情報を共立出版Webサイトにて公開・更新しています。

http://www.kyoritsu-pub.co.jp/ **共立出版** https://www.facebook.com/kyoritsu.pub

共立叢書 現代数学の潮流

編集委員：岡本和夫・桂 利行・楠岡成雄・坪井 俊

新しいが変わらない数学の基礎を提供した「共立講座 21世紀の数学」に引き続き、21世紀初頭の数学の姿を描くシリーズ。これから順次出版されるものは、伝統に支えられた分野、新しい問題意識に支えられたテーマ、いずれにしても現代の数学の潮流を表す題材であろうと自負する。学部学生、大学院生はもとより、研究者を始めとする数学や数理科学に関わる多くの人々にとり、指針となれば幸いである。

各冊：A5判・上製
（税別本体価格）

離散凸解析
室田一雄著　序論／組合せ構造をもつ凸関数／離散凸集合／M凸関数／L凸関数／共役性と双対性／ネットワークフロー／アルゴリズム／数理経済学への応用……………318頁・本体4,000円

積分方程式 ―逆問題の視点から―
上村 豊著　Abel積分方程式とその遺産／Volterra積分方程式と逐次近似／非線形Abel積分方程式とその応用／Wienerの構想とたたみこみ方程式／乗法的Wiener-Hopf方程式／他 304頁・本体3,600円

リー代数と量子群
谷崎俊之著　リー代数の基礎概念／カッツ・ムーディ・リー代数／有限次元単純リー代数／アフィン・リー代数／量子群／付録：本文補遺・関連する話題……………276頁・本体3,800円

グレブナー基底とその応用
丸山正樹著　可換環／グレブナー基底／消去法とグレブナー基底／代数幾何学の基本概念／次元と根基／自由加群の部分加群のグレブナー基底／付録：層の概説……………272頁・本体3,600円

多変数ネヴァンリンナ理論とディオファントス近似
野口潤次郎著　有理型関数のネヴァンリンナ理論／第一主要定理／他………276頁・本体3,600円

超函数・FBI変換・無限階擬微分作用素
青木貴史・片岡清臣・山崎 晋著　多変数整型函数とFBI変換／他………324頁・本体4,000円

可積分系の機能数理
中村佳正著　モーザーの戸田方程式研究：概観／直交多項式と可積分系／直交多項式のクリストフェル変換とqdアルゴリズム／dLV型特異値計算アルゴリズム／他………224頁・本体3,600円

代数方程式とガロア理論
中島匠一著　代数方程式／多項式の既約性／線型空間／体の代数拡大／ガロア理論／ガロア理論の応用／付録：必要事項のまとめ（実数と複素数・環と体のまとめ）／他………444頁・本体4,000円

レクチャー結び目理論
河内明夫著　結び目の科学／絡み目の表示／絡み目に関する初等的トポロジー／標準的な絡み目の例／ゲーリッツ不変量／ジョーンズ多項式／ザイフェルト行列Ⅰ・Ⅱ／他……208頁・本体3,400円

ウェーブレット
新井仁之著　有限離散ウェーブレットとフレーム／基底とフレームの一般理論／無限離散信号に対するフレームとマルチレート信号処理／連続信号に対するウェーブレット・フレーム 480頁・本体5,200円

微分体の理論
西岡久美子著　基礎概念（線形無関連、代数的無関連）／万有拡大／線形代数群／Picard-Vessiot拡大／1変数代数関数体／微分付値型拡大と既約性／微分加群の応用…………214頁・本体3,600円

相転移と臨界現象の数理
田崎晴明・原 隆著　相転移と臨界現象／基本的な設定と定義／相転移と臨界現象入門／有限格子上のIsing模型／無限体積の極限／高温相／低温相／臨界現象／他……………422頁・本体3,800円

● 続刊テーマ（五十音順）●

代数的組合せ論入門 坂内英一・坂内悦子・伊藤達郎
　………………………………2016年5月発売予定
アノソフ流の力学系……………………松元重則
極小曲面………………………………宮岡礼子
剛 性……………………………………金井雅彦
作用素環………………………………荒木不二洋
写像類群………………………………森田茂之
数理経済学……………………………神谷和也
制御と逆問題…………………………山本昌宏
特異点論における代数的手法…渡邊敬一・日高文夫
粘性解…………………………………石井仁司
保型関数特論…………………………伊吹山知義
ホッジ理論入門………………………斎藤政彦

（価格，続刊のテーマ・執筆者は変更される場合がございます）

数学英和・和英辞典
増補版

小松勇作 [編]
東京理科大学 数学教育研究所 増補版編集

理数科系学生が必要とする数学用語の
英和・和英対訳辞書ロングセラー増補版！

内容特色

本書は初版刊行から30年以上が経過し，その間の新しい数学用語を理数科系学部・大学院修士課程レベルを対象に増補。必要な新語を取り入れるとともに，既存掲載項目を全面的にチェックして訳や用例をアップデート。和英辞書の部では見出し語をローマ字表記から，五十音かなに改め利用者の使いやすさへの配慮を行った。

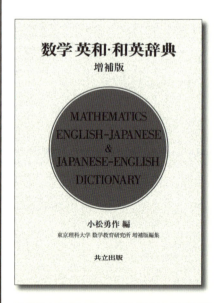

凡例見本

B6判・上製函入・412頁・定価（本体3,500円＋税）・ISBN978-4-320-11150-9

（価格は変更される場合がございます）

共立出版

http://www.kyoritsu-pub.co.jp/
https://www.facebook.com/kyoritsu.pub